国家科学技术学术著作出版基金资助出版
信息科学技术学术著作丛书

多相流超声检测技术

谭 超 史雪薇 鲍 勇 董 峰 著

科学出版社

北 京

内 容 简 介

本书从工业中常见的复杂多相流流动过程参数的在线检测需求出发，针对气液两相流、油水两相流与油气水三相流的相含率、流速、粒径、流型以及流体分布等参数，详细介绍基于超声多种传播特性的多相流测量方法，内容涵盖超声在流体中传播的基本模型、超声衰减测量法、超声反射测量法、超声多普勒测量法、超声过程层析成像，以及超声测试系统设计等相关内容。

本书可供多相流与检测技术相关专业的本科生和研究生使用，也可供相关领域科研人员和工程技术人员参考。

图书在版编目（CIP）数据

多相流超声检测技术 / 谭超等著. -- 北京：科学出版社，2025.6. --（信息科学技术学术著作丛书）.--ISBN 978-7-03-081976-5

Ⅰ.O359；TB553

中国国家版本馆 CIP 数据核字第 2025TT4072 号

责任编辑：孙伯元　郭　媛 / 责任校对：任苗苗
责任印制：吴兆东 / 封面设计：无极书装

科学出版社 出版

北京东黄城根北街 16 号
邮政编码：100717
http://www.sciencep.com

北京厚诚则铭印刷科技有限公司印刷
科学出版社发行　各地新华书店经销

*

2025 年 6 月第　一　版　开本：720×1000　1/16
2026 年 1 月第二次印刷　印张：14
字数：283 000

定价：160.00 元

（如有印装质量问题，我社负责调换）

"信息科学技术学术著作丛书"序

21世纪是信息科学技术发生深刻变革的时代,一场以网络科学、高性能计算和仿真、智能科学、计算思维为特征的信息科学革命正在兴起。信息科学技术正在逐步融入各个应用领域并与生物、纳米、认知等交织在一起,悄然改变着我们的生活方式。信息科学技术已经成为人类社会进步过程中发展最快、交叉渗透性最强、应用面最广的关键技术。

如何进一步推动我国信息科学技术的研究与发展?如何将信息科学技术发展的新理论、新方法与研究成果转化为社会发展的推动力?如何抓住信息科学技术深刻发展变革的机遇,提升我国自主创新和可持续发展的能力?这些问题的解答都离不开我国科技工作者和工程技术人员的求索和艰辛付出。为这些科技工作者和工程技术人员提供一个良好的出版环境和平台,将这些科技成就迅速转化为智力成果,将对我国信息科学技术的发展起到重要的推动作用。

"信息科学技术学术著作丛书"是科学出版社在广泛征求专家意见的基础上,经过长期考察、反复论证之后组织出版的。这套丛书旨在传播网络科学和未来网络技术,微电子、光电子和量子信息技术,超级计算机、软件和信息存储技术,数据知识化和基于知识处理的未来信息服务业、低成本信息化和用信息技术提升传统产业,智能与认知科学、生物信息学、社会信息学等前沿交叉科学,信息科学基础理论,信息安全等几个未来信息科学技术重点发展领域的优秀科研成果。丛书力争起点高、内容新、导向性强,具有一定的原创性,体现出科学出版社"高层次、高水平、高质量"的特色和"严肃、严密、严格"的优良作风。

希望这套丛书的出版,能为我国信息科学技术的发展、创新和突破带来一些启迪和帮助。同时,欢迎广大读者提出好的建议,以促进和完善丛书的出版工作。

中国工程院院士

原中国科学院计算技术研究所所长

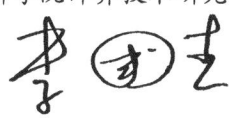

前　言

　　流体过程参数的在线检测是实现过程工业监控的关键之一，也是实现过程工业数字化、智能化的基础。以多相流为代表的复杂流动过程是石油、化工、核能、冶金等过程工业中常见的生产加工对象，具有流场参数多且分布复杂、流体间动态耦合性强、流动状态时变等特点，因此多相流过程参数的在线检测对过程的建模、优化与控制具有十分重要的价值。目前，对多相流流动特性尚未完全掌握，这导致工程设计经验性强、过程安全隐患监测能力弱等问题，其瓶颈是多相流组分、流量与流态等参数的准确在线检测技术尚未完全掌握。

　　无扰动在线检测技术是工业多相流测量的迫切需求，采用电、磁、声、光等原理的检测技术正在快速发展。其中，超声检测技术具有不干扰流动过程、安全性高、测量信息丰富等优势。但受到多相流结构复杂、流速与相含率耦合且流动状态时变等挑战，目前尚缺乏针对多相流特点的超声检测理论与方法体系。随着过程工业对控制精度要求逐渐提高，对复杂流体过程参数的准确获取和建模、流动过程状态的监测与预测的要求也日趋增长，因此对复杂流体过程智能仪器仪表的研发具有重大的经济价值和社会价值。

　　作者在国家重大科研仪器研制项目与国家自然科学基金面上项目等科研项目的持续支持下，在多相流过程的无扰动在线检测与可视化监测技术领域进行了长期系统性的研究，并取得进展。本书是作者及其团队在该领域成果的汇总，围绕基于超声技术的多相流过程参数检测方法，总结在复杂流体中超声透射、反射与多普勒等传播效应的研究成果，以及多相流相含率、流速、流型等检测与成像方法研究中取得的阶段性成果，从理论建模、数值仿真、系统研制、实验验证等多个维度对多相流超声检测技术进行阐述。

　　目前，多相流超声检测技术还在快速发展，本书仅汇集了部分已通过实验验证的理论模型与方法，希望能抛砖引玉，推动相关领域的发展。特别感谢董虓霄、吴昊、苏茜、于晗、刘伟玲、刘皓等博士的辛勤工作。

　　限于作者水平，书中难免有不妥或疏漏之处，恳请读者批评指正。

目 录

"信息科学技术学术著作丛书"序
前言
第1章 绪论 ·· 1
  1.1 多相流及其测量 ·· 1
  1.2 多相流流型及过程参数 ·· 2
    1.2.1 多相流流型 ·· 2
    1.2.2 基本过程参数 ·· 6
  1.3 超声检测技术发展 ·· 10
  1.4 章节结构 ·· 11
  参考文献 ·· 12
第2章 超声传播基本模型 ·· 15
  2.1 理想流体介质中超声波动方程 ·· 15
    2.1.1 表征声场的声学量 ·· 15
    2.1.2 运动方程 ·· 16
    2.1.3 连续性方程 ·· 17
    2.1.4 物态方程 ·· 18
    2.1.5 波动方程 ·· 19
  2.2 平面波传播模型 ·· 20
    2.2.1 平面波波动方程及其解 ·· 20
    2.2.2 声阻抗率与介质特征阻抗 ······································ 21
  2.3 平面波的透射、反射与折射 ·· 21
    2.3.1 声学边界条件 ·· 21
    2.3.2 平面波垂直入射 ·· 22
    2.3.3 平面波倾斜入射 ·· 23
  2.4 球面波传播规律 ·· 25
    2.4.1 球面波波动方程及其解 ·· 25
    2.4.2 球面波声阻抗 ·· 26
  2.5 本章小结 ·· 27
  参考文献 ·· 27

第3章 超声衰减测量法 29
3.1 超声衰减测量法理论基础 29
3.1.1 油水分散流中的超声衰减机理 30
3.1.2 多频超声衰减解调方法 32
3.2 均匀相分布的相含率反演 34
3.2.1 均匀相分布中超声衰减模型 34
3.2.2 TR-GQPSO 相含率反演算法 39
3.2.3 反演算法仿真验证 41
3.2.4 反演算法实验验证 45
3.3 非均匀相分布的相含率反演 50
3.3.1 非均匀相分布中超声衰减模型 50
3.3.2 CMA-ES 粒径分布反演算法 56
3.3.3 反演算法仿真验证 59
3.3.4 反演算法实验验证 61
3.4 本章小结 66
参考文献 66

第4章 超声反射测量法 71
4.1 超声反射法气液界面检测原理 71
4.1.1 声波的反射现象和透射现象 71
4.1.2 基于回波强度的气液界面检测原理 72
4.1.3 基于 AIC 的渡越时间获取方法 72
4.2 超声反射法在多相流测量中的应用 75
4.2.1 传感器结构和测量原理 75
4.2.2 实验设置 77
4.2.3 结果与分析 78
4.3 本章小结 81
参考文献 81

第5章 连续波超声多普勒测量法 83
5.1 连续波超声多普勒流速测量原理与传感器 83
5.1.1 超声多普勒效应 84
5.1.2 连续波超声多普勒流速测量原理 85
5.1.3 连续波超声多普勒流速测量传感器 87
5.2 连续波超声多普勒液液两相流流速测量 88
5.2.1 异侧收发传感器结构与测试空间 88
5.2.2 流速测量模型 91

5.2.3　多普勒频移特性与模型参数 ················· 99
　　　5.2.4　油水两相流测量结果与误差分析 ············· 103
　5.3　连续波超声多普勒气液两相流流速测量 ············· 105
　　　5.3.1　同侧收发传感器结构与测试空间 ············· 105
　　　5.3.2　流速测量模型 ··························· 108
　　　5.3.3　多普勒频移时频特性与多普勒流速提取 ······· 112
　　　5.3.4　气水两相流测量结果与误差分析 ············· 115
　5.4　连续波超声多普勒油气水三相流流速测量 ··········· 117
　　　5.4.1　三相流多普勒速度 ······················· 117
　　　5.4.2　分相流速测量模型 ······················· 118
　　　5.4.3　分散相频移与时频特性 ··················· 123
　　　5.4.4　油气水三相流测量结果与误差分析 ··········· 125
　5.5　本章小结 ····································· 126
　参考文献 ··· 127

第6章　脉冲波超声多普勒测量法 ······················· 131
　6.1　脉冲波超声多普勒流速分布检测方法发展 ··········· 131
　6.2　脉冲波超声多普勒流速剖面测量原理 ··············· 133
　　　6.2.1　脉冲波超声多普勒流速剖面测量基本理论 ····· 133
　　　6.2.2　多普勒频移提取方法 ····················· 134
　　　6.2.3　脉冲波超声多普勒流速剖面检测的主要参数 ··· 135
　6.3　脉冲波超声多普勒技术在多相流测量中的应用 ······· 137
　　　6.3.1　均相流流速测量 ························· 138
　　　6.3.2　分散流流速测量 ························· 138
　　　6.3.3　分层流流速测量 ························· 139
　6.4　基于脉冲波超声多普勒技术的水平管道油水两相流测量 ·· 141
　　　6.4.1　油水两相流实验设置 ····················· 141
　　　6.4.2　基于超声回波信号的流型辨识 ············· 143
　　　6.4.3　无量纲流速分布模型 ····················· 153
　6.5　本章小结 ····································· 156
　参考文献 ··· 156

第7章　超声过程层析成像 ····························· 160
　7.1　超声透射层析成像正演模型 ····················· 160
　　　7.1.1　超声透射层析成像原理 ··················· 160
　　　7.1.2　超声衰减层析成像正演模型 ··············· 162
　　　7.1.3　超声渡越时间层析成像正演模型 ··········· 163

7.2 超声透射层析成像反演算法 …………………………………………… 163
7.2.1 超声透射层析成像反演求解 …………………………………… 163
7.2.2 投影类算法 ………………………………………………………… 164
7.2.3 正则类算法 ………………………………………………………… 164
7.2.4 统计类算法 ………………………………………………………… 166
7.2.5 层析成像反演求解的加速与降维 ……………………………… 168
7.2.6 传统超声过程层析成像反演方法总结 ………………………… 170
7.3 基于压缩感知的图像重建方法 ………………………………………… 171
7.3.1 压缩感知算法基本介绍 ………………………………………… 171
7.3.2 压缩感知的正演问题与反演算法 ……………………………… 172
7.3.3 压缩感知层析成像仿真与实验 ………………………………… 176
7.4 超声透射/反射融合层析成像 …………………………………………… 179
7.4.1 基于图像融合的超声透射/反射融合层析成像 ………………… 180
7.4.2 基于数据融合的超声透射/反射融合层析成像 ………………… 183
7.5 本章小结 ………………………………………………………………… 186
参考文献 ……………………………………………………………………… 186

第8章 多相流超声测试系统设计 ………………………………………… 189
8.1 超声过程层析成像系统设计 …………………………………………… 189
8.1.1 超声传感器阵列 ………………………………………………… 190
8.1.2 超声信号激励源模块 …………………………………………… 192
8.1.3 超声发射与接收开关控制模块 ………………………………… 195
8.1.4 模拟前端模块 …………………………………………………… 196
8.1.5 CPCI 通信模块 …………………………………………………… 201
8.2 超声多普勒流速测量系统设计 ………………………………………… 204
8.2.1 信号激励源模块 ………………………………………………… 204
8.2.2 接收信号调理模块 ……………………………………………… 206
8.2.3 数字解调模块 …………………………………………………… 207
8.2.4 数据传输模块 …………………………………………………… 210
8.2.5 PCB 设计 ………………………………………………………… 210
8.3 本章小结 ………………………………………………………………… 211
参考文献 ……………………………………………………………………… 211

第1章 绪　　论

1.1 多相流及其测量

多相流中的"相"定义为物质的存在形式，即气相、液相或固相。因此，多相流即具有两种或两种以上"相"物质同时流动的流体[1]。多相流也称为多组分流，指流体中含有多种不同性质的物质同时流动[2]，例如，蒸汽与水的混合是单组分的两相流，空气与水的混合是两组分流；液液两相流中的油水混合流属于两组分流，但却是单一的液相。随着研究的深入，以及连续相概念与分散相概念的引入，这两种概念逐渐合为一种，即多相流。

多相流广泛存在于能源、化工、食品、冶金等工业过程中，掌握多相流的流动规律对提升生产效率与安全保障具有十分重要的意义。随着能源等问题成为国际关注的热点，要达到提高工业生产过程的生产效率、同时降低污染排放的目标，就需要各行各业科技的全面进步，其中涉及较广并且起关键作用的是多相流问题。多相流检测技术的发展在解决多相流问题中扮演着十分重要的角色[3,4]。

例如，在石油工业中，海上油田将开采的混合物(通常包括天然气、水与原油)输送至平台，经过分离提取原油后，将其装船或通过混输管道输送至其他地方，但需要获取混输管道的流量、流型与压力变化等信息，以保障流动安全。传统方法是在操作平台上完全或部分分离多相混合物，并用单相流量计对分离后的流体进行分相测量。然而，平台的空间与能耗都是极其有限的，因此大型分离器占用空间大，导致其成本较高，迫切需要小型多相流量计量装置。此外，如核能领域的气液两相流动、化工领域的结晶与溶解等过程均涉及复杂的多相流流动与换热、相变等机制，对其过程状态的在线高精度控制离不开对其流动状态的在线检测，因此无扰动、准确的多相流在线检测手段对优化相关生产过程工艺、提升设备安全与工作效率十分重要。

与单相流相比，多相流的待测参数多且流动过程复杂，各种物理参量呈现空间与时间的非均匀分布，并且对工况变化十分敏感，难以用数学公式完全描述，导致对其在线测量十分困难。此外，多相流流动总是伴随着相间的质量、动量以及热量的传递，流动过程非常复杂。尽管已有的大量流体力学方程可描述一定条件下的多相流流动过程，但大都局限于特定的假设前提和工况条件[5]。多相流测量技术自 20 世纪初开始发展，目前已研制出多种检测技术和方法[6]。传统的多相流测量方法包括分离法与混合法,分离法的基本思想是利用重力或离心力等原理将多相流中密度不同的流体完全分离或部分分离,再用单相流仪表进行测量;混合法则将均匀混合的多相流当作单相流处理,使用单相流仪表测量流量,并结合辅助检测手段和测量模型提取出分相流动参数[7]。随着科学技术的发展,以及工业对在线检测要求的提高,多相流测量方法不断推陈出新,除传统单相流量计(如文丘里流量计、孔板流量计等)外,还包括新兴的多相流测试技术(如微波、射线、超声等)。

1.2 多相流流型及过程参数

多相流检测的难点之一是其具有比单相流更多的物理参数,如流型、相含率、分相流速等,以及衍生出的速度差、混合黏度、混合密度等参数,本节将分别介绍上述基本参数的定义。

1.2.1 多相流流型

多相流在管道中呈现的几何与动力特征各异的流动形态称为流型。尽管流体力学的基本方程十分接近,但不同流型下流动参数间的关系是不同的,这导致测量方法的精度受流型影响很大,因此要想实现多相流的测量,必须先考虑流型变化带来的影响。流型是基于流体时空分布结构特点定义的,可通过流体的空间分布形态进行定性描述,但由于流体间的作用力关系与各参数之间的关系十分复杂,难以对流型及其变化过程进行定量描述。影响流型的作用力包括浮力、摩擦力以及表面张力等,其均随着流速、管道直径、管道倾斜角度以及流体性质的变化而变化。

1. 流型图

流型图是在实验数据与理论推导的基础上,通过基本流动参数来直观反映流型形成条件的关系图,可以用来识别流型和预测流型变化,具有较高的工程参考价值。流型图随着工况条件的变化而改变,如气液两相流包括水平管道流型图、垂直管道流型图以及倾斜管道流型图。此外,管道直径的变化也影响流型图中的流型分布。因此,通常采用多相流混合表观流速(总流量与管道截面面积之比)或混合流动通量(包含有量纲形式或无量纲形式)作为流型图的坐标,例如,Taitel 等[8]在 1976 年提出的水平管道气液两相流流型图如图 1-1 所示。下面分别针对气液两相流与油水两相流在水平管道与垂直管道内的典型流型进行介绍。

2. 水平管道气液两相流流型

由于重力与浮力同时作用于气液两相流体,气相会逐渐向管道顶部聚集流动,水平管道气液两相流典型流型示意图如图 1-2 所示。

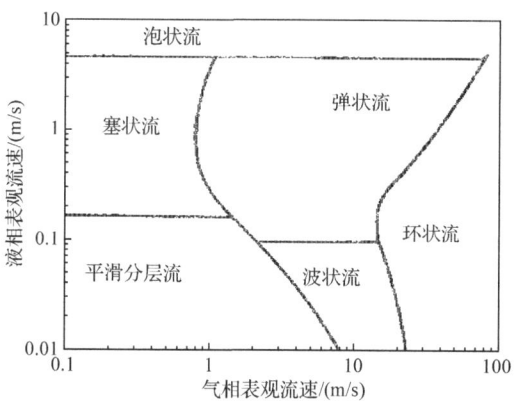

图 1-1 水平管道气液两相流流型图

(1) 泡状流(bubble flow)：由大量气泡混杂在液相中流动形成，此时气泡或均匀分布在管道截面或聚集在管道顶部，并随液体流动。

(2) 弹状流(slug flow)与塞状流(plug flow)或长泡流(elongated bubble flow)：统称为间歇流型，是较大的气泡与液体间歇出现的流动现象，且气液结构间的流速不同，存在较强的相间滑脱效应。

(3) 分层流(stratified flow)：气相与液相分别在管道的上部与下部流动，两相之间存在明显的界面，分层流可细分为平滑分层流与波状流(wavy flow)，区别在于相间界面是平滑的还是有波浪的。

(4) 环状流(annular flow)：当气体高速流动时，将液相挤压分布在管壁上形成液膜，并在气相的推力下流动。在液相流量较高的环状流中，水平管道底部的液

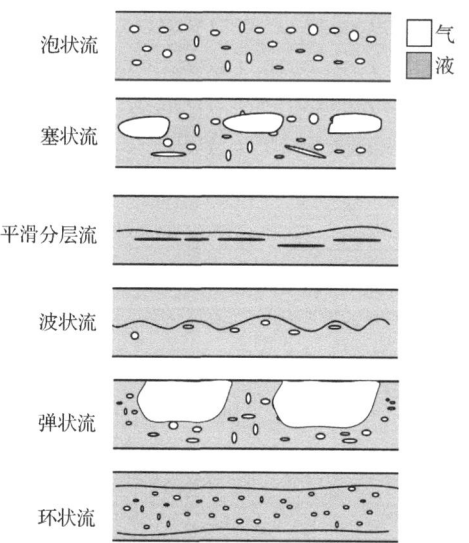

图 1-2 水平管道气液两相流典型流型示意图

膜由于重力的作用会略厚于顶部,并时常伴有液膜波浪现象的发生,这种现象常称为波浪环状流。

3. 水平管道油水两相流流型

液液两相流常见于石油工业中,如油水两相流,其动量传递与浮力作用造成油水流动结构与气液流动结构不同,而且油水界面处的自由能量容易形成更短的界面波动和更小的分散相颗粒。油水两相流的另一个特点是油的特性变化范围极大,以油与水的黏度比为例,其变化范围为零点几到几百万,而油的属性改变直接导致油水两相流流动形态发生变化[9,10]。根据 Trallero 等[9]在 1997 年的研究,轻油与水为流动介质时,所形成的水平管道油水两相流典型流型示意图[9]如图 1-3 所示。

(1) 分层流(stratified flow,ST):由于密度的差异,油和水在重力的作用下独立分层流动,且油水两相的接触面较为平滑,没有明显的油水混合现象。

(2) 混合界面分层流(stratified flow with mixing at the interface,ST & MI):随着流速的增加,流体湍动能力增强。油和水在分层流动的同时,接触面形成波浪状,且沿接触面出现离散的液滴,此时接触面开始出现油水混合现象。

(3) 油包水和水包油分散流(dispersion of water in oil and oil in water,D W/O & D O/W):相较于混合界面分层流,油水接触面的混合程度进一步增强。流体上层出现连续流动的油相夹杂着大量水滴,下层为连续的水相夹杂着大量油滴。

(4) 水包油和水分散流(dispersion of oil in water and water,D O/W & W):当油水两相流中水相含率较高、油相含率较低时,连续流动的水相占满整个管道,油滴作为分散相聚集在管道顶部流动。

(5) 水包油(oil in water emulsion,O/W)分散流:当油水两相流中水相含率较高且流速较快时,连续流动的水相占满整个管道,油滴作为分散相夹杂在水相之中。

(6) 油包水(water in oil emulsion,W/O)分散流:当油水两相流中油相含率较高且流速较快时,连续流动的油相占满整个管道,水滴作为分散相夹杂在油相之中。

油水两相流中的分散流包括水包油(O/W)、油包水(W/O)以及油包水和水包油

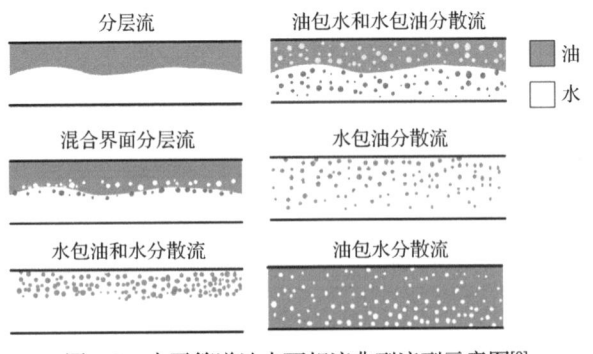

图 1-3　水平管道油水两相流典型流型示意图[9]

分散流(D W/O & D O/W)。在这种流态中,分散相以液滴(油或水)形式分散在连续相的流体(水或油)中。在石油工业过程中,水包油(O/W)以及油包水(W/O)两相流是高流速情况下常见的流态。油水分层流包括分层流(ST)和混合界面分层流(ST & MI),是低流速情况下常见的流动模式。

4. 垂直管道气液两相流流型

垂直管道中的两相流分布多呈对称性,因此流型相对简单,一般可分为四类或五类[11]。在 Juliá 等[12]发表的文献中总结了五种典型流型,垂直管道气液两相流典型流型示意图如图 1-4 所示。

(1) 泡状流(bubble flow):气相以分散的气泡形态分布在液相之中。

(2) 帽状泡状流(cap-bubble flow):液体内的小气泡数量增多,开始合并成体积更大的圆形气泡(帽状气泡)。

(3) 弹状流(slug flow):随着气量的增大,一些气泡体积几乎充满管道截面,并以子弹的形状向上流动,这些大气泡被液相隔开,并夹杂许多小气泡。

(4) 搅拌流(churn-turbulent flow):随着弹状流混合流速的增加,流型会变得不稳定。在大口径管道中,这种不稳定状态最终会破坏弹状流结构,形成搅拌形式或振动形式的上升流型。在小口径管道中,弹状流会向环状流过渡,且比大口径管道中的过程平稳,但仍伴随着不稳定现象。

(5) 环状流(annular flow):液相在管壁处以近似连续的液膜形态向上流动,气相在管道中间流动。液膜中一般不夹带气泡,但气相中通常夹带一定量的液滴。

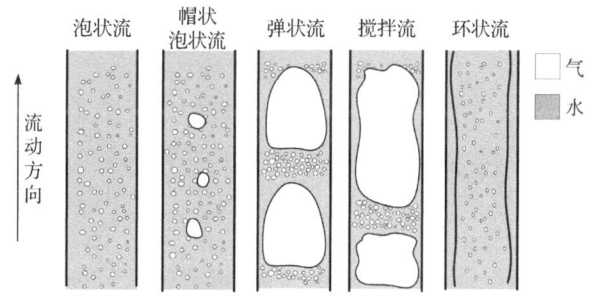

图 1-4 垂直管道气液两相流典型流型示意图[12]

5. 垂直管道油水两相流流型

Flores[13]研究了垂直管道与倾斜管道中的油水流动,总结出当管道倾斜度大于 33°时,油相和水相难以保持分层状态,所有流动均呈分散流状态。将垂直管道中的油水流型分为六类,一半为水基流型,一半为油基流型,如图 1-5 所示。

(1) 水包油分散流(dispersion oil in water,D O/W):油滴在水中分散分布并随水流动。

(2) 水包油细小分散流(very fine dispersion oil in water，VFD O/W)：随着流速的增高，水中油滴尺寸变小且均匀，此时油水两相之间的滑脱可忽略不计。

(3) 水包油混状流(oil in water churn flow，O/W CF)：出现在油相表观流速较窄的范围内，且水相表观流速较低至中等条件下，由较大油滴和油珠的聚集和合并效应导致的，形态有显著的湍流特性和无序性。

(4) 油包水混状流(water in oil churn flow，W/O CF)：与水包油混状流流型类似，出现在水相表观流速较窄的范围内，且油相表观流速较低至中等条件下。

(5) 油包水分散流(dispersion water in oil，D W/O)：水滴在油中分散分布并随油流动。

(6) 油包水细小分散流(very fine dispersion water in oil，VFD W/O)：在油流速很高时，水以非常细小液滴的形态在油中随油相连续流动。

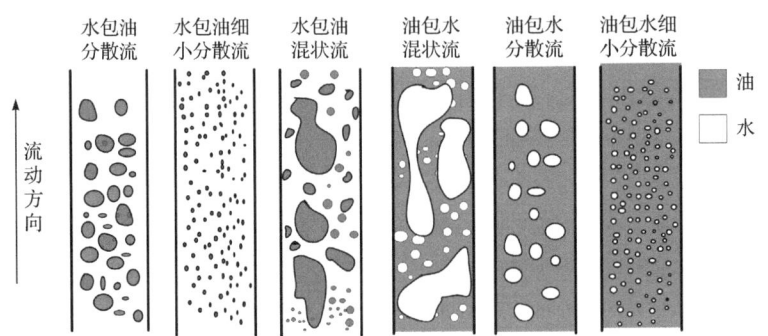

图 1-5　垂直管道油水两相流流型示意图[22]

1.2.2　基本过程参数

除了用压力、温度、速度等常见的流体参数描述两相流动状态外，还有一些两相流动特有的过程参数。在两相流的分析中，通常采用下标 1 和下标 2 来区分各相，有时也采用 g 和 l 来分别代表气液两相流中的两相，或者用 o 和 w 代表油水两相流中的两相。在基本的分析中，第二相(用下标 2 表示)通常指两相流系统中的分散相或分层流情况下较轻的一相，如气液两相流中的气相或油水两相流中的油相。

1. 总质量流量

一般用 W 表示(单位为 kg/s)，是各分相质量流量之和，即

$$W = W_1 + W_2 \tag{1-1}$$

体积流量(单位为 m^3/s)用 Q 表示，即

$$Q = Q_1 + Q_2 \tag{1-2}$$

W 与 Q 的关系为

$$Q_1 = \frac{W_1}{\rho_1} \tag{1-3}$$

$$Q_2 = \frac{W_2}{\rho_2} \tag{1-4}$$

式中，ρ_1 与 ρ_2 分别为两相的密度。

2. 相含率

相含率指单相流体占总流体的分数，又分为截面相含率、体积相含率与质量相含率，即分别在一个截面、一定体积以及一定质量内定义的相含率。如果用 α 表示在一定体积内第二相所占的分数，则在无限小的体积内，α 值为 0~1。然而对于大多数的实际研究，对象体积都远大于分散相的离散体积(液滴或气泡)，因此 α 更多代表平均体积相含率。通常对 α 的测量是在整个管道界面和一定纵向长度形成的体积内进行的，以便消除流体扰动带来的影响。因此，若已知截面面积为 A、长为 L 的管段内部所包含的第二相体积 υ_2，则平均体积相含率 α 可定义为

$$\langle \alpha \rangle = \frac{\upsilon_2}{AL} \tag{1-5}$$

式中，符号 $\langle\ \rangle$ 表示空间平均。

考虑到多相流并非纵向均匀分布，因此对 $\langle \alpha \rangle$ 的测量应在有限的管段内实现。此时，对于一个长度为 δL 的管段，局部相含率在时间上的平均为 α，则空间和时间的平均相含率由式(1-6)定义，即

$$\langle \alpha \rangle = \frac{\iint \alpha(r,t)\mathrm{d}r\mathrm{d}t}{\int \mathrm{d}r \int \mathrm{d}t} \tag{1-6}$$

通常用 α 广泛代表平均体积相含率，因此在测量周期性流体和非均匀态流体时应特别注意。对于气液两相流，α 通常指体积含气率，也称空泡率(gas void fraction，GVF)。从流量角度定义的平均体积相含率为

$$\alpha = \frac{Q_2}{Q_1+Q_2} = \frac{1}{1+\dfrac{A_1 u_1}{A_2 u_2}} \tag{1-7}$$

相应地，截面含气率 β 定义为管道某一截面内包含的某一相流体面积占管道总截面面积的比，即

$$\beta = \frac{A_2}{A_1 + A_2} = \frac{1}{1 + \frac{A_1}{A_2}} \tag{1-8}$$

式中，A_1 和 A_2 分别为两相所占的流通面积；u_1 与 u_2 分别为两相的真实速度。则 α 与 β 有如下关系：当 $u_1 = u_2$ 时，$\beta = \alpha$，即均匀混合流动；当 $u_1 > u_2$ 时，$\beta > \alpha$，水平管道和上倾斜管道一般不发生此种情况；当 $u_1 < u_2$ 时，$\beta < \alpha$，即气相流速较大时，气相在管道中所占的流动截面减小，而液相所占截面增大，此现象称为持液现象，故截面含液率也称持液率。

质量相含率定义为一定质量的混合流体中含有某一相流体(通常是分散相)的质量分数，用 x 表示，即

$$x = \frac{W_2}{W} \tag{1-9}$$

x 与 β 间的关系为

$$\beta = \frac{A_2}{A} = 1 \bigg/ \left(1 + \frac{W_1}{W_2} \frac{\rho_2}{\rho_1} \frac{u_2}{u_1}\right) = 1 \bigg/ \left(1 + \left(\frac{1-x}{x}\right) \frac{\rho_2}{\rho_1} \frac{u_2}{u_1}\right) \tag{1-10}$$

3. 流速

流速一般定义为单位时间内流过某一管道截面内的流体体积，定义 j 为单位面积上的流量通量，单位为 m/s，称为表观流速，因此平均表观流速为

$$\langle j_1 \rangle = \frac{Q_1}{A}, \quad \langle j_2 \rangle = \frac{Q_2}{A} \tag{1-11}$$

$$j = \frac{Q_1 + Q_2}{A} \tag{1-12}$$

某一相流体的真实流速为该相体积流量与其在管道截面内所占面积之比，因此表观流速与流体真实流速的关系为

$$u_1 = \frac{j_1}{1 - \beta} \tag{1-13}$$

$$u_2 = \frac{j_2}{\beta} \tag{1-14}$$

在一些分析中也采用质量流速的概念，即单位时间内流过管道截面内的流体质量，即质量流量在管道截面上的平均，一般用 G 表示，单位为 kg/(m²·s)，即

$$\langle G_1 \rangle = \frac{W_1}{A} \text{ 与 } \langle G_2 \rangle = \frac{W_2}{A}, \quad G = G_1 + G_2 \tag{1-15}$$

或

$$G_1 = \rho_1 j_1, \quad G_2 = \rho_2 j_2 \tag{1-16}$$

流体的表观流速比与质量流速比分别为

$$\frac{j_1}{j_2} = \frac{Q_1}{Q_2} = \frac{u_1}{u_2}\frac{1-\beta}{\beta} \tag{1-17}$$

$$\frac{G_1}{G_2} = \frac{W_1}{W_2} = \frac{1-x}{x} \tag{1-18}$$

尽管管道中的流体参数是三维时变参数,但为了简化计算与分析,以上参数均视为一维状态下的时不变参数,且为在管道截面上的平均量。在特定场合下,例如,当大型管道或管道截面内的变动过大时,会引入二维或三维的分析参数。在一般的流体计算与分析中,通常不考虑管道截面内的径向流速,因此省略符号⟨ ⟩。

4. 滑动比与滑脱速度

定义两相真实流速之比为滑动比,用 S 表示,即

$$S = u_2/u_1 \tag{1-19}$$

两相的真实流速之差即滑脱速度,用 u_S 表示,即

$$u_S = u_2 - u_1 = j_2/\beta - j_1/(1-\beta) \tag{1-20}$$

5. 混合密度与混合黏度

两相流的混合密度 ρ_m 指单位时间内流过管道截面的两相混合物的质量与容积之比,即

$$\rho_m = W/Q = \rho_2 \alpha + \rho_1 (1-\alpha) \tag{1-21}$$

用质量含气率表示为

$$\frac{1}{\rho_m} = \frac{x}{\rho_2} + \frac{1-x}{\rho_1} \tag{1-22}$$

对两相流混合黏度 μ_m 的定义有很多种,列举其中的一些如下[14]。

$$\mu_m = \left(x/\mu_2 + (1-x)/\mu_1\right)^{-1} \tag{1-23}$$

$$\mu_m = x\mu_2 + (1-x)\mu_1 \tag{1-24}$$

$$\mu_\mathrm{m} = \alpha\mu_2 + (1-\alpha)\mu_1 \tag{1-25}$$

$$\mu_\mathrm{m} = \alpha\mu_2 + (1-\alpha)(1+2.5\alpha)\mu_1 \tag{1-26}$$

$$\mu_\mathrm{m} = \mu_1\mu_2/\mu_2 + x^{1.4}(\mu_1 - \mu_2) \tag{1-27}$$

1.3 超声检测技术发展

多相流检测技术包括电学法、射线法、光学法、超声法等，其中超声法具有传播模式多、敏感效应丰富、不受流体矿化度和连续相导电性影响、无辐射等优势，能检测封闭不透光管道内被测流体的分布参数，且能以即夹即用的形式安装于管壁外部，有效避免了高温、高压过程对传感器安装的要求，因此具有十分广阔的应用前景[15]。当超声在两相非均匀流体内传播时，会产生衰减、散射与多普勒等多种效应，这导致出现声波传播方向改变、振动幅值减小等现象，且各效应均受两相介质的声阻抗、尺度、速度及其分布的直接影响。因此，超声检测信号是多种传播效应综合的复杂信号，包含多相流的相含率与速度分布等丰富信息，但缺乏对其非均匀分布以及全相含率范围内超声传播特性的深入理解。利用超声的多种传播模式和丰富的信息，可以获得多相流的相含率、流速、粒径等参数，以及流体的分布图像等。

在多相流中，超声检测方法多针对强声阻抗比的气液两相流进行研究，气液界面间巨大的声阻抗差异会使超声产生较强的衰减与反射效应，其流体分布反演与参数测量不需要考虑超声多重散射现象，可采用透射或反射的方式实现。已有研究发现，超声衰减法在检测含气率较低且泡径小于1mm的气液两相流时，相含率检测精度较高[16]。而液液两相流体的声阻抗相近，超声在两相界面处的声波传播效应比气液两相流更复杂。超声透射液液两相流会在液滴团中产生复杂的多重散射效应，需要构建准确的描述模型以获得相含率[17]。除超声衰减外，声速法利用不同介质中的声速差异获取流动参数，是检测弱声阻抗比的两相流相含率的可行方法，Chaudhuri 等[18]研究表明，利用超声声速可实现均匀分布油水两相流的相含率的检测。

两相流流速的超声检测方法主要包括互相关法、超声传播时间法与超声多普勒法。互相关法基于安装于管道上下游两处的相同超声传感器获取的时间序列进行互相关计算，根据时间序列的延时来估算流速[19]。超声传播时间法利用超声在上下游探头间传播时间的差异来计算传播通路内的流速[20]，但超声在多相流中传播的时间同时受相含率与流速的影响，难以解耦，因此精度较低。超声多普勒法利用超声作用于两相流分散相时产生的声波频移与流速成正比的原理来测量分散相流速，具有物理意义明确、快速、精度高等优点[21]。根据声波发射方式,可分为连续波超声多普勒技术与脉冲波超声多普勒技术,连续波超声多普勒技术可获得测试空间内分散相的平均流速;将脉冲波超声多普勒技术与距离门(range gate)技术[22]相结合可得到超声流速剖面仪(ultrasonic velocity profiler, UVP),可建立沿测量线不同深度处分散相流速与超声回波频移之间的关系,获得流体的一维流速剖面。Takeda[23,24]首先将 UVP 方法用于加有示踪颗粒的单相流进行流速剖面检测,由于气液两相界面处发生很强的超声反射,所以大量研究集中于低含气率气液两相流的一维流速剖面检测[25,26]。Morriss 等[27]将 UVP 用于油水两相流流速检测,并发现多普勒频移与流速之间的关系受相含率变化影响较大。Dong 等[28]和 Tan 等[29]对连续超声波、脉冲超声在气液两相流、液液两相流中的频移特性进行研究,并建立了一系列流速测量模型,获得了较好的结果。目前采用超声多普勒原理的流体截面流速分布检测方法包括线性换能器阵列技术、超声相控阵技术和超声多普勒层析成像技术等,这些技术均处于快速发展阶段。

自 20 世纪 70 年代医学层析成像技术出现以来,基于超声传播特性的超声过程层析成像逐渐成为多相流检测领域的研究热点,利用超声在流体中传播时产生的衰减、走时等信息,可以反演出流体的空间分布图像,能为多相流科学研究和工业监测与控制提供有效信息。例如,Xu 等[30]提出的透射式超声过程层析成像可实现气液两相流相分布重建与流型识别,Rahiman 等[31]提出超声透射成像算法来提升重建的空间分辨率,Langener 等[32]提出的多气泡间反射路径追踪的方法,以及 Schlaberg 等[33]提出的气液两相流超声反射层析成像基本方法等。多相流超声过程层析成像具有透射、反射等多种层析成像模式,且可以利用宽频超声等更丰富的信息,有望解决工业过程多种分布参数的在线检测与可视化问题,有很广泛的应用前景。

作者所在课题组从 20 世纪 80 年代开始致力于多相流测试方法的研究,先后在国家自然科学基金、863 计划等多项国家和省部级科研项目以及企事业合作科研项目的支持下,对多相流超声检测与成像方法进行了深入研究,研制多套基于多种敏感原理的测试系统样机和面向工业应用的检测系统。在多传感器信息融合、新型流动参数检测、多相流分布参数反演及其在多相流测试应用方面开展了大量研究工作,在基于超声多敏感效应信息融合的两相流流场检测方法研究方面积累了一定的经验与成果。

1.4 章 节 结 构

本书针对多相流中的超声检测技术进行了较为完善的总结,在介绍超声传播基本特性的基础上,分别针对多相流的相含率、流速、流型测量以及层析成像等技术的原理、发展与应用进行详细阐述。具体章节内容如下。

第 2 章为超声传播基本模型，主要介绍超声在液体中的基本传播规律，总结与多相流检测相关的超声传播机理与模型，用于构建多相测量模型。

第 3 章为超声衰减测量法，主要介绍超声在多相流中传播时产生的衰减效应及其与相含率之间的基本关系，进而介绍相含率测量模型的建立。

第 4 章为超声反射测量法，主要介绍利用超声在多相介质界面处的反射效应进行相含率测量的基本方法。

第 5 章为连续波超声多普勒测量法，主要介绍连续波超声多普勒技术的流速测量基本原理、测量特性，以及信号处理方法，介绍利用连续波超声多普勒效应实现不同多相流流速测量的基本方法。

第 6 章为脉冲波超声多普勒测量法，主要介绍利用脉冲式超声在不同深度位置处的多普勒效应，实现多相流流速剖面、总流量以及流型的测量方法。

第 7 章为超声过程层析成像，主要介绍超声过程层析成像基本的物理与数学原理及其相关的正问题与逆问题。

第 8 章为多相流超声测试系统设计，主要介绍超声透射、反射、多普勒以及层析成像测试系统设计与实现方案。

参 考 文 献

[1] 郭烈锦. 两相与多相流动力学. 西安: 西安交通大学出版社, 2002.

[2] 陈学俊. 多相流热物理学的进展. 世界科技研究与发展, 1998, 20(5): 71-72.

[3] Thorn R, Johansen G A, Hjertaker B T. Three-phase flow measurement in the petroleum industry. Measurement Science and Technology, 2013, 24(1): 012003.

[4] 谭超, 董峰. 多相流过程参数检测技术综述. 自动化学报, 2013, 39(11): 1923-1932.

[5] Wendt J F. Computational Fluid Dynamics: An Introduction. 3rd ed. Berlin: Springer, 2009.

[6] Falcone G, Hewitt G F, Alimonti C, et al. Multiphase flow metering: Current trends and future developments. Journal of Petroleum Technology, 2002, 54(4): 77-84.

[7] Thorn R, Johansen G A, Hammer E A. Recent developments in three-phase flow measurement. Measurement Science and Technology, 1997, 8(7): 691-701.

[8] Taitel Y, Dukler A E. A model for predicting flow regime transitions in horizontal and near horizontal gas-liquid flow. American Institute of Chemical Engineers Journal, 1976, 22(1): 47-55.

[9] Trallero J L, Sarica C, Brill J P. A study of oil/water flow patterns in horizontal pipes. SPE Production & Facilities, 1997, 12(3): 165-172.

[10] Xu X X. Study on oil-water two-phase flow in horizontal pipelines. Journal of Petroleum Science and Engineering, 2007, 59(1-2): 43-58.

[11] Wallis G B. One-Dimensional Two-Phase Flow. New York: McGraw-Hill, 1969.

[12] Juliá J E, Liu Y, Paranjape S, et al. Upward vertical two-phase flow local flow regime identification using neural network techniques. Nuclear Engineering and Design, 2008, 238(1):

156-169.

[13] Flores J G. Oil-water flow in vertical and deviated wells. Tulsa: The University of Tulsa, 1997.

[14] Salim A, Fourar M, Pironon J, et al. Oil-water two-phase flow in microchannels: Flow patterns and pressure drop measurements. The Canadian Journal of Chemical Engineering, 2008, 86(6): 978-988.

[15] Goh C L, Ruzairi A R, Hafiz F R, et al. Ultrasonic tomography system for flow monitoring: A review. IEEE Sensors Journal, 2017, 17(17): 5382-5390.

[16] Ux L A, Leonard D, Green R G. A pulsed ultrasound transducer system for two component flow. Journal of Physics E: Scientific Instruments, 1985, 18(7): 609-613.

[17] Su Q, Tan C, Dong F. Mechanism modeling for phase fraction measurement with ultrasound attenuation in oil-water two-phase flow. Measurement Science and Technology, 2017, 28(3): 035304.

[18] Chaudhuri A, Sinha D N, Zalte A, et al. Mass fraction measurements in controlled oil-water flows using noninvasive ultrasonic sensors. Journal of Fluids Engineering, 2014, 136(3): 031304.

[19] Hoyle B S. Process tomography using ultrasonic sensors. Measurement Science and Technology, 1996, 7(3): 272-280.

[20] Winters K B, Rouseff D. Tomographic reconstruction of stratified fluid flow. IEEE Transactions on Ultrasonics, Ferroelectrics, and Frequency Control, 1993, 40(1): 26-33.

[21] Ricci S, Matera R, Tortoli P. An improved Doppler model for obtaining accurate maximum blood velocities. Ultrasonics, 2014, 54(7): 2006-2014.

[22] Wells P N T. A range-gated ultrasonic Doppler system. Medical & Biological Engineering, 1969, 7(6): 641-652.

[23] Takeda Y. Velocity profile measurement by ultrasound Doppler shift method. International Journal of Heat and Fluid Flow, 1986, 7(4): 313-318.

[24] Takeda Y. Development of an ultrasound velocity profile monitor. Nuclear Engineering and Design, 1991, 126(2): 277-284.

[25] Muramatsu E, Murakawa H, Sugimoto K, et al. Multi-wave ultrasonic Doppler method for measuring high flow-rates using staggered pulse intervals. Measurement Science and Technology, 2016, 27(2): 025303.

[26] Nguyen T T, Kikura H, Murakawa H, et al. Measurement of bubbly two-phase flow in vertical pipe using multiwave ultrasonic pulsed Dopller method and wire mesh tomography. Energy Procedia, 2015, 71: 337-351.

[27] Morriss S L, Hill A D. Measurement of velocity profiles in upwards oil water flow using ultrasonic Doppler velocimetry//SPE Annual Technical Conference and Exhibition, Dallas, 1991.

[28] Dong X X, Tan C, Dong F. Gas-liquid two-phase flow velocity measurement with continuous wave ultrasonic Doppler and conductance sensor. IEEE Transactions on Instrumentation and Measurement, 2017, 66(11): 3064-3076.

[29] Tan C, Dong X X, Dong F. Continuous wave ultrasonic Doppler modeling for oil-gas-water three-phase flow velocity measurement. IEEE Sensors Journal, 2018, 18(9): 3703-3713.

[30] Xu L J, Han Y T, Xu L G, et al. Application of ultrasonic tomography to monitoring gas/liquid

flow. Chemical Engineering Science, 1997, 52(13): 2171-2183.

[31] Rahiman M H F, Rahim R A, Rahim H A, et al. Novel adjacent criterion method for improving ultrasonic imaging spatial resolution. IEEE Sensors Journal, 2012, 12(6): 1746-1747.

[32] Langener S, Vogt M, Ermert H, et al. A real-time ultrasound process tomography system using a reflection-mode reconstruction technique. Flow Measurement and Instrumentation, 2017, 53: 107-115.

[33] Schlaberg H I, Yang M, Hoyle B S, et al. Wide-angle transducers for real-time ultrasonic process tomography imaging applications. Ultrasonics, 1997, 35(3): 213-221.

第 2 章 超声传播基本模型

声学现象实质上是传声介质(气体、液体、固体等)中质点的一系列力学振动传递过程的表现。将质点的机械振动由近及远的传播称为声振动的传播，简称声波[1]。而根据流体中介质质点的振动方向与声波的传播方向的关系，可以将声波分为横波与纵波。纵波质点的振动方向与声波的传播方向一致，其传播过程表现为传声介质体积形变所形成的压缩膨胀交替过程[2]。而横波的质点振动方向与声波传播方向垂直，其传播过程来自传声介质的剪切形变[3]。流体只能产生体积形变，在声波传播过程中只存在稀疏稠密的交替过程，只能传播纵波[1]。因此，本章围绕多相流超声检测领域的具体需求[4]，仅讨论总结理想均匀流体中纵波的传播规律，以作为后续章节多相流检测所用超声传播原理的基础知识。本章内容从理想流体的三个基本方程出发来介绍超声波动方程，重点介绍平面声波波动方程及其解、超声传播的重要参数，以及透射、反射、折射的传播规律等，并推广到球面波上。

2.1 理想流体介质中超声波动方程

2.1.1 表征声场的声学量

研究超声在理想流体介质中的传播规律与波动方程，需首先确定用于表征声场的声学参量。流体平衡状态可以用压强、密度等状态参数来描述。而在声波作用下，流体介质在平衡状态下被附加了一个稀疏稠密的交替过程的规律运动，该纵波传播过程可用质点的声压 p、密度 ρ 和质点振速 u 的变化量来描述[5]。

在声场作用下，流体介质产生压力变化，其中出现的逾量压强称为声压 p，等于声场中任意一点在某一时刻压强 P 与不存在声波时的静压强 P_0 之差[2]，即

$$p = P - P_0 \tag{2-1}$$

在声波作用下，声压的出现必然导致流体介质质点的振动，其振动速度简称振速，由 u 表示，若定义质点离开平衡位置的位移为 ζ，则振速为

$$u = \frac{\partial \zeta}{\partial t} \tag{2-2}$$

此外，流体介质的密度也受声场的影响而发生变化，可表示为

$$\rho' = \rho - \rho_0 \tag{2-3}$$

式中，ρ 和 ρ_0 分别为流体介质的当前密度与静态密度。

分析声波传播过程即讨论声压、密度和质点振速的变化及其关系。根据动量守恒定律、质量守恒定律，以及描述压强温度与体积关系的物态方程，可以推导出压强、密度和质点振速之间关系的三个方程：描述压强与振速之间关系的运动方程；描述压强与密度之间关系的物态方程；描述密度与振速之间关系的连续性方程。根据以上基本方程，可通过推导获得超声波动方程，进而研究其基本传播规律[5]。

为了简化问题，进行如下假设[5]。

(1) 介质为理想流体，即介质中不存在黏滞，声波在理想流体中的传播没有能量损耗。

(2) 介质连续，且在分析中只考虑介质分子运动的平均特性，不考虑分子的单独运动，即质点中仍然包含大量分子。

(3) 介质受声波作用产生的稀疏稠密的交替过程是绝热的，即介质不会由于声波传播引起的温差形成热交换。

(4) 介质中的声波传播为小振幅声波，声学量均为一级微量，即声压变化远小于静态压力，质点振速远小于声速，质点位移远小于波长，密度变化远小于静态密度。

基于以上假设，下面介绍流体介质中超声传播的三个基本方程。

2.1.2 运动方程

理想流体介质中压强与质点振速的关系，可通过分析声场作用下微小质团的运动情况来确定。微小质团在声场压力差形成的合力作用下振动[2]。连续流体介质中一维微小质团受力情况如图 2-1 所示。

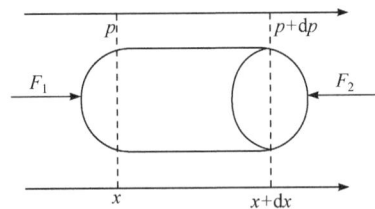

图 2-1 连续流体介质中一维微小质团受力情况

以图 2-1 中一维微小质团为例，质团所受合力为

$$F = F_1 - F_2 = pS - (p + \mathrm{d}p)S = -S \frac{\partial p}{\partial x} \mathrm{d}x \tag{2-4}$$

式中，F_1 和 F_2 为声场中微小质团沿 x 轴所受到的力；S 为 x 轴方向的截面面积。

根据牛顿第二定律，其运动方程为

$$F = \rho S dx \frac{\partial u_x}{\partial t} = -S \frac{\partial p}{\partial x} dx \qquad (2\text{-}5)$$

简化式(2-5)为

$$\rho \frac{\partial u_x}{\partial t} = -\frac{\partial p}{\partial x} \qquad (2\text{-}6)$$

在线性声学的小振幅条件下,流体介质密度变化很小[6],可以认为 $\rho \cong \rho_0$,因此式(2-6)可写为

$$\rho_0 \frac{\partial u_x}{\partial t} = -\frac{\partial p}{\partial x} \qquad (2\text{-}7)$$

同理可得其他两个方向上的运动方程为

$$\begin{cases} \rho_0 \dfrac{\partial u_y}{\partial t} = -\dfrac{\partial p}{\partial y} \\ \rho_0 \dfrac{\partial u_z}{\partial t} = -\dfrac{\partial p}{\partial z} \end{cases} \qquad (2\text{-}8)$$

式中,u_x、u_y、u_z 分别是 x、y、z 三个方向上的质点振速。将式(2-7)和式(2-8)合并可得

$$-\nabla p = -\left(\frac{\partial p}{\partial z} i + \frac{\partial p}{\partial y} j + \frac{\partial p}{\partial z} k \right) = \rho_0 \frac{\partial u}{\partial t} \qquad (2\text{-}9)$$

式中,∇p 为声压场梯度。

2.1.3 连续性方程

除牛顿第二定律外,另一个描述超声平面波传播的重要规律为质量守恒定律,即流体介质中任意位置处体积元质量的改变,必然是其与相邻介质间发生质量交换的结果[7]。当超声在液体中传播时,声波以压缩或者稀疏交替的纵波形式传播,形成流体介质疏密变换,使流体介质密度发生变化。在声场作用下,流体介质中体积元密度变化所引起的质量改变,等于流进与流出的体积元质量之差[5]。连续流体介质中微小质团质量变化情况如图 2-2 所示。

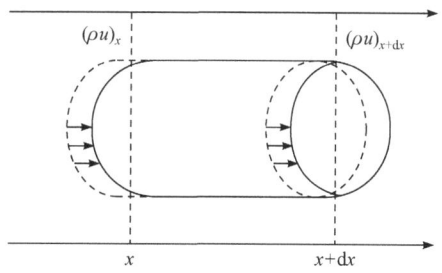

图 2-2 连续流体介质中微小质团质量变化情况

假设某一时刻流体仅从 x 方向流入流出体元，则流入流出的质量之差为

$$(\rho u)_x S - (\rho u)_{x+\mathrm{d}x} S = (\rho u)_x S - \left((\rho u)_x S + \frac{\partial(\rho u)_x}{\partial x}\mathrm{d}xS\right) = -\frac{\partial(\rho u)_x}{\partial x}\mathrm{d}xS \quad (2\text{-}10)$$

某一时刻流体在声场作用下形成疏密变化，对应体积元的质量变化为

$$\Delta M = \frac{\partial \rho}{\partial t}\mathrm{d}xS \quad (2\text{-}11)$$

因此有

$$-\frac{\partial(\rho u)_x}{\partial x} = \frac{\partial \rho}{\partial t} \quad (2\text{-}12)$$

基于小振幅假设[8]，即 $\rho = \rho_0$，式(2-12)的振速可写为

$$-\rho_0 \frac{\partial u_x}{\partial x} = \frac{\partial \rho}{\partial t} \quad (2\text{-}13)$$

式(2-13)假设流体仅从 x 方向流入流出体元，对于流体介质中的任意体积元，流入流出方向并不局限于单一方向。故将式(2-13)推广到三维情况，有

$$\frac{\partial \rho}{\partial t} = -\rho_0 \left(\frac{\partial u_x}{\partial x} + \frac{\partial u_y}{\partial y} + \frac{\partial u_z}{\partial z}\right) = -\rho_0 \nabla \cdot u \quad (2\text{-}14)$$

2.1.4 物态方程

声场的运动方程和连续性方程分别描述了流体介质中声压与质点振速之间、密度与质点振速之间的关系。在此基础上，还需要一组描述压力与密度关系的方程才能构建声压、密度和质点振速之间的关系[5,9]。声波作用下流体介质产生压缩膨胀的形变，各处流体介质的密度和压强都发生变化，即当声波通过时将产生状态的变化。利用热力学中描述状态变化过程的关系可以描述声波作用下流体介质状态变化的规律。

声波频率较高，引发流体介质压缩和膨胀过程很快，体积压缩和膨胀的周期远比热传导周期短，因此在研究声场物态方程中可忽略流体介质的热传导作用，把流体介质的状态变化视为绝热过程。在此过程中，在声场质团压缩和膨胀过程中没有声能损失，压强变化仅由密度变化引起[10]，即 $P = P(\rho)$。因此，对 $P = P(\rho)$ 进行泰勒展开，并忽略高次项(小振幅条件)，压强与密度之间的关系[5]为

$$P = P(\rho_0) + \left(\frac{\mathrm{d}P}{\mathrm{d}\rho}\right)_{s,\rho_0}(\rho - \rho_0) \quad (2\text{-}15)$$

式中，角标 s, ρ_0 表示在等熵 s 和静态密度 ρ_0 处求导。

对式(2-15)微分可得

$$dP = \left(\frac{dP}{d\rho}\right)_{s,\rho_0} d\rho \tag{2-16}$$

即压强变化 dP 与密度变化 $d\rho$ 成正比，比例系数为 $\left(\frac{dP}{d\rho}\right)_{s,\rho_0}$，考虑压强与密度的变化方向相同，即当流体介质被压缩时，压强与密度同时增加，而当流体介质膨胀时，压强与密度均降低。因此，比例系数 $\left(\frac{dP}{d\rho}\right)_{s,\rho_0}$ 恒大于 0，可以通过流体介质的绝热体积压缩系数 β_0 与静态密度 ρ_0 确定，即

$$\left(\frac{dP}{d\rho}\right)_{s,\rho_0} = \frac{1}{\beta_0 \rho_0} \tag{2-17}$$

压缩系数 β_0 反映流体介质的压缩特性，压缩系数较大的流体介质，压强引起的密度变化较大，体积元产生的状态变化需要较长时间转移至周围体积元；压缩系数较小的流体介质，体积元产生的状态变化很快就能转移至周围体积元。体积元之间状态变化的转移速度即声扰动的传播速度[11]，因此流体介质的压缩特性在声学上通常表现为声波传播的快慢。在液体中，声速 c 与压缩系数的关系[4]为

$$c = \frac{1}{\sqrt{\beta_0 \rho_0}} \tag{2-18}$$

因此，物态方程(2-17)可写为

$$c^2 = \left(\frac{dP}{d\rho}\right)_{s,\rho_0} \tag{2-19}$$

将式(2-19)代入式(2-1)和式(2-3)，有

$$\frac{dp}{dt} = c^2 \frac{d\rho'}{dt} \tag{2-20}$$

2.1.5 波动方程

至此，已经推导出声压 p、密度 ρ' 和质点振速 u 之间的关系式。对于线性声学小振幅声波，流体介质的三个基本方程均可简化为线性方程，即静止无源流体介质中声场的基本关系[5]为

$$\begin{cases} -\nabla p = \rho_0 \dfrac{\partial u}{\partial t} \\ \dfrac{\partial \rho}{\partial t} = -\rho_0 \nabla \cdot u \\ \dfrac{dp}{dt} = c^2 \dfrac{d\rho'}{dt} \end{cases} \tag{2-21}$$

式(2-21)中的三个关系式相互独立，可利用其关系消去声压、密度、质点振速三个声学量中的任意两个量，获得某一个声参量的时空表达式。一般来说，声压是标量且容易测量，因此声学分析一般使用声压构建波动方程来描述声场。以声压 p 为变量的小振幅声波波动方程为

$$\frac{\partial^2 p}{\partial t^2} = c^2 \nabla^2 p \tag{2-22}$$

式中，∇^2 为拉普拉斯算子，在直角坐标系中有

$$\nabla^2 = \frac{\partial^2}{\partial x^2} + \frac{\partial^2}{\partial y^2} + \frac{\partial^2}{\partial z^2} \tag{2-23}$$

式(2-22)反映了声压场 p 随空间 (x, y, z) 和时间 t 的变化，具有波动性质，因此式(2-22)称为波动方程。

2.2 平面波传播模型

2.2.1 平面波波动方程及其解

平面波是最简单的声波，通过对超声平面波的讨论可以初步理解超声传播的诸多特性，也有助于对其他声场特点的了解。平面波是指在声波传播时，声波的同相位面(波阵面)为平面的波。为方便起见，设超声沿 x 轴方向传播，波面振幅均匀，波动方程可简化为

$$\frac{\partial^2 p}{\partial t^2} = c^2 \frac{\partial^2 p}{\partial x^2} \tag{2-24}$$

如果振动过程是角频率 ω 的简谐振动，则波动方程的解[2]可写为

$$p = A_1 e^{j\omega\left(t - \frac{x}{c_0}\right)} + A_2 e^{j\omega\left(t + \frac{x}{c_0}\right)} \tag{2-25}$$

式中，A_1 和 A_2 为两个待定常数，由边界条件与产生声波的振源条件决定。

假设声波在无限流体介质中传播时不存在反射现象，即 $A_2 = 0$，设 $x = 0$ 处为振动声源，其在流体介质中产生了 $p_m e^{j\omega t}$ 的声压，则可以得出声场中的声压[12]为

$$p = p_m e^{j\omega\left(t - \frac{x}{c_0}\right)} \tag{2-26}$$

上述声场是一个波阵面为平面且沿 x 方向以速度 c_0 传播的平面波。在不考虑衰减因素的均匀理想流体介质中，声压幅值不随距离变化而变化。

2.2.2 声阻抗率与介质特征阻抗

由方程(2-9)与小振幅声波波动方程(2-22)可求得质点振速为

$$u = -\frac{1}{\rho_0}\int \nabla p \, \mathrm{d}t \tag{2-27}$$

将式(2-27)简化到一维 x 方向，则振速为

$$u = -\frac{1}{\rho_0}\int \frac{\partial p}{\partial x} \mathrm{d}t + u_0 \tag{2-28}$$

如果将平面波声场声压的解式(2-26)代入式(2-28)，并假定 $u_0 = 0$，则有

$$u = \frac{p_\mathrm{m}}{\rho_0 c_0} \mathrm{e}^{\mathrm{j}\omega\left(t-\frac{x}{c_0}\right)} \tag{2-29}$$

或

$$u = \frac{p}{\rho_0 c_0} \tag{2-30}$$

由此可见，在平面波声场中，声压与振速是同相位的。

定义声场中某一点声压与振速的比值为该点的波阻抗，又称声阻抗率，即

$$Z_\mathrm{a} = \frac{p}{u} \tag{2-31}$$

式中，声阻抗率 Z_a 一般为复数，与电阻抗类似，其实部反映声波能量的损耗。

由式(2-30)和式(2-31)可知，声阻抗率可表示为流体介质密度与流体介质中的声速乘积：$Z_\mathrm{a} = \rho_0 c_0$，也称其为流体介质的特征阻抗，完全由流体介质的性质决定，与介质中的声波无关。

2.3 平面波的透射、反射与折射

前面讨论了平面波在无界空间中自由传播的规律，然而当声波从一种流体介质进入另一种流体介质时，会在边界处发生透射、反射与折射等现象，理解这些现象的产生机理是分析超声传播规律的重要基础[1]。

2.3.1 声学边界条件

声波透射、反射与折射都是在两种流体介质界面处发生的，因此必须研究界面处的声波传播特性，即声学的边界条件[5]。设两种延伸到无限远的理想流体的特征阻抗分别为 $Z_1 = \rho_1 c_1$ 和 $Z_2 = \rho_2 c_2$，面积为 S，界面处无限薄质量元的质量为

$\mathrm{d}m$,根据牛顿第二定律,界面两侧的压强分别为 P_1 和 P_2,则两侧压强差引起的质量元运动为

$$(P_1 - P_2)S = \mathrm{d}m \frac{\mathrm{d}u}{\mathrm{d}t} \tag{2-32}$$

界面质量元厚度足够薄,质量 $\mathrm{d}m$ 趋近于 0,但在压力差作用下质量元的加速度无法趋近无穷大,所以式(2-32)要成立必须满足

$$P_1 = P_2 \tag{2-33}$$

另外,设界面两边流体介质由于声场扰动产生的法向速度分别为 u_1 和 u_2,由于两介质保持恒定接触,所以两介质在界面处法向速度相等,即

$$u_1 = u_2 \tag{2-34}$$

式(2-33)和式(2-34)即流体介质界面处的声学边界条件,以此为基础可以研究声波在界面处的传播规律。

2.3.2 平面波垂直入射

首先从较为简单的平面波垂直入射情况入手,平面波垂直入射示意图如图 2-3 所示,平面波沿 x 方向入射,$x = 0$ 为界面,其两侧流体介质特征阻抗分别为 $Z_1 = \rho_1 c_1$ 和 $Z_2 = \rho_2 c_2$。声波在两种介质中的声压分别为

$$\begin{cases} p_1 = p_\mathrm{i} + p_\mathrm{r} = A_1 \mathrm{e}^{\mathrm{j}\omega(t-x/c_1)} + B_1 \mathrm{e}^{\mathrm{j}\omega(t+x/c_1)} \\ p_2 = p_\mathrm{t} = A_2 \mathrm{e}^{\mathrm{j}\omega(t-x/c_2)} \end{cases} \tag{2-35}$$

式中,p_1 为界面入射端介质中的声压,等于入射声压 p_i 与反射声压 p_r 之和;p_2 为界面出射端中的声压,等于透射声压 p_t;A_1 和 B_1 分别为入射波与反射波的振幅;A_2 为透射波振幅。

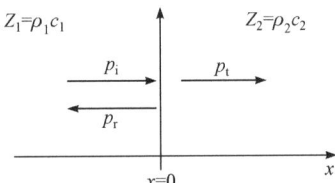

图 2-3 平面波垂直入射示意图

根据式(2-30)中振速与声压的关系,可推导出界面两侧振速分别为

$$\begin{cases} u_1 = \dfrac{A_1}{\rho_1 c_1} \mathrm{e}^{\mathrm{j}\omega(t-x/c_1)} - \dfrac{B_1}{\rho_1 c_1} \mathrm{e}^{\mathrm{j}\omega(t+x/c_1)} \\ u_2 = \dfrac{A_2}{\rho_2 c_2} \mathrm{e}^{\mathrm{j}\omega(t-x/c_2)} \end{cases} \tag{2-36}$$

根据边界条件,即 $x = 0$ 处有 $p_1 = p_2$ 和 $u_1 = u_2$,将其代入式(2-35)和式(2-36)中,可得

$$\begin{cases} A_1 + B_1 = A_2 \\ \dfrac{A_1 - B_1}{Z_1} = \dfrac{A_2}{Z_2} \end{cases} \tag{2-37}$$

化简可得

$$\begin{cases} 1 + \dfrac{B_1}{A_1} = \dfrac{A_2}{A_1} \\ 1 - \dfrac{B_1}{A_1} = \dfrac{A_2}{A_1}\dfrac{Z_1}{Z_2} \end{cases} \tag{2-38}$$

定义反射波与入射波的幅值之比 $R = B_1/A_1$ 为反射系数，透射波与入射波的幅值之比 $T = A_2/A_1$ 为透射系数，则有

$$\begin{cases} R = \dfrac{B_1}{A_1} = \dfrac{Z_2 - Z_1}{Z_2 + Z_1} \\ T = \dfrac{A_2}{A_1} = \dfrac{2Z_2}{Z_2 + Z_1} \end{cases} \tag{2-39}$$

由式(2-39)可知，平面波穿过流体界面的透射、反射的传播规律由两种流体的特征阻抗决定。当 $Z_1 = Z_2$ 时，界面两侧介质特征阻抗匹配($R = 0$，$T = 1$)，此时声波在界面处无反射现象，全部透射入另一介质中。

2.3.3 平面波倾斜入射

进一步考虑平面波以一定夹角倾斜入射至两流体介质界面的情况。平面波倾斜入射示意图如图 2-4 所示，假设平面波以 θ_i 入射角由特征阻抗为 $Z_1 = \rho_1 c_1$ 的第一介质传播进入到特征阻抗 $Z_2 = \rho_2 c_2$ 的第二介质中，会同时产生反射现象与折射现象，反射角与折射角分别为 θ_r 和 θ_t。

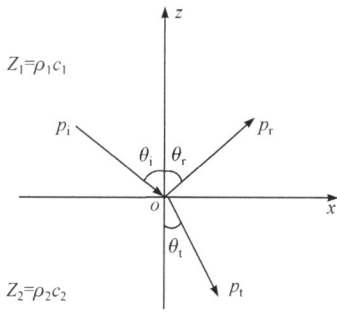

图 2-4 平面波倾斜入射示意图

入射波声压为

$$p_i = A_1 e^{j\omega(t-r/c_1)} = A_1 e^{j\omega(t-x\sin\theta_i/c_1 + z\cos\theta_i/c_1)} \qquad (2\text{-}40)$$

反射波为

$$p_r = B_1 e^{j\omega(t-x\sin\theta_r/c_1 - z\cos\theta_r/c_1)} \qquad (2\text{-}41)$$

折射波为

$$p_t = A_2 e^{j\omega(t-x\sin\theta_t/c_2 + z\cos\theta_t/c_2)} \qquad (2\text{-}42)$$

入射端声压与反射端声压分别为

$$\begin{cases} p_1 = p_i + p_r \\ p_2 = p_t \end{cases} \qquad (2\text{-}43)$$

类似于垂直入射情况，利用 $z = 0$ 处声压连续性的边界条件，可得

$$A_1 e^{j\omega(t-x\sin\theta_i/c_1)} + B_1 e^{j\omega(t-x\sin\theta_r/c_1)} = A_2 e^{j\omega(t-x\sin\theta_t/c_2)} \qquad (2\text{-}44)$$

利用 $z = 0$ 处的法向振速连续性方程，有

$$\begin{aligned} &-\frac{A_1}{\rho_1 c_1}\cos\theta_i e^{j\omega(t-x\sin\theta_i/c_1)} + \frac{B_1}{\rho_1 c_1}\cos\theta_r e^{j\omega(t-x\sin\theta_r/c_1)} \\ &= -\frac{A_2}{\rho_2 c_2}\cos\theta_t e^{j\omega(t-x\sin\theta_t/c_2)} \end{aligned} \qquad (2\text{-}45)$$

式(2-44)和式(2-45)需要对任意 x 和 t 都成立，即要求等式两边各项中 x 和 t 的系数相等，有

$$\frac{\sin\theta_i}{c_1} = \frac{\sin\theta_r}{c_1} = \frac{\sin\theta_t}{c_2} \qquad (2\text{-}46)$$

由式(2-46)可以分别解出反射定律与折射定律，即

$$\theta_i = \theta_r \qquad (2\text{-}47)$$

$$\frac{\sin\theta_i}{c_1} = \frac{\sin\theta_t}{c_2} \qquad (2\text{-}48)$$

利用反射定律与折射定律，式(2-44)和式(2-45)可以化简为

$$\begin{cases} A_1 + B_1 = A_2 \\ \dfrac{\cos\theta_i}{\rho_1 c_1}(A_1 - B_1) = \dfrac{\cos\theta_t}{\rho_2 c_2} A_2 \end{cases} \qquad (2\text{-}49)$$

可以推导得出反射系数 R 与折射系数 T 分别为

$$\begin{cases} R = \dfrac{Z_{2n} - Z_{1n}}{Z_{2n} + Z_{1n}} \\ T = \dfrac{2Z_{2n}}{Z_{2n} + Z_{1n}} \end{cases} \qquad (2\text{-}50)$$

式中，Z_{1n} 与 Z_{2n} 分别为

$$\begin{cases} Z_{1n} = \dfrac{\rho_1 c_1}{\cos\theta_i} \\ Z_{2n} = \dfrac{\rho_2 c_2}{\cos\theta_t} \end{cases} \quad (2\text{-}51)$$

由此可见，在倾斜入射情况下，反射系数与折射系数不但与界面两侧各自流体介质的特征阻抗有关，还与入射角有关。

2.4 球面波传播规律

波阵面为球形的声波，称为球面波，主要指电声源发出的声波。在实际应用中，只要声源的尺寸远小于波长，就可以将其认作球面波。在水声领域，水中传播的声波大多可视为球面波。在研究阵列式超声等复杂声源时，可以将其看作多个声源的组合，在小振幅线性超声假设下，声场也可以看作一系列球面波的叠加。因此，研究球面波的传播规律具有实际意义。

前面讨论了平面波波动方程及其传播规律，在此基础上开展球面波传播规律的研究就简单很多。本节将介绍球面波的传播规律，包括球面波的波动方程及其求解，以及声阻抗等。

2.4.1 球面波波动方程及其解

在三维球坐标中，式(2-22)可以写为

$$\frac{\partial^2 p}{\partial t^2} = c_0^2 \left[\frac{1}{r^2} \frac{\partial}{\partial r}\left(r^2 \frac{\partial p}{\partial r}\right) + \frac{1}{r^2 \sin\theta} \frac{\partial}{\partial \theta}\left(\sin\theta \frac{\partial p}{\partial \theta}\right) + \frac{1}{r^2 \sin^2\theta} \frac{\partial^2 p}{\partial \psi^2} \right] \quad (2\text{-}52)$$

式中，r、θ、ψ 分别为球坐标系到声源的距离、水平角、垂直俯仰角。

实际上，球面波的波前声压仅与 r 有关，因此方程(2-52)可简化为

$$\begin{aligned} \frac{\partial^2 p}{\partial t^2} &= \frac{c_0^2}{r^2} \frac{\partial}{\partial r}\left(r^2 \frac{\partial p}{\partial r}\right) \\ &= c_0^2 \left(\frac{\partial^2 p}{\partial r^2} + \frac{2}{r} \frac{\partial p}{\partial r} \right) \end{aligned} \quad (2\text{-}53)$$

令 $X = pr$，代入式(2-53)进行变量替换，则式(2-53)可写为

$$\frac{\partial^2 X}{\partial t^2} = c_0^2 \frac{\partial^2 X}{\partial r^2} \quad (2\text{-}54)$$

式(2-54)与平面波求解中式(2-24)形式相同，如果声源振动过程为角频率 ω 的

简谐振动,且不考虑声源处的反射,只取向外扩散的球面波,则波动方程的解[13]可以写为

$$p = \frac{A}{r} e^{j\omega\left(t - \frac{r}{c_0}\right)} \tag{2-55}$$

由此可见,球面波在传播过程中波形不变,但振幅与距离 r 成反比。

2.4.2 球面波声阻抗

根据运动方程与球面波波动方程(2-55)可得振速为

$$u = p \frac{c_0 + j\omega r}{j\omega \rho_0 c_0 r} \tag{2-56}$$

由式(2-56)可知,区别于平面波情况,球面波振速变化与声压变化的相位并不一致。因此,球面波声阻抗率 Z_a 也与平面波声阻抗率有所区别,并非流体介质密度与流体介质中的声速乘积。根据式(2-55)和式(2-56),球面波声阻抗率 Z_a 为

$$\begin{aligned} Z_a &= \frac{p}{u} = \frac{j\omega \rho_0 c_0 r}{c_0 + j\omega r} \\ &= \frac{\rho_0 c_0 \omega^2 r^2 + j\omega \rho_0 c_0^2 r}{c_0^2 + \omega^2 r^2} \end{aligned} \tag{2-57}$$

此时声阻抗由实部和虚部两部分组成,即

$$Z_a = r_a + j\omega m_a \tag{2-58}$$

其中,

$$\begin{cases} r_a = \dfrac{\rho_0 c_0 \omega^2 r^2}{c_0^2 + \omega^2 r^2} \\ m_a = \dfrac{\rho_0 c_0^2 r}{c_0^2 + \omega^2 r^2} \end{cases} \tag{2-59}$$

声阻抗率也可以表示为模与相角的形式,即

$$Z_a = |Z_a| e^{j\varphi} \tag{2-60}$$

其中,

$$\begin{cases} Z_a = \rho_0 c_0 \cos\varphi \\ \cos\varphi = \dfrac{\omega r}{\sqrt{c_0^2 + \omega^2 r^2}} \end{cases} \tag{2-61}$$

声阻抗率实部和虚部的几何关系如图 2-5 所示。

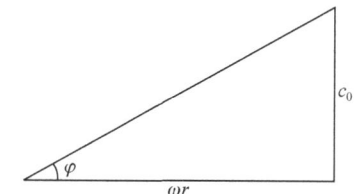

图 2-5　声阻抗率实部和虚部的几何关系

当 $r \gg \dfrac{c_0}{\omega} = \dfrac{\lambda}{2\pi}$ (远距离或高频)时，声阻抗率相角趋近于 $0°$，$Z_a \to \rho_0 c_0$，此时声阻抗率中阻性占主导作用，具有平面波性质；当 $r \ll \dfrac{c_0}{\omega} = \dfrac{\lambda}{2\pi}$ (近距离或低频)时，声阻抗率相角趋近于 $90°$，$Z_a \to 0$，此时声压振速具有 $90°$ 的相位差，且声波传播过程中能量损失较小。

2.5　本章小结

本章介绍了声波在流体介质中的传播规律。根据动量守恒定律、质量守恒定律与能量守恒定律，分别构建了超声在理想流体中传播的运动方程、连续性方程与物态方程。基于这三个基本方程推导出描述小振幅声波传播的波动方程，并介绍了平面声波波动方程及其求解，超声传播的重要参数，透射、反射、折射的传播规律，以及球面波的传播规律，以作为后续章节超声检测原理的基础知识。

参 考 文 献

[1] 陈克安, 曾向阳, 李海英. 声学测量. 北京: 科学出版社, 2005.
[2] Ostashev V E, Wilson D K. Acoustics in Moving Inhomogeneous Media. London: E & FN Spon, 1997.
[3] 张剑锋, 轩福贞, 项延训. 材料损伤的非线性超声评价研究进展. 科学通报, 2016, 61(14): 1536-1550.
[4] van Dijk P J. Acoustics of two-phase pipe flows. Enschede: University of Twente, 2005.
[5] 许肖梅. 声学基础. 北京: 科学出版社, 2003.
[6] 钱祖文. 非线性声学. 2 版. 北京: 科学出版社, 2009.
[7] Chen Y, Huang Y Y, Chen X Q. Acoustic propagation in viscous fluid with uniform flow and a novel design methodology for ultrasonic flow meter. Ultrasonics, 2013, 53(2): 595-606.
[8] 陈海霞, 林书玉. 超声在液体中的非线性传播及反常衰减. 物理学报, 2020, 69(13): 201-207.
[9] 马大猷. 现代声学理论基础. 北京: 科学出版社, 2004.
[10] Martynov G A. General theory of acoustic wave propagation in liquids and gases. Theoretical and Mathematical Physics, 2006, 146(2): 285-294.

[11] del Grosso V A, Mader C W. Speed of sound in pure water. The Journal of the Acoustical Society of America, 1972, 52(5): 1442-1446.
[12] Rienstra S W, Hirschberg A. An introduction to acoustics. Eindhoven: Eindhoven University of Technology, 2004.
[13] Havelock D, Kuwano S, Vorl N M. Handbook of Signal Processing in Acoustics. Berlin: Springer Science and Business Media, 2008.

第 3 章 超声衰减测量法

超声衰减测量法利用超声在穿透多相流时产生的能量衰减现象进行多相流流体的相含率测量,适用于液液两相流、液固两相流,以及低含气率气液两相流等流体。本章以油水两相流为例,介绍基于超声衰减特性的相含率与滴径测量方法,包括两相流分散体系下的超声衰减理论、多频超声衰减的分散相滴径分布检测方法,以及分散相均匀分布与非均匀分布情况下的相含率反演算法。

3.1 超声衰减测量法理论基础

超声衰减测量法检测两相流相含率原理图如图 3-1 所示。超声发射探头发出一定频率和幅值的超声,在两相流中传播时产生吸收、散射等衰减机制,导致接收探头获取的超声信号强度衰减[1]。由于超声传播路径受两相流体界面分布影响[2],且声路内不同流体对超声的吸收程度,以及黏性损失和热损失等作用不同,需要建立准确的声波衰减模型,才能计算出两相流相含率。

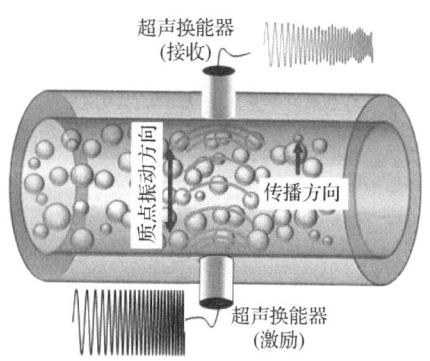

图 3-1 超声衰减测量法检测两相流相含率原理图

当超声在气液两相流中传播时,由于气液界面间巨大的声阻抗差异会使超声形成较强的衰减信号与反射信号,其分布反演与参数的测量需要采用超声透射/反射双模态结合的测量方法。当超声在油水分散流中传播时,由于油水的物性参数相近,超声能量以透射为主,所以选用透射法获取超声衰减信息[3-5]。基于超声衰减测量法的油水分散流相含率测量过程如图 3-2 所示,其中主要包括正问题和逆问题两个部分。

(1) 正问题。建立超声衰减模型，阐释油水分散流的相含率、滴径分布等因素对多频超声衰减的影响，进而推导得到分散流相含率与多频超声衰减对应关系的系数矩阵，用于预测油水分散流中的多频超声衰减。

(2) 逆问题。利用超声衰减模型推导系数矩阵，由测量的多频超声衰减通过相含率反演算法确定油水分散流的最优滴径分布来计算分散相含率。

采用超声衰减法进行相含率测量的关键在于衰减模型的构建与基于多频超声衰减信息的相含率反演。本节将介绍超声衰减基础理论与多频超声衰减解调方法，并在 3.2 节与 3.3 节中分别针对均匀分布与非均匀分布的油水分散流介绍具体的超声衰减模型与相含率反演算法。

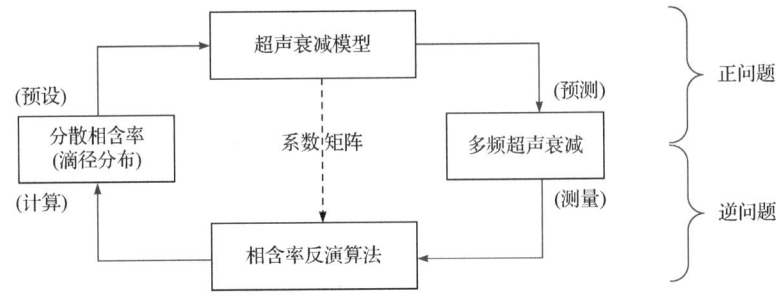

图 3-2　基于超声衰减测量法的油水分散流相含率测量过程

3.1.1　油水分散流中的超声衰减机理

超声在油水分散流中由连续相入射到分散相的传播过程中，受两相之间声阻抗差异影响，在相间界面会产生压缩波、热波和剪切波，从而导致透射超声能量的衰减。超声与分散相相互作用示意图如图 3-3 所示。

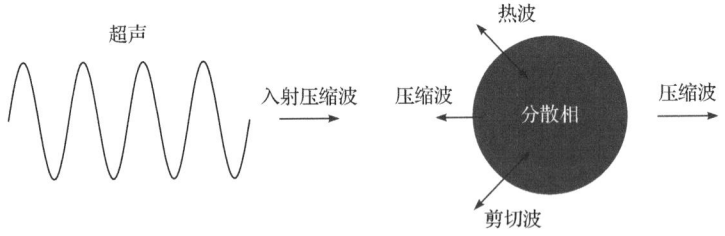

图 3-3　超声与分散相相互作用示意图

透射超声能量衰减的产生原因[6]如下。

(1) 黏性损失：这种能量损失与声场中分散相振荡产生的剪切波有关，是由连续相与分散相之间的惯性差造成的剪切摩擦引起的。如果分散相比周围连续相的密度大得多，则分散相与连续相之间的惯性差，导致声波引起的局部压力梯度变化使分散相相对于连续相发生黏性效应，该效应以相关方式影响声波的传播。由于该声能损失是由分散相与连续相之间的密度差异产生的,所以在密度差异较大的分散体系中,黏性损失占主导地位。

(2) 热损失:两相流中分散相和连续相之间的热对比表现为构成两相材料的热导率、比热容和热膨胀系数之间的差异。声波传播时的局部压力-温度耦合导致声波路径中材料的局部循环加热和冷却。分散相流体的温度变化不一定与连续相在任何时刻的温度变化相匹配,从而造成热量将以循环方式在两相之间流动。同时,局部温度的周期性变化也会导致分散相和连续相的周期性膨胀和收缩,使分散相成为以单极场形式出现的第二声源,从而影响超声的传播。这种能量损失与分散相表面附近产生的热梯度有关,是由压力和温度之间的热力学耦合产生的。在软性分散相中,热损失占主导地位。

(3) 散射损失:这种能量损失是由于分散相与连续相在边界处的声阻抗失配造成的声波传播方向的改变,接收声波强度降低。在大滴径分散体系中,散射损失起主导作用。

两相流中多频超声衰减的正问题需要基于超声衰减机制建立表征多频超声衰减与液滴滴径分布之间的关系模型[7]。超声传播过程涉及很多影响因素,很难将所有因素包含在超声衰减模型中,并且若理论模型考虑所有因素的影响,则其不仅过于复杂、求解难度大且预测精度的提升非常有限[8]。因此,需要根据被测对象的特点简化超声衰减机理,以便建立预测超声衰减的数学模型。

首个考虑各种影响超声衰减因素的理论模型为 ECAH(Epstein-Carhart-Allegra-Hawley)模型[9,10],该理论模型考虑了黏性损失和热损失来描述基于单颗粒散射的超声衰减,适合在波长远大于液滴大小的长波区中预测声能损失。例如,Su 等[11]利用 ECAH 理论预测了分散相为亚微米级液滴的脂肪乳液中的超声衰减谱;Babick 等[12]研究声的耗散效应,基于 ECAH 理论[9]和耦合相理论[13]解决较高浓度下亚微米级分散体系的超声衰减预测问题。同理,ECAH 理论的改进理论[14,15]或简化理论[8]也不适合解决滴径较大的分散系中的超声散射衰减的预测问题,例如,Waterman 等[14]和 Lloyd 等[15]针对高浓度乳液,考虑分散相间多重散射的影响,通过进一步改进 ECAH 模型得到超声复散射模型;McClements 理论[16]则是针对密度相近的乳液,忽略了黏性衰减机制,将 ECAH 理论进行简化,建立更简单的超声衰减模型。耦合相理论模型常用于预测液固混合物的超声衰减[17],但其要求两相之间的密度差较大,不适合解决油水两相物性参数相近的流体。Kisco 等[18]和 Dukhin 等[19]建立的超声衰减散射理论可以在中波区预测含有大颗粒分散体系的超声衰减,但由于该理论模型中声能损失计算对超声频率的依赖性很强,所以需要较高的超声测量频率(>10MHz)。对于中波区中超声衰减的预测,布格-朗伯-比尔定律(Bouguer-Lambert-Beer law, BLBL)理论[20]基于 Hay 等[21]的研究,以光散射理论类比计算超声衰减系数,进而阐释了大颗粒尺寸下的散射衰减。然而,该理论忽略了分散相表面剪切力的切向分量,以及分散相与连续相之间的热相互作用,在中波区预测的超声衰减有一定偏差[22],更适合在短波区应用。然而,对于短波区中的超声衰减预测,由于分散相的尺寸较大,往往利用超声成像的方法进行测量[23]。Core-Shell 模型考虑了分散相周围的热波重叠作用[24],通过三层介质层来解释超声衰减。虽然该模型考虑了较多的超声衰减机制,理论上能更好地预测超声衰减,但 Core-Shell 模型需要求解 12 阶方程组,比需要求解 6 阶方程组的 ECAH 模型更复杂,因此很难在实践中应用。

上述文献依据被测对象的物性参数以及分散相的尺寸特点,建立了一系列超声衰减模型,用于阐释超声传播过程中不同超声衰减机制。由于在不同频率范围内超声衰减的主导因素存在差异,所以超声衰减模型需要在一定波长滴径比的范围内进行推导,以表征影响超声衰减的主导因素。超声衰减区域示意图如图 3-4 所示。基于波长滴径比,超声衰减作用可划分为三个区域:长波区($\lambda > 10D$)、中波区($0.1D \leqslant \lambda \leqslant 10D$)、短波区($\lambda < 0.1D$),其中 λ 为超声波长,D 为分散相直径。因此,应在指定超声衰减区域上结合被测对象的物性特点,分析超声衰减的主导机制,以建立合适的超声衰减计算模型,用于计算分散体系的超声衰减。后面将分别就分散相的均匀分布与非均匀分布两种情况,对超声衰减模型进行分析介绍。

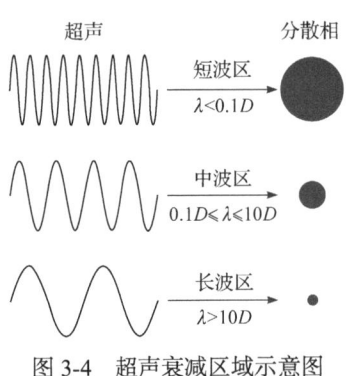

图 3-4　超声衰减区域示意图

3.1.2　多频超声衰减解调方法

由于油水分散流滴径与相分布的时变性,为保证多频超声衰减测量对象的一致性,设计了扫频测量模式,将啁啾信号作为激励信号,通过设计的解调方法快速获取多频超声衰减,减小油水分散流时变性对超声衰减测量的影响,以尽可能保证所测多频超声衰减为同一流体区域上的超声衰减信息[25]。啁啾信号又称 Chirp 信号,是一种频率随时间线性变化的信号。

传统的超声激励模式通常采用由窗函数调制的正弦信号(又称 Toneburst 信号)[26],即

$$e_{\mathrm{d}}(t)=\begin{cases}\dfrac{1}{2}\sin(2\pi f_{\mathrm{d}}t)\left[1-\cos(2\pi f_{\mathrm{d}}t/n)\right], & t\leqslant n/f_{\mathrm{d}} \\ 0, & t>n/f_{\mathrm{d}}\end{cases} \quad (3\text{-}1)$$

式中，f_{d} 是中心频率；n 是一个常数。

虽然 Toneburst 信号具有较高的信噪比，但需要逐一测量不同频率下的超声衰减，测量效率较低，而油水分散流的时变性容易导致多频超声测量条件不一致。因此，采用基于线性调频 Chirp 信号的扫频模式，实现一定频率范围内超声衰减的快速测量，保证所测不同频率超声衰减的一致性。基于 Chirp 信号的超声激励表示为

$$\begin{cases}e_{\mathrm{c}}(t)=W(t)\sin\left(2\pi f_{\mathrm{c}}t+\dfrac{\pi B t^{2}}{T}\right) \\ W(t)=u(t)-u(t-T)\end{cases} \quad (3\text{-}2)$$

式中，f_{c} 是初始频率；B 是频率带宽；T 是信号持续时间；$W(t)$ 是矩形窗函数；$u(t)$ 是阶跃函数。

由于扫频测量时间短，油水分散体系中分散相含率及空间分布在测量时间范围上被认为是不变的。从超声信号的发射，经过被测的油水分散流流体，到超声信号的接收，整个过程可以看作一个线性系统。信号测量系统的传递模型如图3-5所示。

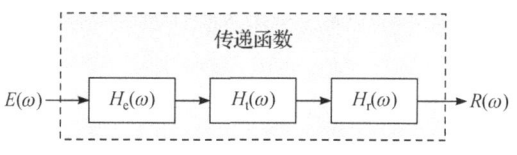

图 3-5　信号测量系统的传递模型

在图 3-5 中，$E(\omega)$ 和 $R(\omega)$ 分别是超声信号激励和超声信号接收的傅里叶变换；$H_{\mathrm{e}}(\omega)$ 是电学到声学转换的频率响应函数，包括功率放大器和用于激励的超声换能器的影响；$H_{\mathrm{t}}(\omega)$ 是超声在油水分散流中传播的频率响应函数；$H_{\mathrm{r}}(\omega)$ 是声学到电学转换的频率响应函数，包括用于接收的超声换能器和信号采集系统的影响。信号测量系统的频率响应函数 $H(\omega)$ 为

$$H(\omega)=H_{\mathrm{e}}(\omega)H_{\mathrm{t}}(\omega)H_{\mathrm{r}}(\omega)=R(\omega)/E(\omega) \quad (3\text{-}3)$$

当发射信号分别为 Chirp 激励或 Toneburst 激励时，信号测量系统的频率传递函数保持一致。因此，两种激励模式之间的关系可以表示为

$$H(\omega)=R_{\mathrm{c}}(\omega)/E_{\mathrm{c}}(\omega)=R_{\mathrm{d}}(\omega)/E_{\mathrm{d}}(\omega) \quad (3\text{-}4)$$

式中，$E_{\mathrm{c}}(\omega)$ 和 $R_{\mathrm{c}}(\omega)$ 分别是 Chirp 信号激励和接收的傅里叶变换；$E_{\mathrm{d}}(\omega)$ 和 $R_{\mathrm{d}}(\omega)$ 分别是 Toneburst 信号激励和接收的傅里叶变换。

根据式(3-4)，Toneburst 信号响应解调为

$$R_{\mathrm{d}}(\omega) = E_{\mathrm{d}}(\omega) \frac{R_{\mathrm{c}}(\omega)}{E_{\mathrm{c}}(\omega)} \tag{3-5}$$

因此，基于线性调频信号的扫频模式可以大大节省超声测量时间，并且具有与高斯调制的正弦信号一致的幅频特性，解调信号的信噪比较高，满足了测量的精度要求。

3.2 均匀相分布的相含率反演

3.2.1 均匀相分布中超声衰减模型

油水分散流中的液滴尺寸较大，超声散射效应较强。在实际油水分散流的流动过程中，由于无法保证管道中的分散相粒径、空间分布等保持不变，所以很难通过实验数据验证超声衰减模型。因此，采用多物理场仿真软件构建具有不同分散相含率、粒径尺寸，以及空间分布的仿真模型。仿真中网格划分与求解器配置需要设定最大的元素尺寸 $e_{\max}$ 和求解器的时间步长 t_{step}，以保证仿真过程的精确性[27]，即

$$\begin{cases} e_{\max} = \lambda / N_{\mathrm{m}} \\ t_{\mathrm{step}} = 1/(N_{\mathrm{m}} \cdot f) \end{cases} \tag{3-6}$$

式中，λ 为波长；f 为频率；N_{m} 设置为 10。

水、油水以及水-聚苯乙烯混合物中超声绝对声压分布如图 3-6 所示，图中序号 1~9 依次表示 1~9MHz 的频率。水中 1~9MHz 超声绝对声压分布如图 3-6(a)所示，油水中 1~9MHz 超声绝对声压分布如图 3-6(b)所示，水-聚苯乙烯中 1~9MHz 超声绝对声压分布如图 3-6(c)所示。其中，图 3-6(b)和图 3-6(c)中分散相的粒径与空间分布是一致的，分散相直径范围为 100~900μm，仅分散相的物性参数是不同的。在图 3-6(a)的水中，超声衰减受到的主要影响因素为吸收衰减，随着频率的增加，声束指向性越来越好，接收到的声压越来越大。在图 3-6(b)的油水两相中，超声衰减受到的主要影响因素为散射衰减和吸收衰减，随着频率的增加，声束指向性变好，但由于分散相的存在，超声的部分能量被散射。虽然超声的频率越高，声能会越来越集中，但受到的散射作用也越强，接收到的声压总体趋势变小。在图 3-6(c)的水-聚苯乙烯两相中，超声衰减受到的主要影响因素为散射衰减，随着超声的频率升高，超声受到的散射作用逐渐增强，接收到的声压逐渐减小。

水、油水以及水-聚苯乙烯混合物中接收声压随频率的变化如图 3-7 所示，图中的三条曲线分别为水、油水以及水-聚苯乙烯混合物中接收声压随频率的变化。从图 3-7 中可知，在水中，声压随着频率的升高而缓慢增大；在液液两相的油水混合液中，声压随频率的升高略有波动，但总体呈下降趋势；而在液固两相的水-聚苯乙烯混合物中，声压随频率的升高而下降。需要指出的是，对于液固分散流，超声散射衰减为主导因素，而对于液液分散流，虽然超声受散射作用

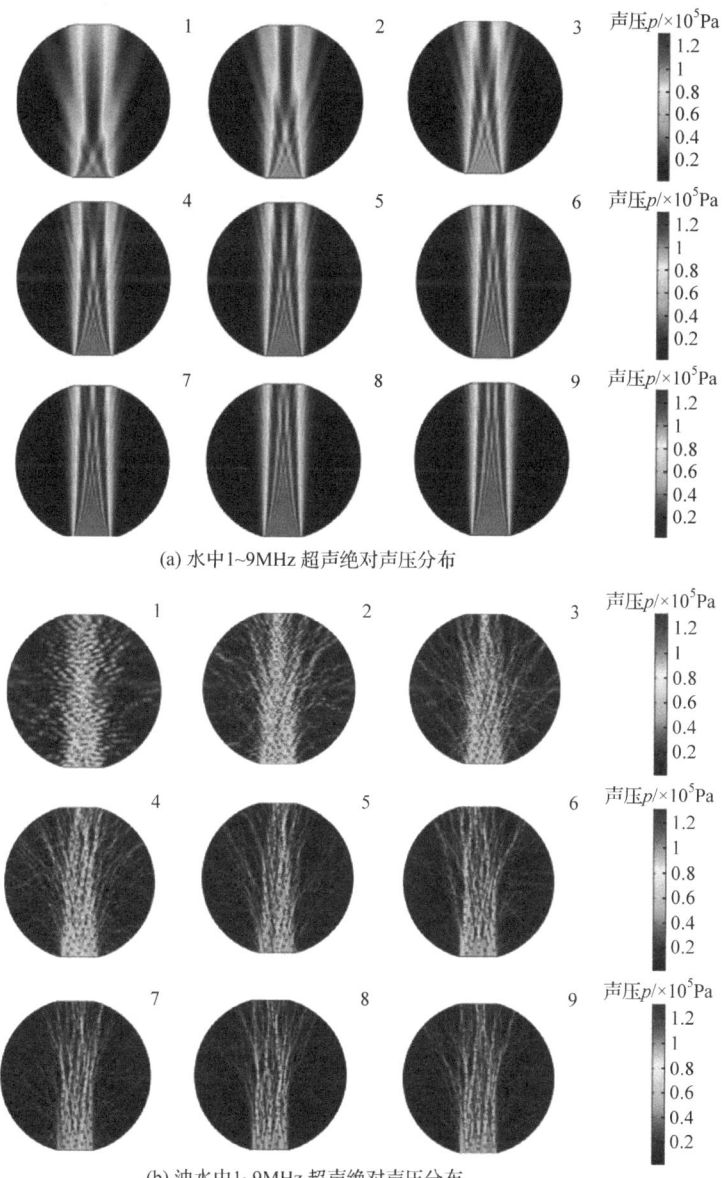

(a) 水中 1~9MHz 超声绝对声压分布

(b) 油水中 1~9MHz 超声绝对声压分布

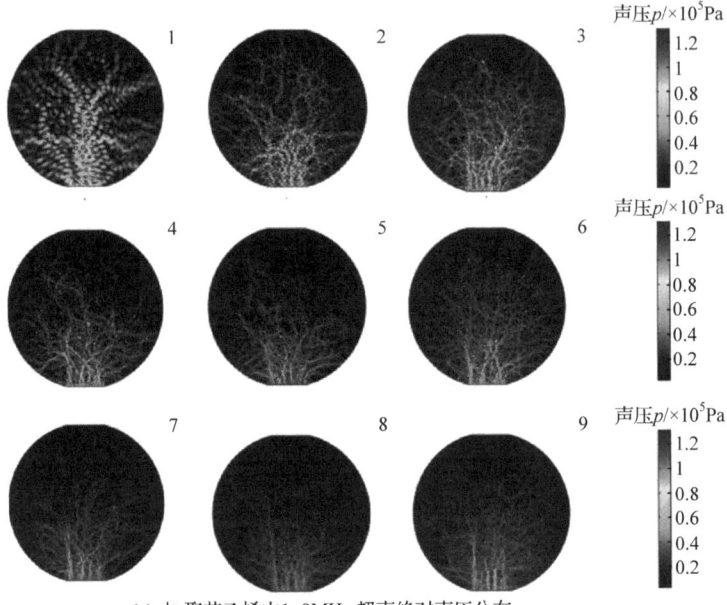

(c) 水-聚苯乙烯中1~9MHz 超声绝对声压分布

图 3-6　水、油水以及水-聚苯乙烯混合物中超声绝对声压分布

大，但液液两相的物性参数相近，热损失导致的吸收衰减不能忽略。因此，为更好地预测油水分散流中的超声衰减，超声衰减模型需要同时考虑吸收衰减与散射衰减共同作用的影响。

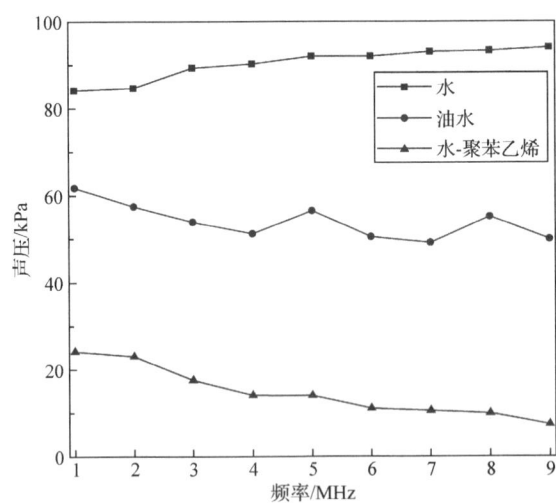

图 3-7　水、油水以及水-聚苯乙烯混合物中接收声压随频率的变化

由上述分析可知，油水分散流中的超声主要受分散相散射，以及介质吸收的

影响，其衰减系数由散射衰减系数和吸收衰减系数两部分构成[28]。采用 BLBL 模型表征油水分散流中的超声散射衰减[29]，采用 McClements 理论模型表征其中的超声吸收衰减[30]。油水分散流的超声衰减系数 α [28]可表示为

$$\alpha = \alpha_s + \alpha_a \tag{3-7}$$

式中，α_s 和 α_a 分别为超声的散射衰减系数和吸收衰减系数。

对于超声散射衰减系数 α_s，BLBL 理论模型类比于光学散射理论，利用薄层近似思想[31]，以薄层中超声强度平衡为基础[32]可得

$$dI = -I\alpha_{Ext,DS}dL \tag{3-8}$$

式中，I 为超声强度；dL 为薄层厚度；$\alpha_{Ext,DS}$ 为超声的消声系数。

超声的消声系数计算公式为

$$\alpha_{Ext,DS} = \frac{3K_{Ext}\phi}{4R} \tag{3-9}$$

式中，ϕ 为分散相含率；R 为液滴半径；K_{Ext} 为消声效率，即

$$K_{Ext} = -\frac{4}{\sigma^2}\sum_{n=0}^{\infty}(2n+1)\mathrm{Re}(U_n) \tag{3-10}$$

式中，U_n 为压缩波散射系数；σ 为与连续相相关的尺寸系数，即

$$\sigma = \frac{\omega R}{c_c} \tag{3-11}$$

式中，c_c 为连续相中的超声声速。

根据 Hay & Mercer 理论[21]，消声效率 K_{Ext} 中的压缩波散射系数 U_n 可按照式(3-12)计算，即

$$U_n = -\mathrm{i}\sin\eta_n\,\mathrm{e}^{-\mathrm{i}\eta_n} = \frac{-\mathrm{i}\tan\eta_n}{1+\mathrm{i}\tan\eta_n} \tag{3-12}$$

式中，η_n 为第 n 个局部波的相移，可表示为

$$\begin{aligned}
\tan\eta_n &= \tan\delta_n(\sigma)\frac{\tan\alpha_n(\sigma)+\tan\varPhi_n(\sigma_d,\sigma_t)}{\tan\beta_n(\sigma)+\tan\varPhi_n(\sigma_d,\sigma_t)} \\
\tan\delta_n(\sigma) &= -\mathrm{J}_{1n}(\sigma)/\mathrm{J}_{2n}(\sigma) \\
\tan\alpha_n(\sigma) &= -\sigma\mathrm{J}'_{1n}(\sigma)/\mathrm{J}_{1n}(\sigma) \\
\tan\beta_n(\sigma) &= -\sigma\mathrm{J}'_{2n}(\sigma)/\mathrm{J}_{2n}(\sigma)
\end{aligned} \tag{3-13}$$

式中，J_{1n} 和 J'_{1n} 分别为第一类贝塞尔函数及其一阶导数；J_{2n} 和 J'_{2n} 分别为第二类贝塞尔函数及其一阶导数；σ_d 和 σ_t 为与分散相相关的尺寸系数，具体为

$$\sigma_\mathrm{d} = \frac{\omega R}{c_\mathrm{d}} \tag{3-14}$$

$$\sigma_\mathrm{t} = R(1+\mathrm{i})\sqrt{\frac{\omega \rho_\mathrm{d}}{2\eta_\mathrm{d}}} \tag{3-15}$$

式中，c_d、ρ_d 和 η_d 分别为分散相的声速、密度和剪切黏度。

声压散射场通过式(3-13)中的 $\tan\Phi_n$ 表征所受到油水两相物性参数的影响，即

$$\tan\Phi_n = \frac{\rho_1 \sigma_\mathrm{t}^2}{2\rho_2}\left\{\left[\frac{\tan\alpha_n(\sigma_\mathrm{d})}{\tan\alpha_n(\sigma_\mathrm{d})+1} - \frac{n^2+n}{(n^2+n-1)-\sigma_\mathrm{t}^2/2 + \tan\alpha_n(\sigma_\mathrm{t})}\right]\right.$$
$$\left.\times\left[\frac{n^2+n-\sigma_\mathrm{t}^2/2 + 2\tan\alpha_n(\sigma_\mathrm{d})}{\tan\alpha_n(\sigma_\mathrm{d})+1} - \frac{(n^2+n)(\tan\alpha_n(\sigma_\mathrm{t})+1)}{(n^2+n-1)-\sigma_\mathrm{t}^2/2 + \tan\alpha_n(\sigma_\mathrm{t})}\right]^{-1}\right\} \tag{3-16}$$

超声散射衰减系数 $\alpha_\mathrm{s}(\phi)$ 可通过 $\alpha_{\mathrm{Ext,DS}}$ 获得，计算公式为

$$\alpha_\mathrm{s}(\phi) = \frac{\alpha_{\mathrm{Ext,DS}}}{2} = \frac{3\phi K_{\mathrm{Ext}}}{8R} \tag{3-17}$$

式中，消声效率 K_{Ext} 可根据式(3-10)~式(3-16)进行计算。

超声吸收衰减系数 α_a 可根据 McClements 理论模型进行计算[30]，由与单极散射场和偶极散射场相关的系数 A_0 和 A_1 组成，即

$$A_0 = -\frac{\mathrm{i}k_\mathrm{c}R}{3}\left[(k_\mathrm{c}R)^2 - (k_\mathrm{d}R)^2\frac{\rho_\mathrm{c}}{\rho_\mathrm{d}}\right] - \frac{\mathrm{i}(k_\mathrm{c}R)^3(\gamma_\mathrm{c}-1)}{b_\mathrm{c}^2}\left(1 - \frac{\beta_\mathrm{d} Cp_\mathrm{c}\rho_\mathrm{c}}{\beta_\mathrm{c} Cp_\mathrm{d}\rho_\mathrm{d}}\right)^2 H$$

$$A_1 = \frac{\mathrm{i}(k_\mathrm{c}R)^3}{9} \times \frac{(\rho_\mathrm{d}-\rho_\mathrm{c})(1+T_\mathrm{v}+\mathrm{i}s)}{\rho_\mathrm{d}+\rho_\mathrm{c}T_\mathrm{v}+\mathrm{i}\rho_\mathrm{c}s} \tag{3-18}$$

式中，下角标 c 和 d 分别为连续相和分散相；k 为超声传播常数；ρ 为密度；β 为热膨胀系数；$\gamma_\mathrm{c} = 1 + T\beta_\mathrm{c}^2 c_\mathrm{c}^2/Cp_\mathrm{c}$ 为连续相比热容比；T 为热力学温度；Cp 为比热容。参数 H、T_v 和 s 的计算方法分别为

$$H = \left[\frac{1}{(1-\mathrm{i}b_\mathrm{c})} - \frac{\tau_\mathrm{c}}{\tau_\mathrm{d}}\frac{\tan(b_\mathrm{d})}{\tan(b_\mathrm{d})-b_\mathrm{d}}\right]^{-1} \tag{3-19}$$

$$b_\mathrm{c} = (1+\mathrm{i})R/\delta_{\mathrm{T,c}}, \quad b_\mathrm{d} = (1+\mathrm{i})R/\delta_{\mathrm{T,d}}$$

$$T_\mathrm{v} = \frac{1}{2} + \frac{9\delta_\mathrm{s}}{4R} \tag{3-20}$$

$$s = \frac{9\delta_\mathrm{s}}{4R}\left(1 + \frac{\delta_\mathrm{s}}{R}\right) \tag{3-21}$$

式中，τ 是热导率；δ_T 是热厚度；δ_s 是黏性厚度，其计算公式为

$$\begin{cases} \delta_{\text{T},i} = \sqrt{2\tau_i/(\omega\rho_i Cp_i)} \\ \delta_{\text{s},i} = \sqrt{2\eta_i/(\omega\rho_i)} \end{cases} \quad (3\text{-}22)$$

式中，i 表示连续相 c 或者分散相 d。

超声吸收衰减系数 $\alpha_\text{a}(\phi)$ 的计算公式为

$$\alpha_\text{a}(\phi) = -\frac{3\phi}{2k_\text{c}^2 R^3}\text{Re}(A_0 + 3A_1) \quad (3\text{-}23)$$

运输管道中的油水分散流的液滴大小并不是单一分布的。根据式(3-7)，考虑到不同液滴大小对超声衰减的贡献，对于包含多种滴径大小的油水分散流，其超声衰减系数应改写为

$$\alpha(\phi) = \int_{R_{\min}}^{R_{\max}} \alpha_\text{s}(R_j,\phi)\cdot\frac{\text{d}V}{\text{d}R} + \alpha_\text{a}(R_j,\phi)\cdot\frac{\text{d}V}{\text{d}R}\text{d}R \quad (3\text{-}24)$$

式中，$\frac{\text{d}V}{\text{d}R}$ 为分散相对应滴径相含率的频度函数。

3.2.2 TR-GQPSO 相含率反演算法

采用超声衰减法相含率求解正问题弗雷德霍姆第一类积分方程，对其求解是一个典型的逆问题。由于反演算法仅适用于处理有限维反演问题，所以需要对式(3-24)的积分方程进行离散化处理，即

$$\alpha(\phi) = \sum_{j=1}^{N} V(\Delta R_j)\int_{\Delta R_j} \alpha_\text{s}(R_j,\phi) + \alpha_\text{a}(R_j,\phi)\text{d}R \quad (3\text{-}25)$$

式中，$V(\Delta R_j)$ 为 $[R_j, R_{j+1}]$ 中液滴半径范围的相含率。

式(3-25)表征了在设定的滴径分布下超声衰减的理论预测值。在离散过程中，原则上可以离散成任意数量的半径 R_j，但受限于多频超声衰减所提供的信息量，离散的粒径数量一般不超过 9 个[33]。

对于多频超声衰减，式(3-25)可以写成矩阵形式 $Qp = z$，其矩阵方程为

$$\underbrace{\int_{\Delta R_j}\alpha_\text{s}(\omega_i,R_j,\phi)+\alpha_\text{a}(\omega_i,R_j,\phi)\text{d}R}_{Q_{i,j}}\cdot\underbrace{\sum_{j=1}^{N}V(\Delta R_j)}_{p_j} = \underbrace{\alpha(\omega_i,\phi)}_{z_i} \quad (3\text{-}26)$$

式中，Q 为 $M \times N$ 的系数矩阵；p 为 N 维待评估的液滴半径的离散频度分布向量；z 为 M 维相应超声频率的衰减向量；ω_i 为超声的第 i 个角频率。该逆问题可以描述为

$$\min_{p\in[0,1]^N} f(p) = \arg\min\left\{\|Qp-z\|_2^2\right\} \quad (3\text{-}27)$$

信赖域(trust region，TR)算法可解决式(3-27)所示的最小二乘问题，该方法通过不断调整信赖域内的方向和信赖域大小来确定目标函数的最小值，避免了线性

搜索。对于式(3-27)中的最小化目标函数 $f(p)$，TR 算法在迭代过程中的第 k 次迭代子问题可以描述为

$$\min_{d \in [0,1]^n} m_k(d) = f(p_k) + g_k^T d + \frac{1}{2} d^T B_k d \quad (3\text{-}28)$$
$$\text{s.t.} \quad \|d\|_2 \leqslant \Delta_k$$

式中，$d = p - p_k$ 为试验步长；g_k 为 $f(g_k)$ 的梯度；B_k 为 $f(g_k)$ 的海塞矩阵，采用拟牛顿法 BFGS 公式(由 Broyden、Fletcher、Goldfarb、Shanno 四个人提出的)计算得到 B_k；Δ_k 是算法子问题的信赖域半径。

TR 算法的基本思想：在每次迭代过程中，以当前迭代点 p_k 为中心，在附近较小的邻域 $\{p_k + d \mid \|d\|_2 \leqslant \Delta_k\}$ 内试探 d_k。若 d_k 满足条件，则 $p_{k+1} = p_k + d_k$，否则，$p_{k+1} = p_k$。然而，初始参数的设置对 TR 算法的性能有很大影响，人为设置的参数对反演结果影响很大，很难实现最优值的求取[34]。本节所设计的反演算法从反演精度出发，在不考虑算法复杂度的前提下，尽可能地保证相含率的反演精度，以验证所建立超声衰减模型的有效性。因此，采用高斯量子粒子群优化(Gaussian quantum particle swarm optimization，GQPSO)算法[35]计算 TR 算法的初值，提出了 TR-GQPSO 算法来获得最优的反演结果。TR 算法的初始值可以通过 GQPSO 算法获得，GQPSO 算法不需要人为调参，可以对目标函数进行全局寻优，但寻优耗时长，且优化结果不稳定，因此在一定的迭代次数内，将 GQPSO 算法的当前最优值作为 TR 算法的初值，避免人为调参的盲目性，同时可提升算法的精度与速度，弥补了两种算法的缺点。GQPSO 算法可以从经典粒子群优化(particle swarm optimization，PSO)算法和量子粒子群优化(quantum particle swarm optimization，QPSO)算法的更新方程中得到[36]。在经典 PSO 算法和 QPSO 算法中，所有的粒子都会收敛到一个共同点上，因此种群的多样性非常低，在下一次迭代之前无法进一步搜索粒子。为解决该问题，GQPSO 算法将高斯扰动融入 QPSO 算法的迭代过程中，以提高粒子的多样性和 QPSO 算法在后期的搜索性能。在 QPSO 算法中，位置是描述粒子运动的状态，其基于以下方程获得。

$$X_i(k+1) = p_i(k) \pm \varphi |\text{mbest}(k) - X_i(k)| \ln(1/u) \quad (3\text{-}29)$$

$$p_i(k) = \text{rand} \cdot P_i(k) + (1 - \text{rand}) \cdot P_g \quad (3\text{-}30)$$

$$\text{mbest}(k) = \frac{1}{W} \sum_{i=1}^{W} P_i = \left(\frac{1}{W} \sum_{i=1}^{W} P_{i1}(k), \frac{1}{W} \sum_{i=1}^{W} P_{i2}(k), \cdots, \frac{1}{W} \sum_{i=1}^{W} P_{iD}(k) \right) \quad (3\text{-}31)$$

式中，k 为迭代次数；X_i 为粒子位置；P_i 为个体最佳位置；P_g 为全局最佳位置；mbest(k)为平均最佳位置；$p_i(k)$ 为介于 $P_i(k)$ 和 P_g 之间的随机点；u 和 rand 为在 [0,1]内用均匀概率分布函数得到的值；W 为种群大小；D 为搜索空间维度；φ 为

控制收敛速率的调整系数。

GQPSO 算法通过加入高斯扰动进行改进，即

$$f(x) = \frac{1}{\sqrt{2\pi\zeta^2}}\exp\left[-\frac{(x-\chi)^2}{2\zeta^2}\right] \tag{3-32}$$

式中，ζ 和 χ 是高斯分布参数。扰动程度的概率取决于 ζ 的数值，可以根据搜索区域的动态范围来设定。

当 QPSO 算法或 PSO 算法处于局部最优时，算法把局部最优位置视为全局最优位置 P_g。因此，当全局最优位置 P_g 基于高斯扰动发生变化时，粒子的搜索方向会重新调整，在新的区域进行搜索，并找到一个新的全局最优位置 P_g。全局最优位置的每个分量都会受到 $1/D$ 概率的扰动，即

$$\text{perturb}(P_g) = P_g + \text{Gaussian}(\zeta) \tag{3-33}$$

式中，ζ 通常是被扰动粒子维数的动态范围长度的 10%。

TR-GQPSO 融合算法流程图如图 3-8 所示。

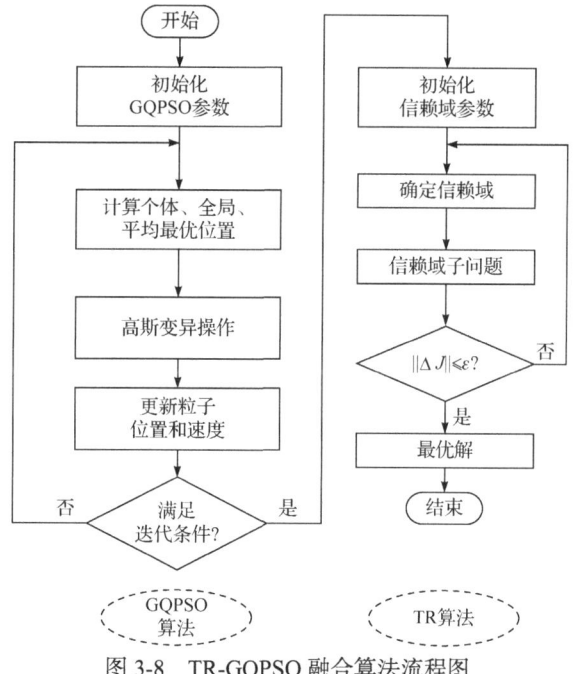

图 3-8　TR-GQPSO 融合算法流程图

3.2.3　反演算法仿真验证

为验证 TR-GQPSO 融合算法的有效性，利用数值仿真对反演算法进行有效性分析。由于油水分散流中的滴径分布一般为单峰分布或双峰分布[37]，尤其是对于管流，油水分散流的滴径分布往往为单峰分布[38]。因此，数值模拟构建了单峰和双峰

的滴径分布来评估相含率反演算法的性能。式(3-34)所示的对数正态函数是一个典型的滴径分布函数,常用来表示分散流的滴径分布[39]。滴径分布示意图如图 3-9 所示,分别以单峰和双峰的滴径分布为例进行说明。单峰分布由参数为 $\bar{R}=325\times10^{-6}$ 和 $\xi=1.45$ 的对数正态函数描述,双峰分布由两个对数正态函数叠加描述,一组参数为 $\bar{R}=220\times10^{-6}$ 和 $\xi=1.21$,另一组参数为 $\bar{R}=485\times10^{-6}$ 和 $\xi=1.17$。

$$\frac{\mathrm{d}V}{\mathrm{d}R}=\frac{1}{\sqrt{2\pi}\ln\xi}\exp\left[-\frac{1}{2}\left(\frac{\ln R-\ln\bar{R}}{\ln\xi}\right)^2\right] \tag{3-34}$$

式中,$\bar{R}$ 和 ξ 分别是液滴尺寸的平均值和标准偏差。

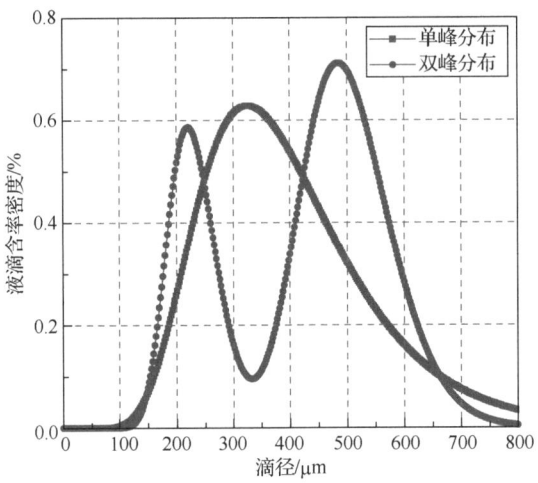

图 3-9　滴径分布示意图

在数值模拟中,首先根据超声衰减预测模型建立系数矩阵,计算设定滴径分布所对应的超声衰减观测值 z;反演算法根据构建的目标函数,利用超声衰减观测值 z 计算分散相滴径分布与相含率。仿真所设置的不同尺寸液滴所占百分比(又称为液滴含率密度)见表 3-1。表中,含油率的值等于对应仿真模型中不同尺寸油滴所占百分比的总和。

表 3-1　仿真所设置的不同尺寸液滴所占百分比

滴径/μm	液滴含率密度/%			
	含油率 8.49%	含油率 15.23%	含油率 28.95%	含油率 36.24%
160	0.27	0.68	0.92	1.61
220	0.96	2.73	3.28	6.49
280	1.54	1.23	5.25	2.93
340	1.66	0.46	5.65	1.09
400	1.43	1.58	4.86	3.76

续表

滴径/μm	液滴含率密度/%			
	含油率 8.49%	含油率 15.23%	含油率 28.95%	含油率 36.24%
460	1.08	3.13	3.67	7.45
520	0.75	3.00	2.56	7.14
580	0.49	1.73	1.69	4.12
640	0.32	0.70	1.08	1.66

由于 GQPSO 算法的反演结果具有一定的随机性，对于不同的滴径分布，GQPSO 算法和 TR-GQPSO 算法分别反演计算 20 次，并且每一次新的反演计算均从随机产生的位置开始运行。GQPSO 算法的参数设置：粒子群中的粒子数 $W=20$，搜索空间维数 $D=9$，最大迭代次数为 3000。对于 TR 算法，滴径分布中每个滴径所对应的相含率初始值设定为 0.1。对于 TR-GQPSO 融合算法，GQPSO 算法的反演结果当作 TR 算法的初始值，用于进一步反演计算。滴径分布反演结果如图 3-10 所示，图 3-10(a)是含油率为 8.49%的单峰分布的反演结果，图 3-10(b)是含油率为

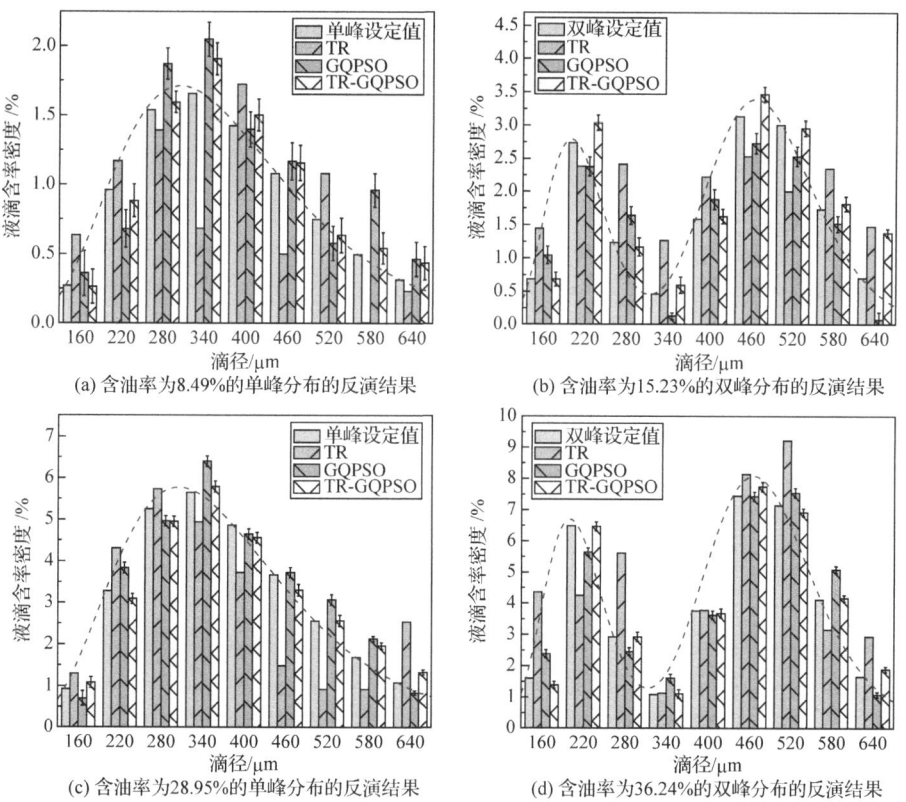

图 3-10 滴径分布反演结果

15.23%的双峰分布的反演结果，图 3-10(c)是含油率为 28.95%的单峰分布的反演结果，图 3-10(d)是含油率为 36.24%的双峰分布的反演结果。

为了定量分析反演算法的计算结果，采用滴径分布相关系数 κ 和总体相对误差 ε 作为分散相滴径分布的评价指标，分别表征反演所得滴径分布与设定值之间的相关系数 κ 和反演结果的累计误差 ε，即

$$\kappa = \frac{\sum_{j=1}^{D}\left(\phi_{\text{set},j}-\overline{\phi}_{\text{set}}\right)\left(\phi_{\text{cal},j}-\overline{\phi}_{\text{cal}}\right)}{\sqrt{\sum_{j=1}^{D}\left(\phi_{\text{set},j}-\overline{\phi}_{\text{set}}\right)^2}\sqrt{\sum_{j=1}^{D}\left(\phi_{\text{cal},j}-\overline{\phi}_{\text{cal}}\right)^2}} \tag{3-35}$$

$$\varepsilon = \sqrt{\sum_{j=1}^{D}\left(\phi_{\text{set},j}-\phi_{\text{cal},j}\right)^2} \Big/ \sqrt{\sum_{j=1}^{D}\phi_{\text{set},j}^2} \tag{3-36}$$

式中，$\phi_{\text{set},j}$ 和 $\phi_{\text{cal},j}$ 分别为某一液滴尺寸所对应相含率的设定值与反演计算值；$\overline{\phi}_{\text{set}}$ 和 $\overline{\phi}_{\text{cal}}$ 分别为对应滴径的平均相含率的设定值与反演计算值。采用多次反演结果的平均值对不同算法进行评价，反演结果评价指标见表 3-2。

表 3-2　不同仿真滴径分布下反演算法的评价指标

仿真滴径分布	TR		GQPSO		TR-GQPSO	
	κ/%	ε	κ/%	ε	κ/%	ε
含油率 8.49%	76.75	0.30	98.93	0.09	99.54	0.09
含油率 15.23%	82.81	0.34	98.25	0.10	99.71	0.04
含油率 28.95%	76.58	0.34	97.67	0.11	99.23	0.07
含油率 36.24%	77.66	0.37	96.67	0.13	99.75	0.04

如图 3-10 所示，TR 算法的反演结果与设定的滴径分布值有较大差异，而 GQPSO 算法和 TR-GQPSO 算法的反演结果与设定的滴径分布值基本一致。对于 TR 算法，参数所设置的初值对寻优算法的反演性能有很大影响。如果所设置初值与最优值之间相差过大，在达到所设置的迭代最大次数时则不能与最优值相近。GQPSO 算法不需要设置参数初始值，可在全局范围内搜索滴径分布的最优反演结果。虽然 GQPSO 算法反演结果稳定，但其精度略差，并且由于 GQPSO 算法容易陷入局部最优，而单纯增加最大迭代次数不足以提高反演结果的精度，所以

TR-GQPSO算法将GQPSO算法的反演结果作为TR算法初始值设置的先验信息，以实现优势互补，提高反演精度。

不同仿真滴径分布下反演算法的评价指标如表3-2所示，在不同含油率下，对于两种滴径分布特征的油水分散流，TR-GQPSO算法与GQPSO算法相比，不同实验条件所对应的滴径分布的相关系数大于99.23%，总体相对误差小于0.09。TR-GQPSO算法的性能更好，结果更稳定，可以更好地用于多滴径分布的油水分散流相含率的反演。

3.2.4 反演算法实验验证

油水两相混相注入的方式采用单罐单泵的设计，预先在混合罐中配置特定比例的油水后，可利用单个泵实现循环流动，一定时间后流体流动可达到稳定状态，用于模拟油水两相水包油分散流及油包水分散流在不同相含率与混合流量下的平稳流动。由于油水两相流在装置中为循环流动，所以保证流动实验可长时间运行。由于实际石油的开采到输送过程中油水均是以混合态存在，所以混相注入实验方案与石油工业过程的实际情况较为接近[40]。

混相注入实验设计图如图3-11所示。首先在混合罐中配制一定比例的油水混合液，由泵提供动力将油水混合液从混合罐中抽出并使其在管道中循环流动。为了加快油水两相的混合过程，在测试管段下游加装了混合管，混合管照片如图3-12所示，通过管内的混合元件将剪切力作用于流体，使油水两相分散流不断被分散混合。油水两相分散流运行一段时间后达到稳定流动状态。为检测油水两相分散流的流动参数，在管道上安装单相流量计以测量油水两相分散流的流量；在测试管段上相距1m的两个测量端口之间安装差压传感器，以测量管道压降；宽频超声换能器在管道上正对安装，以测量透射多频超声衰减。利用测控系统实现对实验过程中油水流量的控制，以及对流量计与差压表的监控等。采用等速取样法标定分散相含率，即通过对测试管段不同高度的取样口同时取样，等油水混合液静置分离后，采用测量误差为2mL的量筒标定分散相含率。为了保证实验过程中液滴滴径分布和相含率的稳定性，在实验装置稳定运行30分钟后进行超声测量。同时，在每个实验条件下对多频超声衰减进行多次测量。

采用混相注入实验方案进行不同相含率的油水两相分散流流动实验，油水两相的物性参数如表3-3所示。超声扫频范围为4～9MHz，并按照3.1.2节所提出的解调方法获取多频超声衰减。实验过程中油水两相流的混合流量尽可能保持不变，其变化范围为3.295～3.318m³/h。含油率从低到高依次进行实验，并利用等速取样法标定当前管道内的含油率。通过调节混合罐中的油水比例，实现含油率的变化范围为4.7%～95.7%。由于所测超声信号为管道内油水分散流的透射信号，所

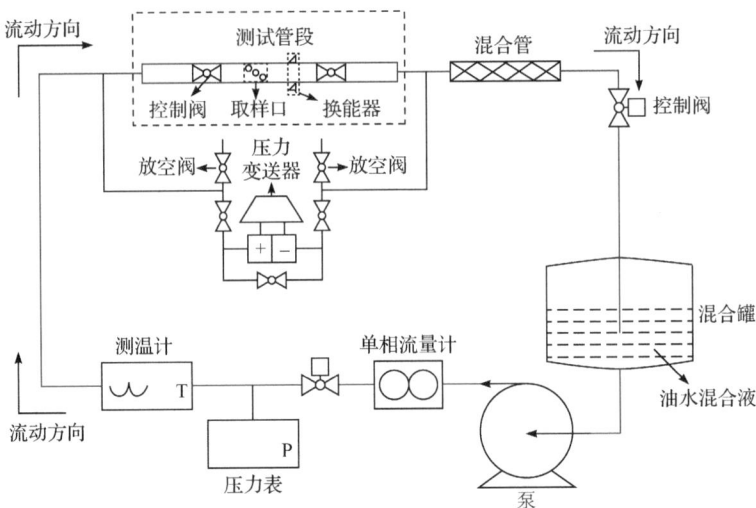

图 3-11　混相注入实验设计图

图 3-12　混合管照片

以相含率以等速取样法所测结果值作为含油率的标定值。

表 3-3　油水两相的物性参数

物性参数(25℃)	流体介质	
	水[41-43]	白油[44,45]
密度 ρ/(kg/m^3)	998.0	840.0
声速 c/(m/s)	1497	1421
比热容 Cp/(J/(kg·K))	4179	2000
导热系数 τ/(W/(m·K))	0.6	0.2
热膨胀系数 β/(1/K)	2.1×10^{-4}	9.0×10^{-4}
剪切黏度 η/(Pa·s)	0.001	0.029

含油率为 13.70%的油水分散流流动情况及其多频超声衰减如图 3-13 所示。油水分散流的流动状况如图 3-13(a)所示。基于式(3-24)构建用于反演的系数矩阵，

超声衰减模型以反相点为水包油分散流与油包水分散流的分界点进行构建，即在反相点前以水作为连续相而油作为分散相，超过反相点后以油作为连续相而水作为分散相；利用 TR-GQPSO 融合算法对相含率进行反演，算法参数设置的粒子数 $M = 20$，搜索空间维数 $D = 9$，最大迭代次数为 3000。在每个实验条件下，分别进行 20 次超声衰减测量实验，并计算所测相含率的平均值，多频超声衰减如图 3-13(b) 所示。

(a) 油水分散流的流动状况

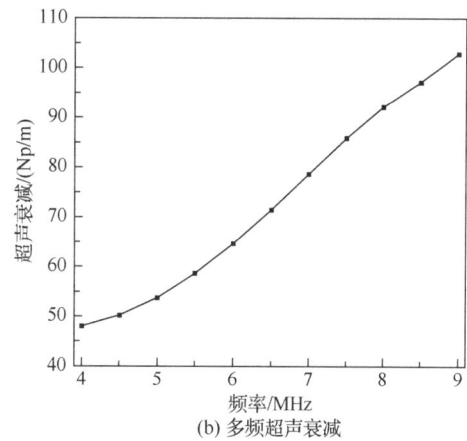
(b) 多频超声衰减

图 3-13　含油率为 13.70%的油水分散流流动情况及其多频超声衰减

单散射超声衰减模型相含率测量结果及其误差如图 3-14 所示。其中相含率测量结果如图 3-14(a)所示，由图 3-14(a)可知，基于建立的超声衰减模型与 TR-GQPSO 融合算法测量均匀油水分散流所得的含油率与标定含油率的变化趋势一致。在分散相含率相对较小(含油率小于 33.25%或含水率小于 17.89%)的条件下，相含率的

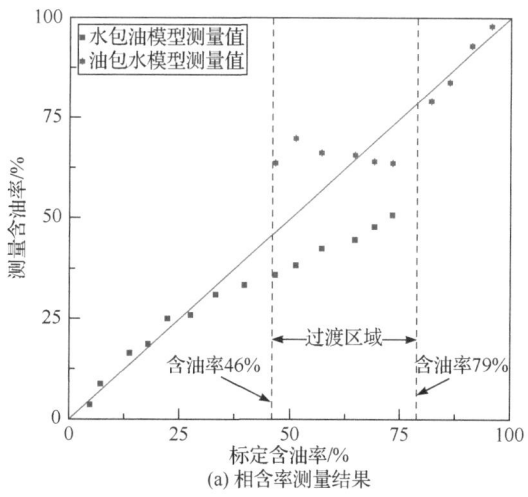
(a) 相含率测量结果

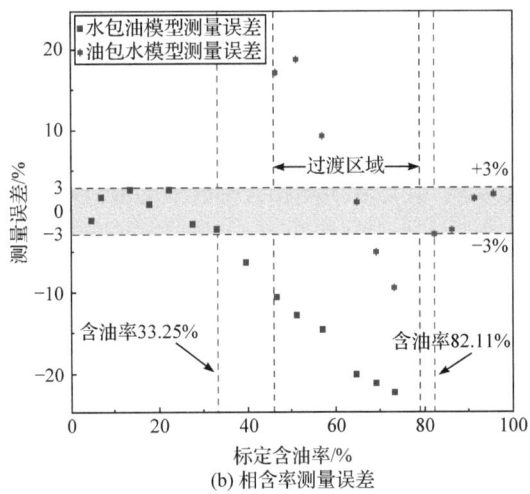

图 3-14 单散射超声衰减模型相含率测量结果及其误差

绝对误差较小;当相含率处在含油率为 46%~79%时,油水两相流为过渡流,如混合界面分层流(ST & MI)等[46]。由于超声衰减模型是基于分散流建立的,应用于非分散流时的误差较大。

实验中测得的相含率测量误差如图 3-14(b)所示,在含油率低于 46%时,超声衰减模型以连续相为水且分散相为油的水包油分散流作为模型输入进行衰减预测;在含油率高于 79%时,超声衰减模型以连续相为油且分散相为水的油包水分散流作为模型输入进行衰减预测;而含油率高于 46%且低于 79%时,分别以水包油分散流与油包水分散流作为模型输入对流型过渡区域进行超声衰减预测。实验结果表明,在低于含油率 33.25%时,最大误差为 2.73%,而高于含油率 82.11%时,最大误差为 2.91%。然而,在分散相含率相对较大(含油率在 33.25%~46%)时,虽然油水两相流为分散流,但相含率测量误差较大,如图 3-14(b)中标定含油率为 39.73%时所对应的含油率测量误差为-6.43%。其原因在于所建立的超声衰减模型属于单散射超声衰减模型,由于未考虑多重散射的影响,在较低分散相含率时可以忽略多重散射衰减的影响,然而随着分散相含率的升高,分散液滴之间的距离减小,超声在分散相间多重散射衰减的影响不能忽略[25]。由于单散射超声衰减模型在高分散相含率时预测的衰减值偏高,导致超声所测含油率小于等速取样法所标定的含油率。在含油率高于 46%且低于 79%的测试段,油水两相流并非完全的油水分散流,分散相和连续相在油水反相过渡区域内很难界定,因此超声衰减模型无法有效预测过渡区域的超声衰减,导致水包油分散流时的测量结果远小于实际含油率,而油包水分散流时的测量结果与含油率变化趋势不符。研究中重点关注油水分散流的相含率测量,因此进一步侧重研究了高分散相含率(含油率在

33.25%~46%)时的超声衰减模型,即在分散相含率较高的条件下,超声衰减模型考虑多重散射的影响,以解决分散相含率较高时多频超声衰减的预测问题。

针对高分散相含率时的多重散射影响,参照 Core-Shell 模型[24],引入等效介质思想来修正高分散相含率时的超声衰减模型,减小多重散射对超声衰减预测的影响。等效介质思想通过将连续相作为等效介质进行处理,建立分散相间的等效声场表征多重散射的影响,以减小超声衰减模型的预测偏差。连续相等效物性参数修正为

$$\rho_{\text{eff}} Cp_{\text{eff}} = (1-\phi)\rho_c Cp_c + \phi \rho_d Cp_d \tag{3-37}$$

$$\eta_{\text{eff}} = \eta_c (1-\phi)^{-2.5} \tag{3-38}$$

$$\beta_{\text{eff}} = (1-\phi)\beta_c + \phi\beta_d \tag{3-39}$$

$$\tau_{\text{eff}} = \tau_c \frac{1 + 2\phi\gamma - 2(1-\phi)\xi\gamma^2}{1 - \phi\gamma - 2(1-\phi)\zeta\gamma^2} \tag{3-40}$$

$$\begin{cases} \gamma = \dfrac{\tau_d - \tau_c}{\tau_d + 2\tau_c} \\ \xi = 0.21068\phi - 0.04693\phi^2 \end{cases} \tag{3-41}$$

式中,ρ_{eff} 为等效密度;Cp_{eff} 为等效比热容;η_{eff} 为等效黏度;β_{eff} 为等效热膨胀系数;τ_{eff} 为等效热导率。

不考虑滴径分布对超声衰减的影响,分别以单一滴径 160μm、280μm 及 400μm 在含油率为 40%时的预测超声衰减为例进行说明,基于等效介质超声衰减模型与基于单散射超声衰减模型的预测值对比如图 3-15 所示,基于等效介质超声衰减模

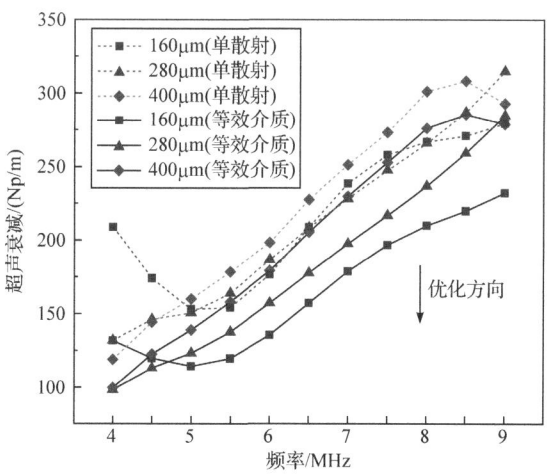

图 3-15 基于等效介质超声衰减模型与基于单散射超声衰减模型的预测值对比

型在不同滴径下的多频超声衰减预测值小于单散射超声衰减模型的预测结果。相比于单散射超声衰减模型，基于等效介质超声衰减模型利用等效介质思想来阐释分散相间多重散射的影响，将连续相的物性参数表示为与相含率相关的函数，实现比单散射超声衰减模型更准确的衰减预测。

管道内的含油率受混合流量与混合罐中油水比例的共同影响，因此为便于调节管内含油率，针对含油率为35%~46%的油水分散流，忽略混合流量对反相点的影响，在2.5~3.7m³/h的混合流量范围内进行高分散相含率的油水分散流实验。实验管内的含油率同样以等速取样法的测量结果作为标定值，分别利用基于单散射超声衰减模型与基于等效介质超声衰减模型构建系数矩阵，以用于TR-GQPSO融合算法的相含率反演。通过调节油水分散流的混合流量，以及混合罐中的油水比例，含油率为33.25%~46%的测量结果与误差分布如图3-16所示，两种超声衰减模型在标定含油率下所对应的相含率测量结果如图3-16(a)所示，相含率测量误差如图3-16(b)所示。由于单散射超声衰减模型在高分散相含率时的多频超声衰减预测值偏高，导致反演所得的含油率小于实际标定含油率，而改进超声衰减模型通过等效介质方法使超声衰减预测值减小，反演含油率上升。在高分散相含率范围内，基于单散射超声衰减模型的最大测量误差为9.14%，而基于改进超声衰减模型的最大测量误差为3.67%。

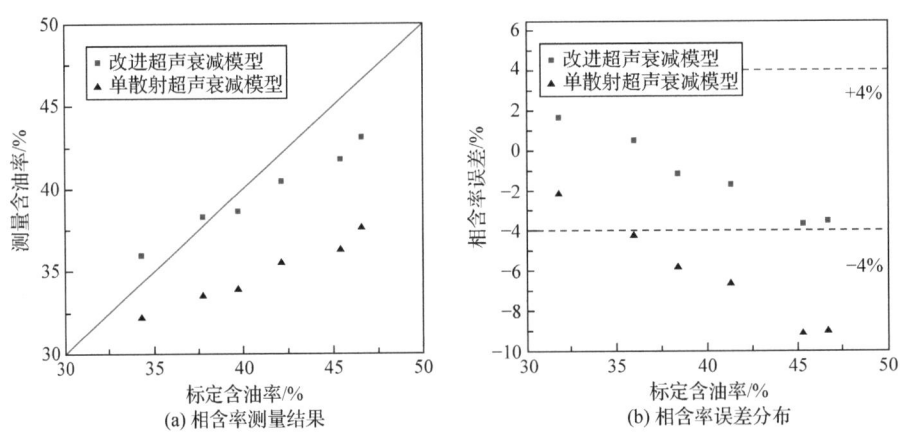

图3-16 含油率为33.25%~46%的测量结果与误差分布

3.3 非均匀相分布的相含率反演

3.3.1 非均匀相分布中超声衰减模型

针对油水分散流存在的分散相非均匀分布的现象，基于COMSOL Multiphysics

多物理场仿真软件中的声学模块,建立了不同非均匀程度的油水分散流仿真模型,以说明相分布对超声衰减的影响。该仿真模型是在瞬态压力声学模型下进行的,瞬态条件下黏性流体的声压模型描述为

$$\begin{cases} \dfrac{1}{\rho_f c^2}\dfrac{\partial^2 e_t}{\partial t^2} + \nabla \cdot \left[-\dfrac{1}{\rho_f}(\nabla e_t - q_d) + \dfrac{1}{\rho_f c^2}\left(\dfrac{4\eta}{3} + \eta_B\right)\dfrac{\partial \nabla e_t}{\partial t} \right] = Q_m \\ e_t = e + e_b \end{cases} \quad (3\text{-}42)$$

式中,ρ_f 为流体的密度;η 为动态黏度;η_B 为体积黏度;e_b 为仿真场中的背景压力;e 为由弹性波引起的压力波动;e_t 为总压力;q_d 为偶极子振动源;Q_m 为单极子振动源。在该仿真中,e_b、q_d 和 Q_m 都设置为 0。

仿真模型中管道截面的内径设置为 25.4mm,连续相为水,分散相为油。由于仿真是基于有限元方法进行的,在对仿真模型中的声场求解前,需要对模型进行离散化处理。仿真采用自由三角形网格进行划分,为保证仿真的求解精度,需要保证网格大小为对应介质中超声波长的 1/6。采用 4~9MHz 的 Chirp 信号作为扫频激励,由于频率越高,波长越小,所以应以频率为 9MHz 时被测介质中的超声波长为基础,计算所需划分的最大网格的大小,即连续相水中的最大网格大小为 2.7722×10^{-5}m,分散相油中的最大网格大小为 2.6315×10^{-5}m,仿真模型局部的网格划分如图 3-17 所示。

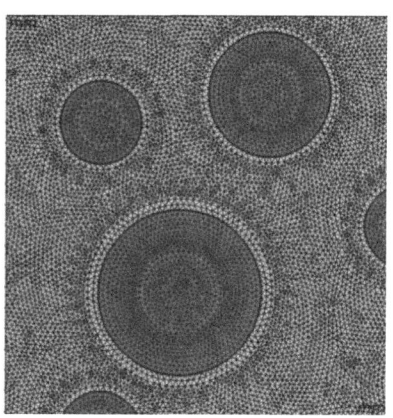

图 3-17 仿真模型局部的网格划分

油滴在水中随机分布,对于空间上不同的分布均匀程度,分别进行了五种仿真模拟,仿真结果取平均计算。仿真模型中管壁的边界条件设置为平面波辐射。超声激励位于仿真模型正下方中心处,超声接收位于仿真模型正上方中心处。为了更接近实际油水分散流中的滴径分布,仿真模型采用多液滴尺寸的仿真模型对油水分散流进行模拟,模型中分散相尺寸设置了三种滴径大小,分别为 200μm、

300μm 和 400μm。相同含油率和滴径分布时的非均匀分布仿真如图 3-18 所示。4～9MHz 的用于激励的 Chirp 信号如图 3-18(a)所示，图 3-18(b)～图 3-18(f)为 Chirp 信号在仿真模型中 15μs 时的超声传播状态。图 3-18(b)为分散相均匀分布下的超声衰减模型，图 3-18(c)～图 3-18(f)所示仿真模型的分散相空间分布非均匀程度逐渐增大。对于相同滴径分布的仿真模型，由于分散相分布非均匀程度的不同，超声传播受到分散相空间分布的影响，不同仿真模型在同一时刻的声压场出现差异，从而导致接收声压发生改变。

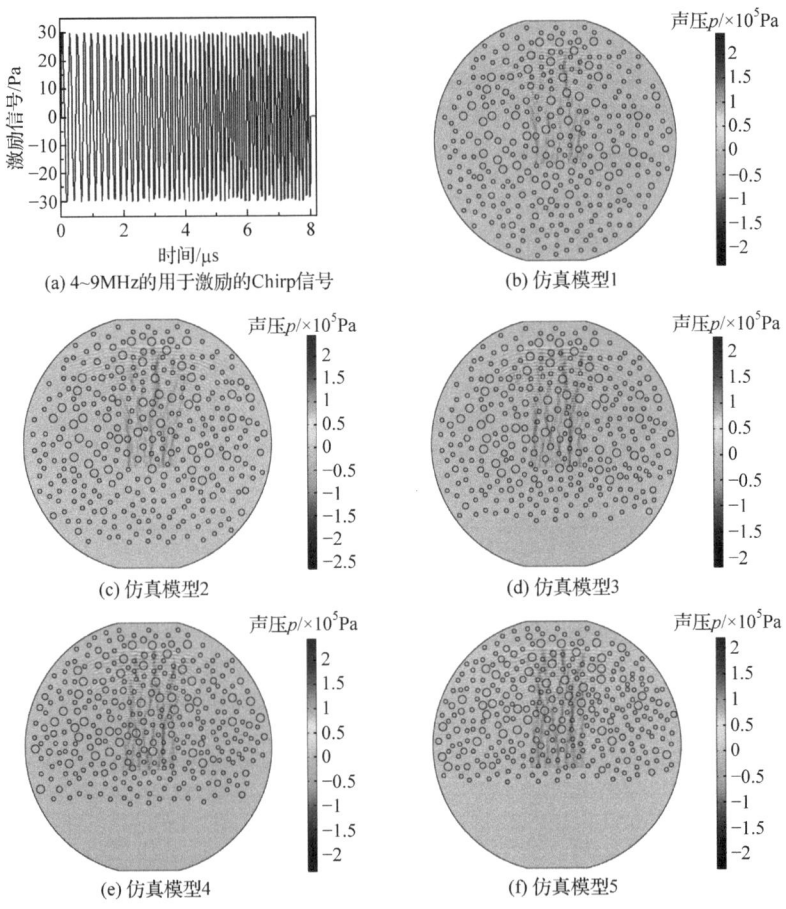

图 3-18　相同含油率和滴径分布时的非均匀分布仿真

采用 3.1.2 节中所提出的多频超声衰减解调方法对接收信号进行解调，得到 4.0MHz、4.5MHz、5.0MHz、5.5MHz、6.0MHz、6.5MHz、7.0MHz、7.5MHz、8.0MHz、8.5MHz、9.0MHz 处的多频超声衰减，不同仿真模型下解调得到分散相非均匀分布下的多频超声衰减，如图 3-19 所示。由于分散相滴径分布相同，不同仿真模型所得的超声衰减变化趋势基本一致,即随着超声频率的升高,超声衰减增大。然而,随着分散相空间分布的非均匀程度变大,每个频率所对应的超声衰减逐渐变小。由仿真结果可知,分散相空间分布的非均匀性会导致不同频率的超声衰减发生变化。

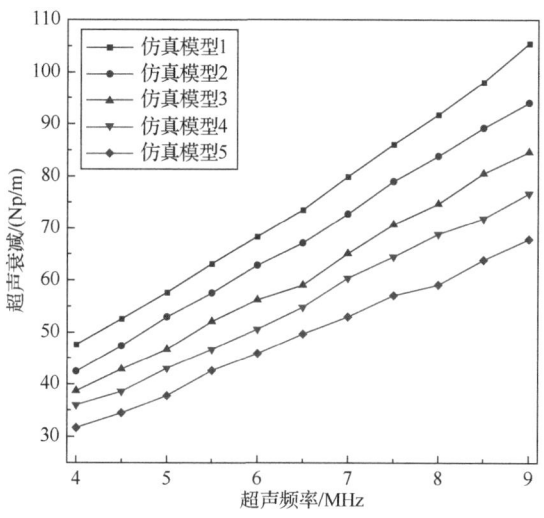

图 3-19 分散相非均匀分布下的多频超声衰减

常采用的超声衰减模型,如 ECAH 模型[9]、McClements 模型[30]、Faran 模型[47]、Dukhin 模型[48]、BLBL 模型[29]等基于分散相在空间中均匀分布的假设进行模型推导,没有考虑分散相非均匀分布对超声衰减的影响。虽然这些超声衰减模型可以在许多应用场景下对分散体系中的超声衰减进行很好的预测[25,49],但由于流体阻力、重力、马格努斯力和萨夫曼升力的相互作用[50],分散相在分散流的横截面上有时呈现非均匀分布状态[51],这种状态常发生在较低流动速度的情况下。同时,横截面分散相非均匀分布也会导致液液分散流中的声学特性发生变化[52],如热波的重叠[24]。因此,对于分散相非均匀分布的油水分散流,超声衰减模型有待进一步优化。

油水分散流分散相非均匀分布实际上是分散相的一种聚集形式,而分形理论常用于表征分散相的聚集状态,例如,应用分形维数对流化床的颗粒聚团形态径向分布进行解释[53]。对于具有聚集特点的分散相的测量,同样可以从分形的角度对测量模型进行修正。例如,利用分形理论将火焰中聚集的碳黑颗粒视为碳黑分形聚集体,通过分形维数修正气固混合介质中的光谱辐射特性参数[54];对于光学测量方法,可建立分形维数与三维空间分形结构之间的关系,给出分形维数与散射强度之间的规律[55]。管道中的油水分散流非均匀浓度分布实际上是分散流中液滴的一种聚集形式[56],根据团簇分形[57,58],分散流可视为分形介质。因此,引入分形理论来修正超声衰减模型,以解决分散相分布不均匀对衰减的影响问题[59]。

在超声测量方法中，分形常用于处理形状不规则的固体颗粒对超声衰减的影响。例如，声学雷诺数作为分形标度，用于修正超声衰减模型，以表征颗粒形状不规则对超声衰减的影响[57]，其中声学雷诺数 Re 为

$$Re = R\sqrt{\frac{\rho_c \omega}{2\eta_c}} \tag{3-43}$$

式中，ρ_c 和 η_c 分别为混合体系中连续相密度和连续相动态黏度；R 为分散相半径。

声学雷诺数 Re 只适用于表征分散相尺寸较小的分散流，即其仅可以在超声的长波区被采用，以作为液固分散流的分形标度。对于分散相尺寸较大的分散流，超声波数 $kR(=2\pi R/\lambda)$ 可被用作分形标度，以表征矿浆分散流中的凝絮，以及颗粒形状的影响程度大小[60]。Wang 等[61]通过对球形玻璃珠和橄榄石砂的液固分散流进行对比实验,证明分形方法可以有效修正光滑球形假设条件下的超声衰减模型，以避免分散相形状对超声衰减测量的干扰。

分形方法中分形标度需要根据超声与分散流之间的关系特点来确定超声传播的主要特征。由于在不同超声频率与分散相大小条件下，超声衰减的主导作用机制不同，所以通过无量纲参数 $\omega\tau_v$(或声学雷诺数 Re)和波数 kR 对超声传播过程进行分区处理[61]，其中黏滞弛豫时间 τ_v 为

$$\tau_v = \frac{2R^2 \rho_d}{9\eta_c} \tag{3-44}$$

式中，ρ_d 为分散相密度。因为 $\omega\tau_v$ 考虑了连续相和分散相两相物性参数，可更好地表征两相之间的相互作用对超声传播的影响，所以选用无量纲参数 $\omega\tau_v$ 而非声学雷诺数 Re[62]作为分区标准。

基于 $\omega\tau_v$ 和 kR 两个参数，可将超声衰减的影响区域划分为散射区(包括瑞利散射、共振散射)、惯性区以及黏滞区(包括黏滞区和黏滞-惯性过渡区)。在黏滞区($0 \leqslant \omega\tau_v \leqslant 1$)，黏滞以及热边界层厚度大于液滴滴径，黏滞引起的吸收衰减起主导作用；在黏滞-惯性过渡区($1 < \omega\tau_v < 100$)，以黏滞效应为主，同时受惯性效应的影响；在惯性区($\omega\tau_v \geqslant 100$, $kR \leqslant 0.1\pi$)，黏滞以及热边界层厚度小于液滴滴径，液滴表面的薄边界层受惯性效应影响，分散相的形状与空间分布对超声衰减产生影响，尤其对于液液分散流，随着 $\omega\tau_v$ 的增大，空间分布的不均匀对超声衰减的影响越大；对于散射区($kR \geqslant 0.1\pi$)，分散相的尺寸较大，散射作用占主导地位。一般来说，分散体系中分散相在连续相中的空间分布非均匀程度较小时，可以忽略其影响。

超声在油水分散流中传播影响分布的频率-半径图如图 3-20 所示，其中虚线分别对应频率为 1MHz 与液滴半径为 100μm。在频率大于 1MHz 且液滴半径大于 100μm 时，超声衰减的主导作用区域为散射区。参数 $\omega\tau_v$ 和 kR 分别为超声衰减所对应区域的自相似尺寸。对于管道中流动的油水分散流，其分散相尺寸较大，超

声衰减易受空间分布的影响。因此，本节基于超声波长与滴径的比值，选用 kR 作为分形标度，即超声衰减在散射区的自相似尺度，用于表征油水分散流中分散相空间分布不均匀对超声衰减的影响，以修正超声衰减模型。

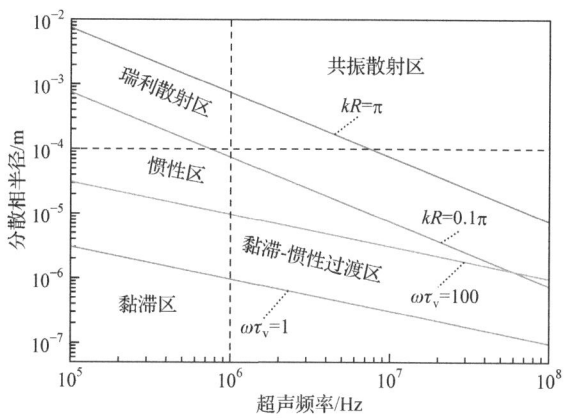

图 3-20　超声在油水分散流中传播影响分布的频率-半径图

在分散相均匀分布下，油水分散流的超声衰减系数的计算如式(3-7)所示，将式(3-17)和式(3-23)代入式(3-7)中，可得

$$\alpha = -\frac{3\phi}{2k^2 R^3}\left[\sum_{n=0}^{\infty}(2n+1)\mathrm{Re}(U_n) + \mathrm{Re}(A_0 + 3A_1)\right] \quad (3\text{-}45)$$

对于分散相非均匀分布，其超声衰减模型基于分散相均匀分布时的超声衰减系数，以 kR 作为分形标度且 R_f 作为分形维度，修正超声衰减模型中的系数 U_n、A_0、A_1，超声衰减模型中的其他参数的计算不变，修正后的系数为

$$\begin{cases} U_n' = -\mathrm{i}\sin\eta_n\,\mathrm{e}^{-\mathrm{i}\eta_n}(kR)^{R_\mathrm{f}} = \dfrac{-\mathrm{i}\tan\eta_n\cdot(kR)^{R_\mathrm{f}}}{1+\mathrm{i}\tan\eta_n} \\ A_0' = \left\{\dfrac{\mathrm{i}k_\mathrm{c}R}{3}\left[(k_\mathrm{d}R)^2\dfrac{\rho_\mathrm{c}}{\rho_\mathrm{d}} - (k_\mathrm{c}R)^2\right] - \dfrac{\mathrm{i}(k_\mathrm{c}R)^3(\gamma_\mathrm{c}-1)}{b_\mathrm{c}^2}\left[1-\dfrac{\beta_\mathrm{d}Cp_\mathrm{c}\rho_\mathrm{c}}{\beta_\mathrm{c}Cp_\mathrm{d}\rho_\mathrm{d}}\right]^2 H\right\}\cdot(kR)^{R_\mathrm{f}} \\ A_1' = \dfrac{\mathrm{i}(k_\mathrm{c}R)^3}{9}\cdot\dfrac{(\rho_\mathrm{d}-\rho_\mathrm{c})(1+T_\mathrm{v}+\mathrm{i}s)}{\rho_\mathrm{d}+\rho_\mathrm{c}T_\mathrm{v}+\mathrm{i}\rho_\mathrm{c}s}\cdot(kR)^{R_\mathrm{f}} \end{cases} \quad (3\text{-}46)$$

式中，kR 表征了超声散射体系中的自相似性尺度；R_f 表征了分散相液滴空间分布的不均匀程度。当 $R_\mathrm{f}=0$ 时，分散相液滴的空间分布对超声衰减的影响可以忽略不计，即分散相在空间上均匀分布，超声衰减模型的计算不变。随着 R_f 的增加，液滴空间分布的不均匀程度增加，通过分形维数 R_f 对超声衰减系数进行定量修

正。修正后的超声衰减系数计算为

$$\alpha = -\frac{3\phi}{2k^2R^3}\left[\sum_{n=0}^{\infty}(2n+1)\text{Re}(U'_n) + \text{Re}(A'_0 + 3A'_1)\right] \quad (3\text{-}47)$$

3.3.2 CMA-ES 粒径分布反演算法

管道中的油水两相流在较低流速下易出现分散相空间分布不均匀的现象，从而影响超声传播过程中的衰减特性。3.2 节所构建的超声衰减预测模型以分散相均匀分布为前提，实验中的油水分散流流速较高，未考虑非均匀性对超声衰减的影响。因此，本节针对实际流动中存在的分散相分布不均匀的情况，利用分形方法对超声衰减预测模型进行进一步修正。考虑到管道中的油水两相分散流，传统的标定方法很难实现对其滴径分布的标定：常用的高速摄像法在相含率较高时受液滴之间遮蔽的影响，无法有效统计油水分散流中的滴径分布；而离线显微镜法易受采样操作以及离线过程所存在的时间差的影响，不同于加入适当乳化剂搅拌形成的稳定油水乳化液，管流中的液滴易发生聚并与破碎，在离线测量时间内无法保持稳定，使标定结果失真。因此，利用旁证法，将可标定粒径分布的液固两相分散流作为研究对象。

对于相含率的反演，TR-GQPSO 融合反演算法虽然能够取得不错的反演结果，克服了单一反演算法的不足，但混合后的反演算法比单一的反演算法更复杂，从而导致更大的计算开销。本节从单一反演算法出发，以协方差矩阵自适应进化策略(covariance matrix adaptive evolutionary strategy，CMA-ES)作为反演算法，验证分形方法对超声衰减模型的修正。CMA-ES 是一种自适应算法，不需要复杂的参数调节，对寻优空间的反射和旋转等线性变换具有不变性，从而保证了算法的鲁棒性，对于低维反演问题(如粒径分布的反演)具有较好的反演效果[59]。相对于其他进化类算法，CMA-ES 主要优势为搜索空间的旋转不变性、变量之间的相互学习、几乎是无参数的算法(仅有一个种群规模参数，可由待反演的问题维数确定[63])。其中，反演算法对于问题域的给定变换的不变性认为是算法鲁棒性的来源[64]。

利用多频超声衰减反演粒径分布是欠定问题。为了拟合粒径分布曲线，粒径范围需要被离散成足够多的数目，而有限的多频超声衰减信息很难实现粒径分布的反演。在实际测量中，被测分散相的尺寸分布往往符合某种分布函数[65]，因此可选用合适的分布函数对粒径分布加以限定，减小逆问题的欠定性。由于预先并不能确定哪个分布函数近似于实际的颗粒粒径分布，所以提出了一种基于多分布函数的 CMA-ES 对粒径分布进行反演。

反演所用的分布函数包括以下三种。

$$\begin{cases} \text{Rosin-Rammler}: V_{\text{R}}(D) = \dfrac{\sigma}{\overline{D}}\left(\dfrac{D}{\overline{D}}\right)^{\sigma-1} \times \exp\left[-\left(\dfrac{D}{\overline{D}}\right)^{\sigma}\right] \\ \text{Log-Normal}: V_{\text{L}}(D) = \dfrac{1}{\sqrt{2\pi}\ln\sigma}\exp\left[-\dfrac{1}{2}\left(\dfrac{\ln D - \ln\overline{D}}{\ln\sigma}\right)^{2}\right] \\ \text{Normal}: V_{\text{N}}(D) = \dfrac{1}{\sqrt{2\pi}\sigma}\exp\left[-\dfrac{1}{2}\left(\dfrac{D-\overline{D}}{\sigma}\right)^{2}\right] \end{cases} \quad (3\text{-}48)$$

式中，$\overline{D}$ 是分布函数的尺寸参数；σ 是分布参数。

根据三种分布函数约束下反演所得的目标函数值来确定最佳分布函数，即取目标函数值最小的分布函数作为最终的反演结果。算法的目标函数 $F_{\min}$ 为

$$F_{\min} = \dfrac{1}{M}\sum_{i=1}^{M}\left[\left(z_{i}^{\text{pre}} - z_{i}^{\text{mea}}\right)\big/z_{i}^{\text{mea}}\right]^{2} \quad (3\text{-}49)$$

式中，z_{i}^{pre} 和 z_{i}^{mea} 分别为超声衰减的预测值与测量值；M 为频率的数量。

超声衰减的预测值 z_{M}^{pre} 为

$$\underbrace{\alpha(\omega_{i})}_{z_{M}^{\text{pre}}} = \underbrace{\int_{\Delta R_{j}}\alpha(\omega_{i}, R_{j}, R_{\text{f}})\,\mathrm{d}R}_{Q_{M,N}} \cdot \underbrace{\sum_{j=1}^{N} V(\Delta R_{j})}_{p_{N}} \quad (3\text{-}50)$$

式中，p_{N} 表示把粒径范围离散为 N 段且每个粒径在式(3-48)所示分布函数约束下所对应相含率的向量；$Q_{M,N}$ 表示粒径与超声频率之间衰减关系的系数矩阵，可由式(3-47)所示分形修正的超声衰减模型简化得到。液固分散流的超声衰减系数[59]计算如下。

$$\alpha = -\dfrac{3\phi}{2k^{2}R^{3}}\sum_{n=0}^{\infty}(2n+1)\mathrm{Re}(U_{n}') \quad (3\text{-}51)$$

对于式(3-49)所示的目标函数，CMA-ES 的目标是找到一个具有最小残差的最优解。该算法可以分为以下三个步骤执行[66]。

(1) 通过抽样产生新解：在 CMA-ES 中，搜索样本是通过正态分布函数在每一代 $g = 0, 1, 2, \cdots$ 时通过抽样生成的，搜索样本采样的分布方程为

$$x_{k}^{(g+1)} \sim m^{(g)} + \sigma^{(g)}\mathcal{N}\left(0, C^{(g)}\right), \quad k = 1, 2, \cdots, \chi \quad (3\text{-}52)$$

式中，$\sim$ 是方程两边的分布相同；g 是迭代次数；$x_{k}^{(g+1)}$ 是在迭代次数为 $g+1$ 时的第 k 个搜索样本；$m^{(g)}$ 是在迭代次数为 g 时的种群分布平均值；$\sigma^{(g)}$ 和 $C^{(g)}$ 分别是在迭代次数为 g 时的步长和协方差矩阵；χ 是种群规模，设置为 $\chi = 4 + \lfloor 3\cdot\ln N \rfloor$ [67]。

(2) 计算目标函数值：计算生成的搜索样本的目标函数值并排序为

$$F_{\text{obj}}\left(x_{1:\chi}^{(g+1)}\right) \leqslant F_{\text{obj}}\left(x_{2:\chi}^{(g+1)}\right) \leqslant \cdots \leqslant F_{\text{obj}}\left(x_{\chi:\chi}^{(g+1)}\right) \tag{3-53}$$

式中，$x_{i:\chi}^{(g+1)}$ 表示式(3-52)中($x_1^{(g+1)}, x_2^{(g+1)}, \cdots, x_\chi^{(g+1)}$)排名中第 i 个最佳搜索样本，索引 $i:\chi$ 表示第 i 个排名的搜索样本索引。根据式(3-53)中的目标函数值，前 μ ($\mu = \lfloor \chi/2 \rfloor$)个搜索样本用于更新分布参数。

(3) 更新分布参数：新的种群分布平均值 $m^{(g+1)}$ 是在迭代次数为 $g+1$ 时前 μ 个选定搜索样本的加权平均值，即

$$m^{(g+1)} = \sum_{i=1}^{\mu} w_i x_{i:\chi}^{(g+1)} = m^{(g)} + \sum_{i=1}^{\mu} w_i \left(x_{i:\chi}^{(g+1)} - m^{(g)}\right) \tag{3-54}$$

由式(3-54)可知，通过选择部分优势搜索样本，可实现种群分布平均值在平均搜索方向上的移动。区别于最大似然估计方法中权重系数 $w_i = 1/\mu$，CMA-ES 采用式(3-55)强调具有更好性能的搜索样本，即 $w_1 \geqslant w_2 \geqslant \cdots \geqslant w_\mu > 0$。

$$w_i = \frac{\ln\left[(\chi+1)/2\right] - \ln i}{\sum_{j=1}^{\mu} \ln(\mu+1) - \ln j} \tag{3-55}$$

将秩-1 更新和秩-μ 更新相结合来更新协方差矩阵 C，即

$$C^{(g+1)} = \underbrace{\left(1 - a_1 - a_\mu \sum_{i=1}^{\chi} w_i\right)}_{\text{能够无限接近或等于 0}} C^{(g)} + a_1 \underbrace{p_c^{(g+1)} p_c^{(g+1)\text{T}}}_{\text{秩-1 更新}} + a_\mu \underbrace{\sum_{i=1}^{\chi} w_i y_{i:\chi}^{(g+1)} \left(y_{i:\chi}^{(g+1)}\right)^{\text{T}}}_{\text{秩-}\mu\text{更新}} \tag{3-56}$$

式中，$y_{i:\chi}^{(g+1)} = \left(x_{i:\chi}^{(g+1)} - m^{(g)}\right)/\sigma^{(g)}$；$a_1$ 和 a_μ 分别是协方差矩阵 C 的秩-1 和秩-μ 的更新学习率；$p_c^{(g+1)}$ 是在迭代次数为 $g+1$ 时的进化路径。

步长 σ 使用累积步长进行调整，其更新方式为

$$\sigma^{(g+1)} = \sigma^{(g)} \exp\left[\frac{a_\sigma}{d_\sigma}\left(\frac{\|p_\sigma^{(g+1)}\|}{E\|\mathcal{N}(0,I)\|} - 1\right)\right] \tag{3-57}$$

式中，d_σ 为阻尼参数；$E\|\mathcal{N}(0,I)\|$ 为归一化进化路径在 $\mathcal{N}(0,I)$ 分布下随机矢量的欧几里得距离期望值。

进化路径 p_c 和共轭进化路径 p_σ 的更新模型分别为

$$\begin{cases} p_c^{(g+1)} = (1-a_p) p_c^{(g)} + \sqrt{a_p(2-a_p)\mu_{\text{eff}}} \, \dfrac{m^{(g+1)} - m^{(g)}}{\sigma^{(g)}} \\ p_\sigma^{(g+1)} = (1-a_\sigma) p_\sigma^{(g)} + \sqrt{a_\sigma(2-a_\sigma)\mu_{\text{eff}}} \, C^{(g)-\frac{1}{2}} \dfrac{m^{(g+1)} - m^{(g)}}{\sigma^{(g)}} \end{cases} \tag{3-58}$$

式中，$p_\sigma^{(g+1)}$ 是在迭代次数为 $g+1$ 时的共轭进化路径；μ_{eff} 是方差有效选择质量且 $1 \leqslant \mu_{\text{eff}} \leqslant \mu$；$a_p$ 是进化路径 p_c 的更新学习速率；a_σ 是共轭进化路径 p_σ 的更新学习速率。

基于多分布函数的 CMA-ES 流程见图 3-21。

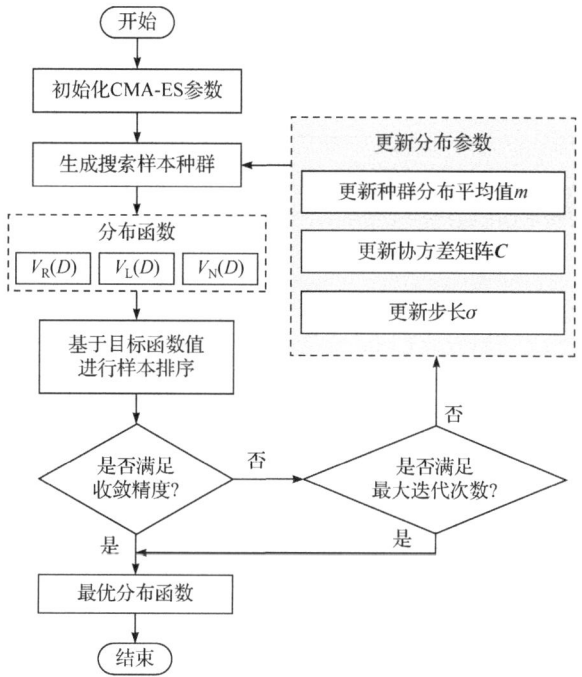

图 3-21　基于多分布函数的 CMA-ES 流程

3.3.3　反演算法仿真验证

采用常用的粒径分布函数进行数值模拟[65]，评估所提出的基于多分布函数的 CMA-ES 的反演性能。当相含率为 1%时，粒径分布分别由参数为 $\overline{D}=170.45\times10^{-6}$、$\sigma=1.82$、$R_f=0.34$ 的 Rosin-Rammler 函数，以及参数为 $\overline{D}=150.27\times10^{-6}$、$\sigma=2.12$、$R_f=0.53$ 的 Log-Normal 函数和参数为 $\overline{D}=130.12\times10^{-6}$、$\sigma=1.15\times10^{-4}$、$R_f=0.11$ 的 Normal 函数设定。在不同粒径分布下，多频超声衰减的观测值通过计算基于式(3-59)的正向模型得到，该观测值为无噪测量数据，而含噪测量数据为信噪比(signal-to-noise ratio，SNR)为 40dB 的测量数据，即在无噪测量数据中加入 SNR=40dB 白噪声所得的不同粒径分布下多频超声衰减的含噪测量数据。

$$\alpha_s = \int_{R_{\min}}^{R_{\max}} \alpha(f, R, R_f) \cdot V(2R) \, dR \tag{3-59}$$

式中，系数矩阵中 α 的计算依据数值模拟中水和聚苯乙烯的物性参数，如表 3-4

所示。

采用所建立的基于多分布函数的 CMA-ES，分别对不同粒径分布下的无噪数据和含噪数据进行反演。对于所设定粒径分布的反演，无噪数据的反演结果如表 3-5 所示，含噪数据的反演结果如表 3-6 所示。其中，R-R 表示 Rosin-Rammler 分布，L-N 表示 Log-Normal 分布，N 表示 Normal 分布。

表 3-4 数值模拟中水和聚苯乙烯的物性参数

物性参数(25℃)	流体介质	
	水	聚苯乙烯
密度 ρ/(kg/m³)	997.0 [41]	1053.0 [9]
声速 c/(m/s)	1496.7 [41]	2330.0 [68]
比热容 Cp/(J/(kg·K))	4179.0 [42]	1193.0 [9]
导热系数 τ/(W/(m·K))	0.5952 [43]	0.14 [9]
热膨胀系数 β/(1/K)	2.1×10^{-4} [42]	2.1×10^{-4} [69]
剪切黏度 η/(Pa·s)	8.91×10^{-4} [43]	—
剪切模量 μ/(N/m³)	—	1.27×10^9 [9]

表 3-5 无噪数据的反演结果

设定分布	模拟分布	反演参数 ($D \times 10^{-6}, \sigma, R_f$)	目标函数值
R-R 分布	R-R	(167.13, 1.75, 0.29)	2.14×10^{-4}
	L-N	(101.59, 1.96, 0.28)	9.55×10^{-4}
	N	(110.36, 8.96×10^{-5}, 0.19)	4.51×10^{-4}
L-N 分布	R-R	(212.81, 2.28, 0.52)	8.04×10^{-4}
	L-N	(143.81, 2.11, 0.49)	8.82×10^{-5}
	N	(163.16, 9.70×10^{-5}, 0.50)	1.15×10^{-3}
N 分布	R-R	(195.28, 1.82, 0.13)	6.16×10^{-4}
	L-N	(111.89, 2.41, 0.16)	7.23×10^{-4}
	N	(132.78, 1.17×10^{-4}, 0.14)	1.68×10^{-5}

表 3-6 含噪数据的反演结果

设定分布	模拟分布	反演参数 ($D \times 10^{-6}, \sigma, R_f$)	目标函数值
R-R 分布	R-R	(166.87, 1.90, 0.34)	2.97×10^{-4}

续表

设定分布	模拟分布	反演参数 ($D\times10^{-6}, \sigma, R_f$)	目标函数值
	L-N	(103.59, 2.01, 0.35)	7.64×10^{-4}
	N	(112.19, 8.49×10^{-5}, 0.21)	7.59×10^{-4}
L-N 分布	R-R	(214.11, 2.23, 0.57)	6.52×10^{-4}
	L-N	(141.73, 2.16, 0.47)	2.46×10^{-4}
	N	(166.96, 9.54×10^{-5}, 0.52)	1.07×10^{-4}
N 分布	R-R	(194.11, 1.84, 0.14)	8.85×10^{-4}
	L-N	(116.58, 2.47, 0.18)	6.33×10^{-4}
	N	(133.27, 1.22×10^{-4}, 0.15)	1.35×10^{-4}

从表 3-5、表 3-6 中可以看出，CMA-ES 得到的最小目标函数值所对应的粒径分布函数与设定分布函数一致。在所设定 Rosin-Rammler 分布函数的参数为 $\overline{D}=170.45\times10^{-6}$、$\sigma=1.82$、$R_f=0.34$ 下，无噪数据反演的对应参数为 167.13×10^{-6}、1.75、0.29，含噪数据反演的对应参数为 166.87×10^{-6}、1.90、0.34；在所设定 Log-Normal 分布函数的参数为 $\overline{D}=150.27\times10^{-6}$、$\sigma=2.12$、$R_f=0.53$ 下，无噪数据反演的对应参数为 143.81×10^{-6}、2.11、0.49，含噪数据反演的对应参数为 141.73×10^{-6}、2.16、0.47；在 Normal 分布函数的参数为 $\overline{D}=130.12\times10^{-6}$、$\sigma=1.15\times10^{-4}$、$R_f=0.11$ 下，无噪数据反演的对应参数为 132.78×10^{-6}、1.17×10^{-4}、0.14，含噪数据反演的对应参数为 133.27×10^{-6}、1.22×10^{-4}、0.15。在一定的信噪比下，反演结果保持稳定，能够得到与设定粒径分布基本一致的分布函数。因此，基于多分布函数的 CMA-ES 可以有效实现粒径分布函数的反演，并且避免了单一约束分布函数的局限性。

3.3.4 反演算法实验验证

采用标称为 100～200 目的聚苯乙烯颗粒作为测试样品进行实验，以验证所提的分形修正超声衰减模型。液固分散流实验装置如图 3-22 所示，其中超声测量频率为 4～9MHz，管段内径为 25.4mm。采用磁力搅拌器对管道内的液固两相进行搅拌，以尽可能使颗粒均匀分布，然而颗粒受吸引力的影响，悬浮液中颗粒聚集现象不可避免[70]。为保证颗粒的分散性，在进行超声衰减测量前，有必要添加少量的分散剂或使用超声分散仪对液固分散流进行处理，以避免颗粒聚集对超声衰减测量的干扰[71]。然而，额外的化学分散剂会影响分散体系的超声特性[72]，并且超声分散仪也会干扰超声信号的测量。因此，通过将含聚集颗粒的液固分散流

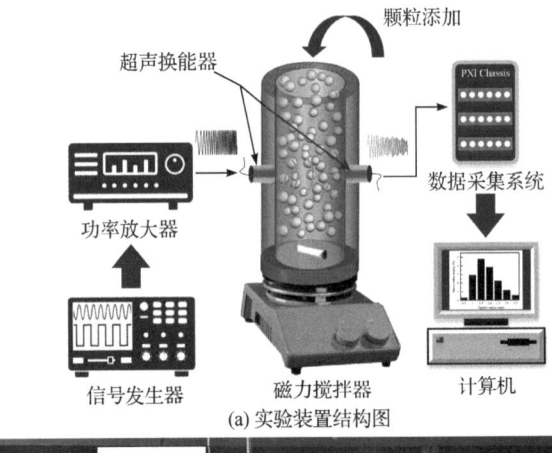

(a) 实验装置结构图

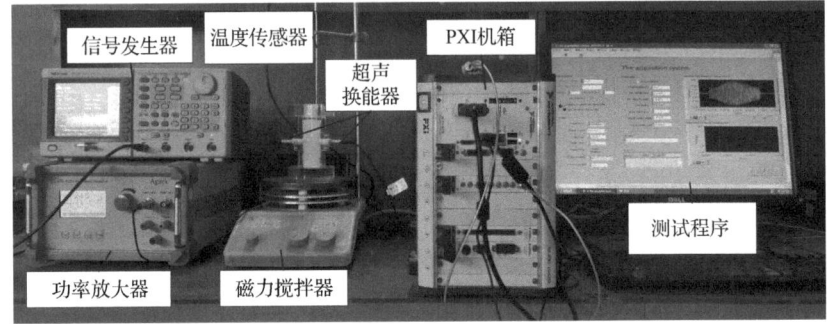

(b) 实验装置照片

图 3-22　液固分散流实验装置

作为分形介质,利用所提的分形方法解决颗粒聚集对超声衰减的影响,并利用基于多分布函数的 CMA-ES 反演液固分散流的粒径分布。

测试样品的粒径分布及其不同分散相含率下的多频超声衰减如图 3-23 所示。首先,利用马尔文 Mastersizer 2000 激光粒度仪测量标称范围为 100～200 目聚苯乙烯颗粒的粒径分布,将其测量结果作为标定值,测试样品的粒径分布如图 3-23(a)所示。利用非线性最小二乘拟合算法拟合所标定的粒径分布,得到粒径分布所对应的最佳分布函数,如图 3-23(a)中的虚线所示,即最佳分布函数为 Rosin-Rammler 分布,其参数为 $\overline{D} = 210.11 \times 10^{-6}$ 和 $\sigma = 1.89$。

由于液固分散流的超声衰减较大,为了确保超声信号的传输质量,采用相同的聚苯乙烯颗粒样品,分别在较低的三种分散相含率(0.76%、1.01%和 1.90%)下进行测试,并对三种分散相含率的液固分散流分别进行 15 次重复实验。通过基于 Chirp 信号的扫频模式解调所得不同分散相含率下的多频超声衰减,如图 3-23(b)所示。

图 3-23(b)描述了液固分散流在三种分散相含率下不同频率所对应的超声衰减,其中采用箱线图的形式显示了中位数与上、下四分位数,以及最大值和最小

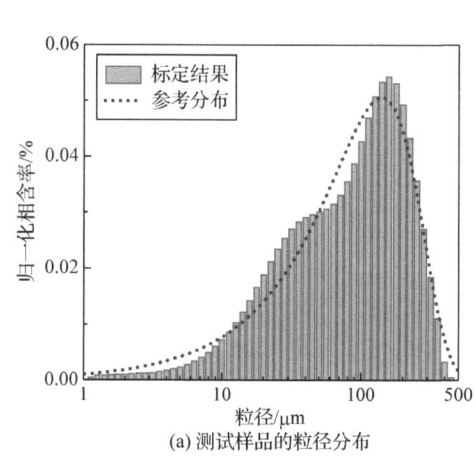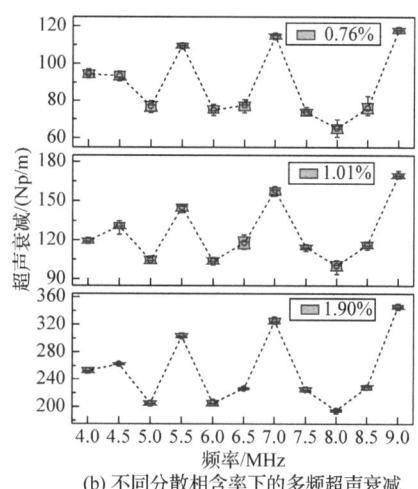

图 3-23 测试样品的粒径分布及其不同分散相含率下的多频超声衰减

值,以反映测量数据的分布。随着分散相含率的增加,相同频率所对应的超声衰减也在增加。同时,在一定的分散相含率下,超声衰减随着频率的变化而波动,该超声变化规律为超声衰减的共振现象,即超声衰减受波长与颗粒大小的比例影响而波动[73,74]。

利用不同频率所对应的衰减平均值,根据式(3-49)进行反演,以表征粒径分布,即分形修正衰减模型作为正向求解器,其中基于多分布函数的 CMA-ES 作为反向求解器。反演问题中的反演目标为三个参数,即尺寸参数 $\overline{D}$、分布参数 σ,以及分形维度 R_f。CMA-ES 中的参数依据自适应策略,在迭代过程中进行自适应调整,不需要寻找合适的算法参数[75]。对于 CMA-ES,其收敛精度和最大迭代次数分别设为 1×10^{-9} 和 1500。由于测量误差的存在,目标函数往往收敛不到所设置的收敛计算精度。当满足最大迭代次数时,最终的目标函数值将减少到一个相对最小的值,并利用该值判断最佳粒径分布函数。

同时,利用式(3-35)所示的相关系数 κ 和式(3-36)所示的累计误差 ε 来评价三个分布函数的反演结果。多分布函数 CMA-ES 的反演结果如表 3-7 所示。参考分布指的是实验样品标定值的最佳拟合函数分布。反演结果中 Rosin-Rammler 分布最好,相关系数高于 98%,累计误差小于 0.15,其次是对数正态分布,正态分布最差。最佳的反演结果与参考分布的分布函数相同且参数基本一致。因此,基于多分布函数的 CMA-ES 通过不同约束函数的竞争,可以有效地确定最优粒径分布函数。

表 3-7 多分布函数 CMA-ES 的反演结果

相含率 ϕ/%	设定分布	$\overline{D}$ /×10⁻⁶	σ	R_f	κ /%	ε
0.0031	参考分布(R-R)	210.11	1.89	—	98.93	0.12

续表

相含率φ/%	设定分布	$\overline{D}/\times 10^{-6}$	σ	R_f	κ/%	ε
0.76	R-R	206.64	2.02	0.129	98.56	0.15
	L-N	139.99	2.09	0.185	90.53	0.42
	N	149.30	103×10⁻⁶	0.168	83.86	0.60
1.01	R-R	213.96	1.88	0.347	98.95	0.13
	L-N	124.14	2.12	0.262	92.68	0.37
	N	151.27	99×10⁻⁶	0.309	86.57	0.57
1.90	R-R	197.24	1.99	0.413	98.52	0.15
	L-N	119.80	1.96	0.305	92.13	0.42
	N	134.28	106×10⁻⁶	0.334	73.12	0.67

以分散相含率为 1.01%的样品为例，未修正的预测超声衰减和分形修正模型所得液固分散流的测量衰减与预测衰减的对比如图 3-24 所示，相比于未修正的预测超声衰减，分形修正后的超声衰减与实验数据更为一致；而多分布函数约束下的反演结果如图 3-25 所示，可以直观地看出 Rosin-Rammler 函数与其他两个分布函数相比，更符合实际分布。

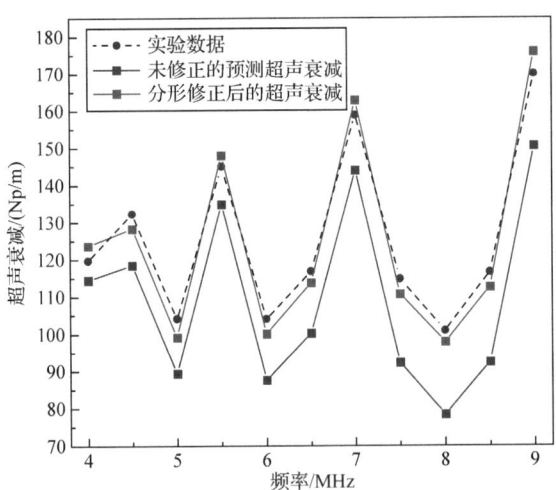

图 3-24 液固分散流的测量衰减与预测衰减的对比

将不同分散相含率下的反演结果进行归一化处理，并与马尔文 Mastersizer 2000 激光粒度仪标定结果进行对比，实验样品在不同分散相含率下的归一化反演结果如图 3-26 所示。尽管在不同分散相含率下，扫频超声衰减法所测的粒径分布结果略有不同，但测量的分布函数与标定结果基本一致。对于不同分散相含率所

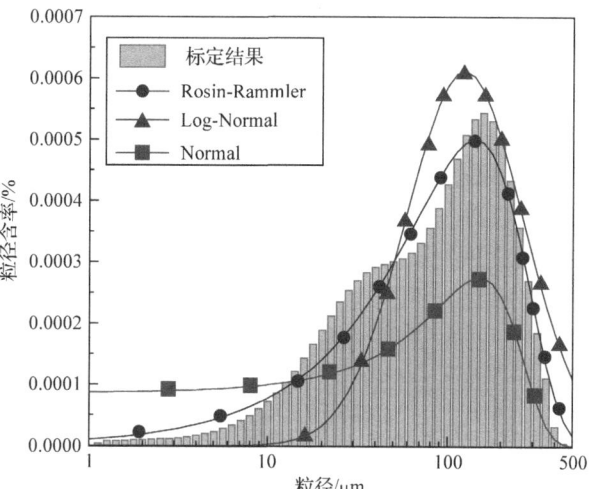

图 3-25 多分布函数约束下的反演结果

对应的粒径分布，尺寸参数 $\overline{D}$ 的最大差异为 16.72×10^{-6}，分布参数 σ 的最大差异为 0.14，处于可接受的误差范围。反演结果的评价指标如表 3-8 所示，反演的粒径分布结果相关系数高，累计误差小，即相关系数 κ 均高于 98%，累计误差 ε 小于 0.15。

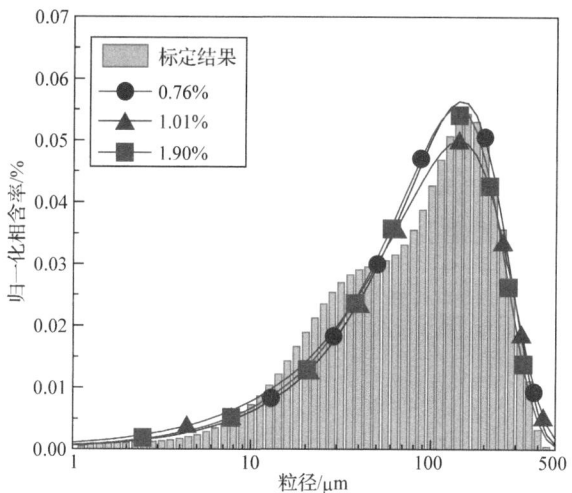

图 3-26 实验样品在不同分散相含率下的归一化反演结果

表 3-8 反演结果的评价指标

评价指标	相含率		
	$\phi = 0.76\%$	$\phi = 1.01\%$	$\phi = 1.90\%$
κ /%	98.56	98.95	98.52
ε	0.15	0.13	0.15

3.4 本章小结

本章介绍了基于多频超声衰减测量法的油水两相分散流分散相滴径分布检测理论、正演模型及反演算法。重点介绍了适用于均匀相分布情况下相含率反演的 TR-GQPSO 融合算法和适用于非均匀相分布情况下的 CMA-ES 反演算法。实验结果表明，均匀相分布条件下所测相含率的最大测量误差在 3.67% 以内；非均匀相分布条件下所测粒径分布与标定结果的相关系数高于 98%，累计误差小于 0.15。

参 考 文 献

[1] Furlan J M, Mundla V, Kadambi J, et al. Development of A-scan ultrasound technique for measuring local particle concentration in slurry flows. Powder Technology, 2012, 215:174-184.

[2] Miyague A H, Pavan T Z, Grillo F W, et al. Influence of attenuation on three-dimensional power Doppler indices and STIC volumetric pulsatility index: A flow phantom experiment. Ultrasound in Obstetrics & Gynecology, 2014, 43(1): 103-105.

[3] Xu L J, Han Y T, Xu L G, et al. Application of ultrasonic tomography to monitoring gas/liquid flow. Chemical Engineering Science, 1997, 52(13): 2171-2183.

[4] Li W, Hoyle B S. Ultrasonic process tomography using multiple active sensors for maximum real-time performance. Chemical Engineering Science, 1997, 52(13): 2161-2170.

[5] Langener S, Musch T, Ermert H, et al. Simulation of full-angle ultrasound process tomography with two-phase media using a ray-tracing technique//2014 IEEE International Ultrasonics Symposium, Chicago, 2014: 57-60.

[6] Shukla A. Ultrasonic techniques for dispersed phase characterization. London: The University of Western Ontario, 2007.

[7] Povey M J W. Ultrasound particle sizing: A review. Particuology, 2013, 11(2): 135-147.

[8] McClements D J. Principles of ultrasonic droplet size determination in emulsions. Langmuir, 1996, 12(14): 3454-3461.

[9] Allegra J R, Hawley S A. Attenuation of sound in suspensions and emulsions: Theory and experiments. The Journal of the Aconstical Society of Amenica, 1972, 51(5): 1545-1564.

[10] Epstein P S, Carhart R R. The absorption of sound in suspensions and emulsions. I. water fog in air. The Journal of the Acoustical Society of America, 1953, 25(3): 553-565.

[11] Su M X, Cai X S, Xue M H, et al. Particle sizing in dense two-phase droplet systems by ultrasonic attenuation and velocity spectra. Science in China Series E: Technological Sciences, 2009, 52(6): 1502-1510.

[12] Babick F, Hinze F, Stintz M, et al. Ultrasonic spectrometry for particle size analysis in dense submicron suspensions. Particle & Particle Systems Characterization, 1998, 15(5): 230-236.

[13] Dukhin A S, Goetz P J. Acoustic spectroscopy for concentrated polydisperse colloids with high density contrast. Langmuir, 1996, 12(21): 4987-4997.

[14] Waterman P C, Truell R. Multiple scattering of waves. Journal of Mathematical Physics, 1961, 2(4): 512-537.
[15] Lloyd P, Berry M V. Wave propagation through an assembly of spheres: IV. relations between different multiple scattering theories. Proceedings of the Physical Society, 1967, 91(3): 678-688.
[16] McClements D J, Povey M J W. Ultrasonic analysis of edible fats and oils. Ultrasonics, 1992, 30(6): 383-388.
[17] Evans J M, Attenborough K. Coupled phase theory for sound propagation in emulsions. The Journal of the Acoustical Society of America, 1997, 102(1): 278-282.
[18] Kisco M, Dukhin A S, Goetz P J. Ultrasound for Characterizing Colloids: Particle Sizing, Zeta Potential Rheology. San Diego: Elsevier, 2002.
[19] Dukhin A S, Goetz P J. Acoustic and electroacoustic spectroscopy for characterizing concentrated dispersions and emulsions. Advances in Colloid and Interface Science, 2001, 92(1-3): 73-132.
[20] Riebel U, Löffler F. The fundamentals of particle size analysis by means of ultrasonic spectrometry. Particle & Particle Systems Characterization, 1989, 6(1-4): 135-143.
[21] Hay A E, Mercer D G. On the theory of sound scattering and viscous absorption in aqueous suspensions at medium and short wavelengths. The Journal of the Acoustical Society of America, 1985, 78(5): 1761-1771.
[22] Richter A, Babick F, Stintz M. Polydisperse particle size characterization by ultrasonic attenuation spectroscopy in the micrometer range. Ultrasonics, 2006, 44: 483-490.
[23] Liu H, Tan C, Ren S J, et al. Real-time reconstruction for low contrast ultrasonic tomography using continuous-wave excitation. IEEE Transactions on Instrumentation and Measurement, 2020, 69(4): 1632-1642.
[24] Hemar Y, Herrmann N, Lemaréchal P, et al. Effective medium model for ultrasonic attenuation due to the thermo elastic effect in concentrated emulsions. Journal De Physique II, 1997, 7(4): 637-647.
[25] Yu H, Tan C, Dong F. Measurement of particle concentration by multifrequency ultrasound attenuation in liquid-solid dispersion. IEEE Transactions on Ultrasonics, Ferroelectrics, and Frequency Control, 2021, 68(3): 843-853.
[26] Yang X, Li Y L, Li S Y, et al. Effects of ultrasound pretreatment with different frequencies and working modes on the enzymolysis and the structure characterization of rice protein. Ultrasonics Sonochemistry, 2017, 38:19-28.
[27] Xu Y Q, Guan Z C, Xu C B, et al. Numerical simulation method of ultrasonic wave propagation in gas-liquid two-phase flow of deepwater riser. Mechanical Systems and Signal Processing, 2019, 118:78-92.
[28] Yu H, Tan C, Dong F. Measurement of oil fraction in oil-water dispersed flow with swept-frequency ultrasound attenuation method. International Journal of Multiphase Flow, 2020, 133:103444.
[29] Riebel U, Kräte U. Extinction of radiations in sterically interacting systems of monodisperse spheres. Part 1: Theory. Particle & Particle Systems Characterization, 1994, 11(3): 212-221.
[30] McClements D J. Ultrasonic characterisation of emulsions and suspensions. Advances in Colloid

and Interface Science, 1991, 37(1-2): 33-72.

[31] Urick R J, Ament W S. The propagation of sound in composite media. The Journal of the Acoustical Society of America, 1949, 21(1): 62.

[32] Riebel U. An experiment on averaging in extinction measurements. Particle & Particle Systems Characterization, 1998, 15(6): 251-256.

[33] Challis R E, Povey M W, Mather M L, et al. Ultrasound techniques for characterizing colloidal dispersions. Reports on Progress in Physics, 2005, 68(7): 1541-1637.

[34] 孙峰, 孙伟. 基于粒子群-信赖域的金属极化曲线拟合算法. 计算机应用与软件, 2019, 36(11): 280-285.

[35] Tharwat A, Hassanien A E. Quantum-behaved particle swarm optimization for parameter optimization of support vector machine. Journal of Classification, 2019, 36(3): 576-598.

[36] Lu X L, He G. QPSO algorithm based on Lévy flight and its application in fuzzy portfolio. Applied Soft Computing, 2021, 99: 106894.

[37] Paolinelli L D, Rashedi A, Yao J. Characterization of droplet sizes in large scale oil-water flow downstream from a globe valve. International Journal of Multiphase Flow, 2018, 99:132-150.

[38] 吕宇玲, 何利民, 何正榜, 等. 水平管油水分散流液滴粒径及其分布规律研究. 工程热物理学报, 2012, 33(3): 449-453.

[39] Perez C A. Horizontal pipe separator (HPS) experiments and modeling. Tulsa: The University of Tulsa, 2005.

[40] 吕宇玲. 油水两相分散流的液滴特征与压降规律研究. 东营: 中国石油大学(华东), 2012.

[41] Grosso V A D, Mader C W. Speed of sound in pure water. The Journal of the Acoustical Society of America, 1972, 52(5): 1442-1446.

[42] Kaye G W C, Laby T H. Tables of physical and chemical constants. Journal of the Röntgen Society, 1921, 17(67): 92-93.

[43] Williams M L. Handbook of Chemistry and Physics. New York: CRC Press, 1996.

[44] 国家能源局. NB/SH/T 0006—2017 工业白油. 北京: 中国石化出版社, 2018.

[45] Hanafizadeh P, Eshraghi J, Nazari Y, et al. Light oil-gas two-phase flow pattern identification in different pipe orientations: An experimental approach. Scientia Iranica, 2017, 24(5): 2445-2456.

[46] Trallero J L, Sarica C, Brill J P. A study of oil-water flow patterns in horizontal pipes. SPE Production & Facilities, 1997, 12(3): 165-172.

[47] Faran J J. Sound scattering by solid cylinders and spheres. The Journal of the Acoustical Society of America, 1951, 23(4): 405-418.

[48] Dukhin A S, Goetz P J. New developments in acoustic and electroacoustic spectroscopy for characterizing concentrated dispersions. Colloids and Surfaces A: Physicochemical and Engineering Aspects, 2001, 192(1-3): 267-306.

[49] 苏明旭, 周健明, 汪雪, 等. 超声谱法在颗粒两相流测量中的应用进展. 中国粉体技术, 2016, 22(5): 22-27.

[50] Tashiro H, Peng X, Tomita Y. Numerical prediction of saltation velocity for gas-solid two-phase flow in a horizontal pipe. Powder Technology, 1997, 91(2): 141-146.

[51] Fokeer S, Kingman S, Lowndes I, et al. Characterisation of the cross sectional particle

concentration distribution in horizontal dilute flow conveying-a review. Chemical Engineering and Processing: Process Intensification, 2004, 43(6): 677-691.

[52] McClements D T, Herrmann N, Hemar Y. Influence of flocculation on the ultrasonic properties of emulsions: Theory. Journal of Physics D: Applied Physics, 1998, 31(20): 2950-2955.

[53] Zou B, Li H Z, Xia Y S, et al. Cluster structure in a circulating fluidized bed. Powder Technology, 1994, 78(2): 173-178.

[54] Liang D, He Z Z, Xu L, et al. Effect of particle size distribution on radiative heat transfer in high-temperature homogeneous gas-particle mixtures. Transactions of Nanjing University of Aeronautics and Astronautics, 2019, 36(5): 733-746.

[55] 王红霞, 马进, 宋仔标, 等. 分形凝聚粒子的光散射特性研究. 光学学报, 2011, 31(3): 292-297.

[56] Zhang H X, Zhai L S, Han Y F, et al. Response characteristics of coaxial capacitance sensor for horizontal segregated and non-uniform oil-water two-phase flows. IEEE Sensors Journal, 2017, 17(2): 359-368.

[57] Qian Z W. Fractal dimensions of sediments in nature. Physical Review E, 1996, 53(3): 2304-2306.

[58] Mandelbrot B B. The Fractal Geometry of Nature. New York: WH Freeman, 1982.

[59] Yu H, Tan C, Dong F. Particle size characterization in liquid-solid dispersion with aggregates by broadband ultrasound attenuation. IEEE Transactions on Instrumentation and Measurement, 2021, 70: 7501611.

[60] 何桂春, 倪文, 梁雪梅. 基于分形修正的超声波衰减-粒度建模. 金属矿山, 2006, (4): 50-54.

[61] Wang Q, Attenborough K, Woodhead S. Particle irregularity and aggregation effects in airborne suspensions at audio- and low ultrasonic frequencies. Journal of Sound and Vibration, 2000, 236(5): 781-800.

[62] Temkin S, Dobbins R A. Attenuation and dispersion of sound by particulate-relaxation processes. The Journal of the Acoustical Society of America, 1966, 40(2): 317-324.

[63] Smit S K, Eiben A E. Beating the 'world champion' evolutionary algorithm via REVAC tuning// IEEE Congress on Evolutionary Computation, Barcelona, 2010: 1-8.

[64] Jin Y C. Surrogate-assisted evolutionary computation: Recent advances and future challenges. Swarm and Evolutionary Computation, 2011, 1(2): 61-70.

[65] Xu L J, Xin L, Cao Z. L1-norm-based reconstruction algorithm for particle sizing. IEEE Transactions on Instrumentation and Measurement, 2012, 61(5): 1395-1404.

[66] Liang Y J, Wang X F, Zhao H, et al. A covariance matrix adaptation evolution strategy variant and its engineering application. Applied Soft Computing, 2019, 83: 105680.

[67] Hansen N. Towards a New Evolutionary Computation. Berlin: Springer-Verlag, 2006.

[68] Gladwell N R, Javanaud C, Anson L W, et al. Measurement and Interpretation of Ultrasonic Velocity and Attenuation in Low Concentration Polystyrene Dispersions. Guildford: Butterworth, 1987.

[69] Challis R E, Tebbutt J S, Holmes A K. Equivalence between three scattering formulations for ultrasonic wave propagation in particulate mixtures. Journal of Physics D Applied Physics, 1998, 31(24): 3481-3497.

[70] Israelachvili J N. Intermolecular and Surface Forces. London: Academic Press, 1985.

[71] Mobley J, Waters K R, Hall C S, et al. Measurements and predictions of the phase velocity and

attenuation coefficient in suspensions of elastic microspheres. The Journal of the Acoustical Society of America, 1999, 106(2): 652-659.

[72] Hibberd D J, Robinson B H, Robins M M. Ultrasonic characterisation of colloidal dispersions: Detection of flocculation and adsorbed layers. Colloids and Surfaces B: Biointerfaces, 1999, 12(3-6): 359-371.

[73] Richter A, Babick F, Ripperger S. Polydisperse particle size characterization by ultrasonic attenuation spectroscopy for systems of diverse acoustic contrast in the large particle limit. The Journal of the Acoustical Society of America, 2005, 118(3): 1394-1405.

[74] Mori H, Norisuye T, Nakanishi H, et al. Ultrasound attenuation and phase velocity of micrometer-sized particle suspensions with viscous and thermal losses. Ultrasonics, 2018, 83:171-178.

[75] Arabas J, Jagodziński D. Toward a matrix-free covariance matrix adaptation evolution strategy. IEEE Transactions on Evolutionary Computation, 2020, 24(1): 84-98.

第4章　超声反射测量法

在声阻抗差异较大的流体界面处,超声会产生较强的反射效应,因此可利用反射波的渡越时间(time of flight,TOF)来获取界面位置。此外,反射波的幅值与频率也会随流体的声阻抗、流速等产生变化,因此该方法在气液两相流、气液液三相流以及气液固三相流的在线检测中有广泛的应用前景。

4.1　超声反射法气液界面检测原理

4.1.1　声波的反射现象和透射现象

当超声从一种介质传播到另一种介质中时,声波的一部分能量穿过界面透射到另一介质(透射波)中,而另一部分能量返回到原介质(反射波)中,称为超声的透射现象和反射现象。在两相界面处声波的透射规律与反射规律如图 4-1 所示,其中,θ_i、θ_r 和 θ_t 分别为入射角、反射角和折射角。

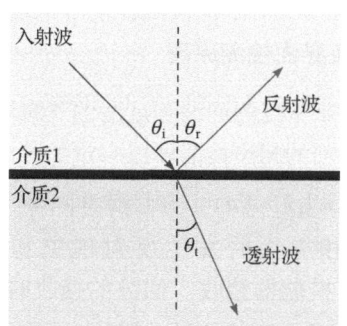

图 4-1　声波的透射规律与反射规律

根据反射定律,入射角等于反射角,即 $\theta_i = \theta_r$。研究声波在穿过界面前后的声压变化对于回波的有效利用有重要意义,其与界面两侧声阻抗差异和入射角度有关,常用声压的透射率 U_t 和反射率 U_r 来衡量[1],即

$$U_r = \frac{P_r}{P_{in}} = \frac{Z_2 \cos\theta_i - Z_1 \cos\theta_t}{Z_2 \cos\theta_i + Z_1 \cos\theta_t} = \frac{\rho_2 c_2 \cos\theta_i - \rho_1 c_1 \cos\theta_t}{\rho_2 c_2 \cos\theta_i + \rho_1 c_1 \cos\theta_t} \tag{4-1}$$

$$U_{\mathrm{t}} = \frac{P_{\mathrm{t}}}{P_{\mathrm{in}}} = \frac{2Z_2 \cos\theta_i}{Z_2 \cos\theta_i + Z_1 \cos\theta_t} = \frac{2\rho_2 c_2 \cos\theta_i}{\rho_2 c_2 \cos\theta_i + \rho_1 c_1 \cos\theta_t} \tag{4-2}$$

式中，P_{in}、P_{r} 和 P_{t} 分别是入射声压、反射声压和透射声压；Z_1、ρ_1 和 c_1 分别是介质 1 的声阻抗、密度和声速；Z_2、ρ_2 和 c_2 分别是介质 2 的声阻抗、密度和声速。

当声波垂直入射时，声压的分配比例仅与介质的声阻抗有关。

声阻抗表征声波在介质中的传播能力，其与介质声速和密度有关。因此，不同介质通常具有不同的声阻抗，20℃时不同介质的声阻抗如表 4-1 所示。因此，当声波在流体中传播时，遇到气液界面或液液界面时，由于界面两侧的声阻抗差异不同，声压会产生不同的重新分配。油与水的声阻抗相近，声波在油水界面的透射能量比反射能量高；而气与液的声阻抗差异很大，声波在气液界面的反射能量远高于透射能量。因此，基于超声反射法的多相流参数测量多应用于气液两相流、油气水三相流或气液固三相流中，检测气液界面位置或含气率，以保证较强的回波能量和较高的信噪比，从而提高测量精度。

表 4-1 20℃时不同介质的声阻抗

介质(20℃)	密度/(kg/m³)	声速/(m/s)	声阻抗/(MPa·s/m²)
空气	1.293	342	4.42×10⁻⁴
水	1000	1480	1.48
轻油	900	1220	1.10

4.1.2 基于回波强度的气液界面检测原理

以气液分层流为例，对基于反射回波强度法的气液界面检测原理进行说明。如图 4-2 所示，安装在管道底部的超声换能器以一定的脉冲重复频率 f_{prf} 向流体中发射固定频率的超声脉冲 $P_i(i=1,2,\cdots,n)$，并在脉冲间隔内对回波进行接收。当声波在流体中传播时，遇到相界面时发生反射现象和透射现象，返回的声波 $R_i(i=1,2,\cdots,n)$ 被同一超声换能器接收。回波的接收时刻反映了声波在何时被反射，因此可利用超声激励信号与回波信号之间的时间偏移 $T_i(i=1,2,\cdots,n)$，即渡越时间，计算相界面的位置[2,3]，即

$$H_i = \frac{1}{2} c T_i \tag{4-3}$$

式中，c 为超声在介质中的传播速度。

4.1.3 基于 AIC 的渡越时间获取方法

准确可靠的超声渡越时间获取方法是利用超声反射法重建相界面位置的关键。

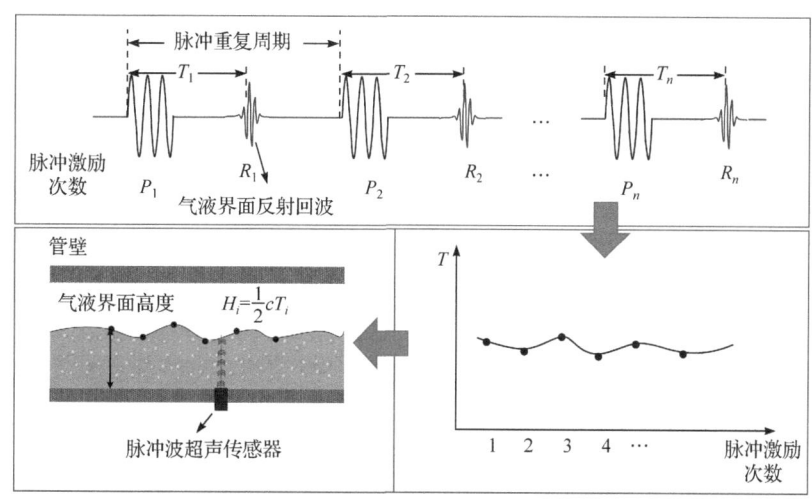

图 4-2 基于回波强度法的气液界面检测原理

传统的超声渡越时间获取方法有阈值法[4]、窗函数法[5]、相关测速法[6]、赤池信息量准则(Akaike information criterion，AIC)法[7]等。下面对这些方法进行简单介绍。

阈值法通过检测信号的幅值或能量大于预设门限阈值的时间点，来确定超声渡越时间[8]。阈值法原理简单、计算量较少，广泛运用于传统超声渡越时间的检测之中。阈值法的关键在于阈值的选择，既需要考虑超声信号强度防止漏检，又需要确保大于噪声门限防止误检。在多相流检测中，复杂多变的多相流流动对超声传播影响较大，接收信号强度与信噪比并不稳定，因此难以准确预设阈值。针对这一问题，目前多采用动态阈值法[9]与相对阈值法[10]等。此外，研究人员开发了双阈值法等先进的阈值使用方法，提高渡越时间的检测精度与稳定性[4]。然而，基于阈值法的渡越时间的检测精度受随机噪声影响较大，当测量信噪比低、干扰大、波形畸变严重时，阈值法的结果会有较大误差，不能满足反射法多相流检测的精度要求。

窗函数法通过计算窗内整段信号的平均幅值或加权信号强度来判断超声信号的到达时间，相比于阈值法，窗函数法能够极大地提高渡越时间估计的抗噪性能[11]；在此基础上，又可引入特征函数来提取窗内信号的时域、频域、统计特征作为渡越时间估计的依据，进一步提高了渡越时间的估计精度[12]。然而，以上所述的窗函数法仍然需要对窗内信号的加权幅值或特征函数值设定阈值，对于多相流检测，单一阈值同样不适用。因此，出现了短时窗平均(short term averaging，STA)/长时窗平均(long term averaging，LTA)算法[5]，其基本思想是通过两个长短窗函数分别捕捉背景噪声信息与信号特征信息，再通过长短窗函数比值的最大点来确定渡越时间。无论是传统窗函数法还是STA/LTA算法，其窗函数长度是渡越时间准确估计的关键。窗口太长会降低渡越时间检测的灵敏度，而窗口太短又会影响鲁棒性与抗噪性能，二者难以兼得。

相关测速法利用超声信号与参考信号的互相关函数，通过信号相似性来计算二者之间的时延以获取超声渡越时间[6]。针对不同的应用场景，参考信号可以是超声激励信号，也可以是标定测量信号。选取参考信号的基本原则在于保证超声测量信号与参考信号的一致性，即超声测量信号与参考信号波形相似，没有明显波形畸变。相关测速法对随机噪声的抗干扰能力较强，且不需要预设阈值参数。但在多相流超声检测中，超声测量信号难免会产生波形畸变，导致相关测速法的渡越时间的检测精度不足。

基于AIC的渡越时间获取方法对超声测量信号中的波形畸变与噪声干扰具有较强的自适应性，适用于多相流超声反射法的渡越时间计算[7]。本节将重点介绍该方法的基本原理。

基于AIC的渡越时间计算方法利用AIC曲线最小值寻找出测量信号的最优分隔点，使该点前后两段超声信号强度相差最大，该点即超声信号到达时间。对于长度为N个采样点的超声信号，将其第k点的AIC方程数值定义为

$$\mathrm{AIC}(k) = k\log\left(\sigma_{1,k}^2\right) + (N-k)\log\left(\sigma_{k+1,N}^2\right) \tag{4-4}$$

式中，$\sigma_{1,k}^2$和$\sigma_{k+1,N}^2$分别为以k为分割点的前后两段信号的方差。

受随机噪声干扰，AIC函数在到达点附近会出现多个峰值，从而影响最终渡越时间的检测。针对这一问题，加权赤池信息量准则(weighted Akaike information criterion, WAIC)通过计算每个信号采样点的AIC权重，来进一步提高渡越时间检测的抗噪性能。AIC权重定义为

$$w(k) = \frac{\exp\left[-\Delta\mathrm{AIC}(k)\right]}{\sum_{i=1}^{N}\exp\left[-\Delta\mathrm{AIC}(i)\right]} \tag{4-5}$$

式中，$\Delta\mathrm{AIC}(k)$的表达式为

$$\Delta\mathrm{AIC}(k) = \mathrm{AIC}(k) - \mathrm{AIC}_{\min} \tag{4-6}$$

基于WAIC的渡越时间$\hat{k}$可以通过式(4-7)计算得出，基于WAIC的渡越时间获取如图4-3所示。

$$\hat{k} = \sum_{k=1}^{N} w(k)k \tag{4-7}$$

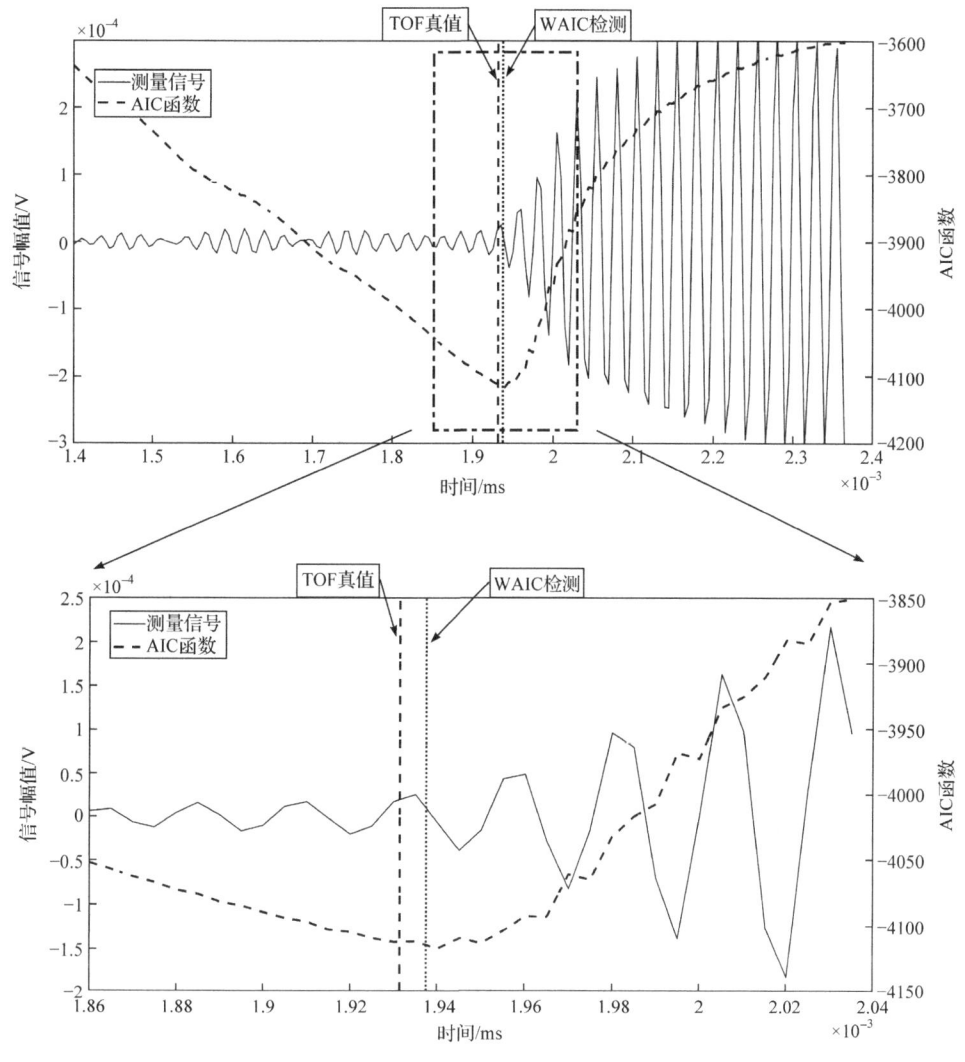

图 4-3 基于 WAIC 的渡越时间获取

4.2 超声反射法在多相流测量中的应用

4.2.1 传感器结构和测量原理

本节讨论超声反射法在水平管道油气水三相分层流的气液界面位置与含气率测量中的应用效果。油气水三相水基分散波状流是一种在低流速条件下常见的分层流型,油气水三相水基分散波状流的流动状态如图 4-4 所示。气液之间呈现分层的流动结构,即密度较小的气相沿管道顶部流动,密度较大的液相沿管道底部流动;而液液之间呈分散流动结构,即油相以离散液滴的形式分散于连续的水相中,并且其浓度分布因油水密度差异而具有一定的径向梯度。同时,气液界面存在不规则的界面波动。

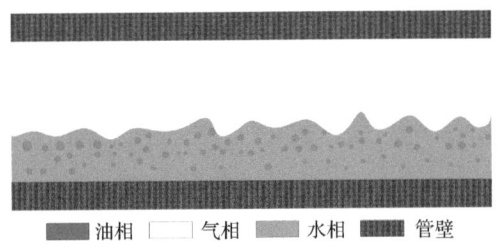

图 4-4 油气水三相水基分散波状流的流动状态

气液界面的随机波动会改变超声在界面处的入射角和反射角,因此在传统单探头垂直入射条件下存在气液界面反射回波的漏检。为减小因回波漏检引起的测量误差,设计由三个以一定夹角安装于同一管道截面上的超声换能器组成的新型传感器结构[13],如图 4-5 所示。其中,探头 T/R 位于管道底部,同时作为脉冲发射器和回波接收器;而与之左右毗邻的 R1 和 R2 仅作为回波接收器。

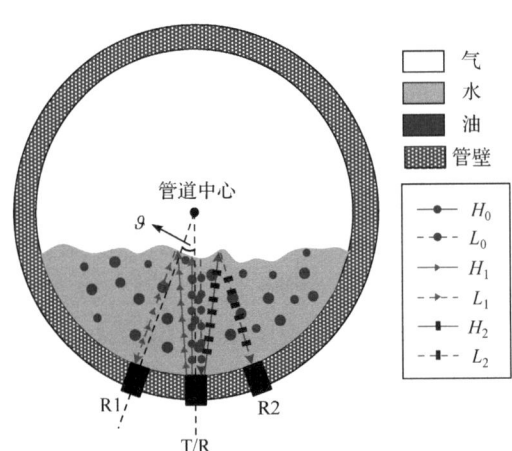

图 4-5 一发三收式脉冲波超声传感器结构

一发三收式脉冲波超声传感器采用一发三收的工作模式,即工作时首先由探头 T/R 以 10kHz 的脉冲重复频率向流体中发射频率为 1MHz 的 4 周期超声脉冲,并在脉冲发射间隔内由探头 T/R、R1 及 R2 同时接收回波。在油气水三相分层流中,气液界面两侧的声阻抗差异明显大于油水界面两侧的声阻抗差异,因此气液界面反射的回波强度远大于油水界面反射的回波强度。根据 4.1.2 节所述的脉冲回波强度原理,可对不同探头接收到的回波分别计算渡越时间用于获取气液界面高度。由图4-5可知,各渡越时间与气液界面高度之间的关系[14]可表示为

$$\begin{cases} H_1 + L_1 = c\Delta t_1 \\ H_2 + L_2 = c\Delta t_2 \\ H_0 + L_0 = c\Delta t_0 \end{cases} \quad (4\text{-}8)$$

式中,H_1、H_2 和 H_0 分别为由探头 R1、R2 和 T/R 测量的气液界面高度;Δt_1、Δt_2 和 Δt_0 分别为由探头 R1、R2 和 T/R 接收回波计算出的超声渡越时间;L_1、L_2 和 L_0 分别为探头 R1、R2 和 T/R 与各自接收声波在气液界面上的反射点之间的距离,具体表达式为

$$\begin{cases} L_1 = \sqrt{(R\sin\vartheta)^2 + \left[H_1 - R(1-\cos\vartheta)\right]^2} \\ L_2 = \sqrt{(R\sin\vartheta)^2 + \left[H_2 - R(1-\cos\vartheta)\right]^2} \end{cases} \quad (4\text{-}9)$$

式中,R 为管道半径;$\vartheta = 22.5°$ 为相邻探头之间的安装夹角。

因此,气液界面的平均高度 H_mean 可由式(4-10)计算,即

$$H_\text{mean} = \frac{1}{3}(H_1 + H_2 + H_0) \quad (4\text{-}10)$$

进一步地,可利用平均气液界面高度 H_mean 对含气率 α_g 进行估计[14],即

$$\alpha_\text{g} = \begin{cases} 1 - \left[\dfrac{\gamma}{360}A - R(R - H_\text{mean})\sin\left(\dfrac{\gamma}{2}\right)\right]\Big/A, & H_\text{mean} < R \\ \left[\dfrac{\gamma}{360}A - R(H_\text{mean} - R)\sin\left(\dfrac{\gamma}{2}\right)\right]\Big/A, & H_\text{mean} \geqslant R \end{cases} \quad (4\text{-}11)$$

式中,γ 为气液界面高度所在位置的弦长所对应的圆心角,且 $\gamma < 180°$,具体表达式为

$$\gamma = 2\arccos\left(\frac{|R - H_\text{mean}|}{R}\right) \quad (4\text{-}12)$$

4.2.2 实验设置

油气水多相流实验装置如图4-6所示,流体输送管道为内径 50mm 的不锈钢管,多相流入口至出口的管道总长约为 16.6m,由两截长约 7m 的直管和一截长约 2.6m 的弯管组成。实验中所用流体分别为自来水(密度为 998kg/m^3,动力黏度为 1.01×10^{-3}Pa·s)、15#工业白油(密度为 790kg/m^3,动力黏度为 3.9×10^{-2}Pa·s)和干燥空气(密度为 1.2kg/m^3,动力黏度为 1.81×10^{-5}Pa·s)。各相通过一个 T 型混合

器实现混合，在多相流混合之前，通过阀门对每一相的流量进行控制，并使用标准单相流量计(精度为±0.5%)对各相流量进行测量。在装置出口处，气体被直接排放到大气中，而油水混合物被送入油水分离罐，经重力分离后，油和水分别被泵回储油罐和储水罐以供下次实验重复使用。

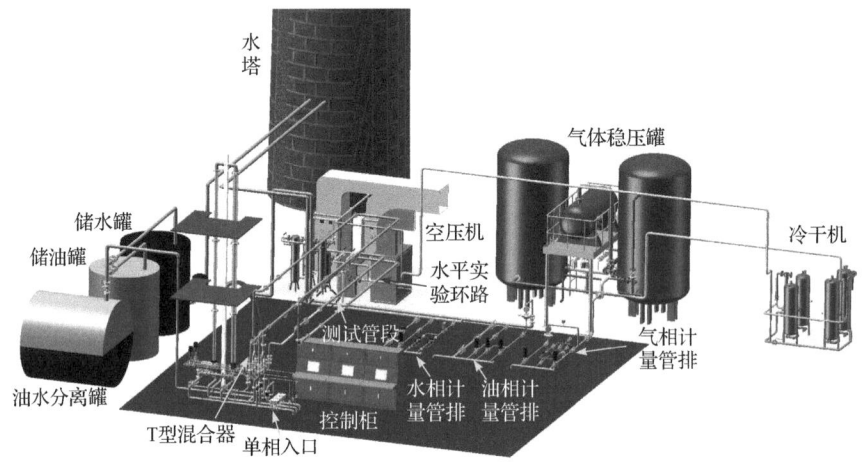

图 4-6　油气水多相流实验装置

通过调节各相的流量配比形成油气水三相水基分散波状流。实验中水流量的变化范围为 0.20～0.60m^3/h，油流量的变化范围为 0.20～0.91m^3/h，标况下气流量的变化范围为 44.30～82.60m^3/h。如图 4-5 所示的脉冲波超声传感器安装于水平环路中下游的测试管段以获取流型充分发展后的气液界面高度与含气率。此外，在测试管段同时安装环形电导传感器用于含水率的获取[14,15]。因此，两种传感器相结合可实现油气水三相水基分散波状流的分相含率测量。同时，在测试管段上游 0.5m 的地方安装透明视窗，并采用色温为 5400K 的三色灯对透明视窗进行均匀照明以利用高速相机对流型进行观察和记录。

为对测量结果进行评价，在测试管段的下游安装快关阀用于获取管道内的真实相含率。当流体流经快关阀时，打开旁路电磁阀，并同时快速关闭位于主管道上、下游的电磁阀以完成对流体的随机截取；所截取的流体利用单独的气泵吹至量筒内完成计量。为减小随机误差，对每个流动状态截取三次并取平均值作为最终管道内实际相含率的标定值。

4.2.3　结果与分析

实验中观测到的油气水三相水基分散波状流流动图片如图 4-7(a)所示，含水率序列如图 4-7(b)所示。受流动过程中气液界面明显的起伏波动及小尺寸油滴的微小扰动的共同影响，环形电导传感器测量得到的含水率序列呈现较大幅度的低频波动(气液界面引起),同时叠加小幅度的高频波动(离散油滴引起)。一发三收式脉冲波超声传感器基于脉冲回波强度原理计算得到的气液界面高度序列与含气率序列分别如图 4-7(c)及图 4-7(d)所示。气液界面高度和含气率随气液界面的波动而波动,并与含水率序列中的大幅低频波动具有一定的对应关系[14]。

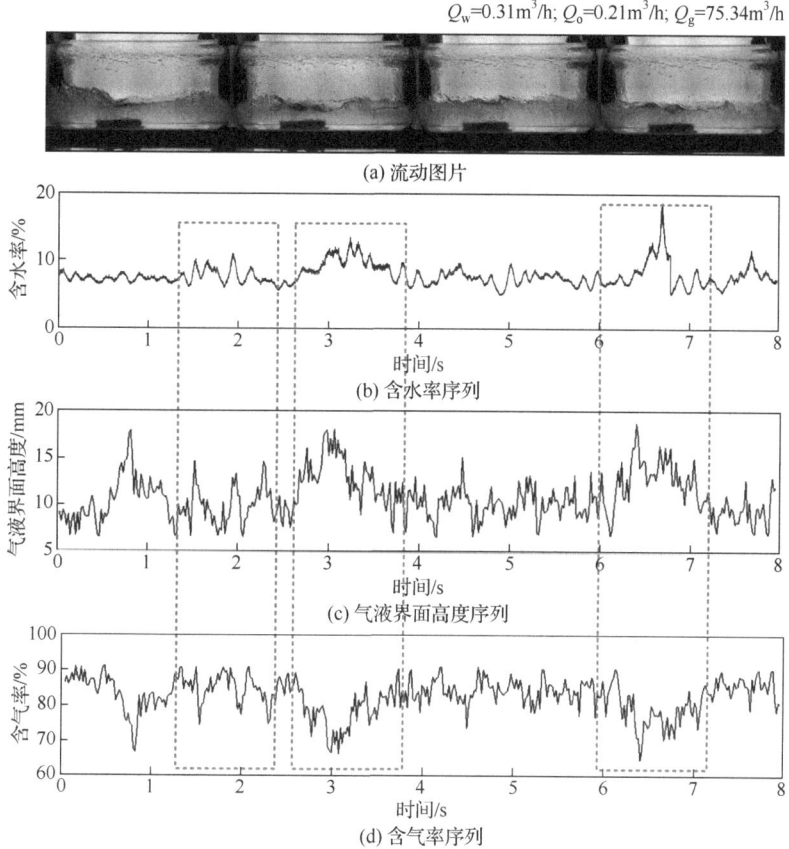

图 4-7 油气水三相水基分散波状流观测结果

为评价一发三收式脉冲波超声传感器对含气率测量的准确性,定义 WC 为油水两相中水的占比,其具体表达式为

$$\mathrm{WC} = \frac{\alpha_\mathrm{w}}{\alpha_\mathrm{o}+\alpha_\mathrm{w}} = \frac{\alpha_\mathrm{w}}{1-\alpha_\mathrm{g}} \tag{4-13}$$

式中,α_w 为环形电导传感器测量得到的含水率,其测量准确性已通过文献[15]得到验证。因此,α_g 可表示为

$$\alpha_\mathrm{g} = 1 - \frac{\alpha_\mathrm{w}}{\mathrm{WC}} \tag{4-14}$$

在实验过程中,通过快关阀对油气水三相水基分散波状流进行多次截取获得

WC，通过环形电导传感器获得 α_w，进而可通过式(4-14)获得含气率的参考值 α_{gref}。将其与一发三收式脉冲波超声传感器测量得到的含气率 α_{gmeas} 进行对比，结果如图 4-8 所示。

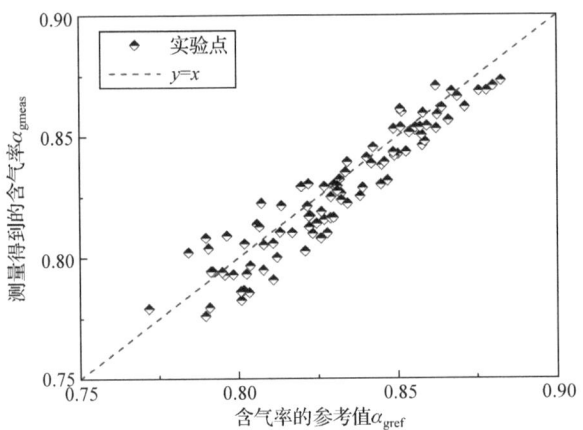

图 4-8　一发三收式脉冲波超声传感器的含气率测量结果

从图 4-8 中可知，通过一发三收式脉冲波超声传感器测量得到的含气率与含气率的参考值具有较好的一致性。定义误差的定量评价指标，即

$$\varepsilon(j) = \frac{\alpha_{gmeas}(j) - \alpha_{gref}(j)}{\alpha_{gref}(j)} \times 100\% \quad (4\text{-}15)$$

$$\bar{\varepsilon} = \frac{1}{M} \sum_{j=1}^{M} |\varepsilon(j)| \quad (4\text{-}16)$$

式中，$\varepsilon(j)$ 和 $\bar{\varepsilon}$ 分别为相对误差和平均相对误差；M 为总的实验点数。

一发三收式脉冲波超声传感器的含气率测量误差分布如图 4-9 所示，含气率

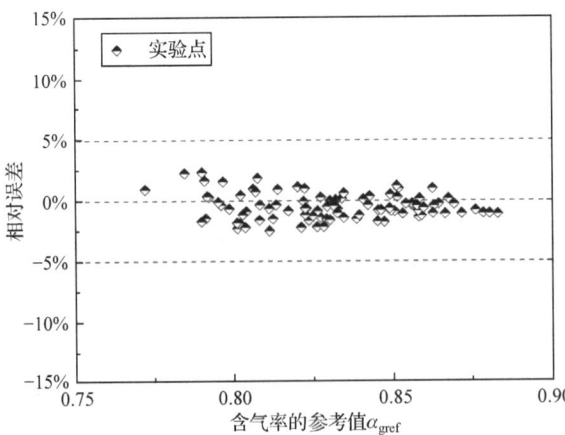

图 4-9　脉冲波超声传感器的含气率测量误差分布

的测量相对误差在 5%以内，平均相对误差为 0.97%，这表明一发三收式脉冲波超声传感器能够对油气水三相水基分散波状流的含气率进行准确测量。

4.3 本章小结

本章重点介绍了基于超声反射现象的气液界面检测方法，在该方法中，准确可靠的超声波渡越时间获取是实现气液界面位置重建的关键，所提 AIC 法对于回波信号中的波形畸变与噪声干扰具有较强的自适应性，能够有效提高渡越时间的获取精度。此外，气液界面的随机波动所造成的回波漏检是影响气液界面位置测量精度的重要因素，所提一发三收式脉冲波超声传感器结构为解决该问题提供了一种有效途径。

参 考 文 献

[1] 中国机械工程学会无损检测分会. 超声波检测. 2 版. 北京: 机械工业出版社, 2000.

[2] Al-Aufi Y A, Hewakandamby B N, Dimitrakis G, et al. Thin film thickness measurements in two phase annular flows using ultrasonic pulse echo techniques. Flow Measurement and Instrumentation, 2019, 66: 67-78.

[3] Hitomi J, Murai Y, Park H J, et al. Ultrasound flow-monitoring and flow-metering of air-oil-water three-layer pipe flows. IEEE Access, 2017, 5: 15021-15029.

[4] Fang Z H, Hu L, Mao K, et al. Similarity judgment-based double-threshold method for time-of-flight determination in an ultrasonic gas flowmeter. IEEE Transactions on Instrumentation and Measurement, 2017, 67(1): 24-32.

[5] Bormann P. New Manual of Seismological Observatory Practice (NMSOP-2). Potsdam: Deutsches Geo Forschungs Zentrum, 2012.

[6] Svilainis L, Lukoseviciute K, Dumbrava V, et al. Subsample interpolation bias error in time of flight estimation by direct correlation in digital domain. Measurement, 2013, 46(10): 3950-3958.

[7] Bao Y, Jia J B. Improved time-of-flight estimation method for acoustic tomography system. IEEE Transactions on Instrumentation and Measurement, 2020, 69(4): 974-984.

[8] Frederiksen T M, Howard W M. A single-chip monolithic sonar system. IEEE Journal of Solid-State Circuits, 1974, 9(6): 394-403.

[9] Fox J D, Khuri-Yakub B T, Kino G S. High-frequency acoustic wave measurements in air// 1983 Ultrasonics Symposium, Atlanta, 1983: 581-584.

[10] Zhu W J, Xu K J, Fang M, et al. Variable ratio threshold and zero-crossing detection based signal processing method for ultrasonic gas flow meter. Measurement, 2017, 103: 343-352.

[11] Akram J, Eaton D W. A review and appraisal of arrival-time picking methods for downhole microseismic data. Geophysics, 2016, 81(2): 71-91.

[12] Saragiotis C D, Hadjileontiadis L J, Panas S M. PAI-S/K: A robust automatic seismic P phase arrival identification scheme. IEEE Transactions on Geoscience and Remote Sensing, 2002,

40(6): 1395-1404.

[13] Hitomi J, Murai Y, Park H J, et al. Ultrasound flow-monitoring and flow-metering of air-oil-water three-layer pipe flows. IEEE Access, 2017, 5: 15021-15029.

[14] Shi X W, Tan C, Dong F, et al. Flow rate measurement of oil-gas-water wavy flow through a combined electrical and ultrasonic sensor. Chemical Engineering Journal, 2022, 427: 131982.

[15] Wu H, Tan C, Dong X X, et al. Design of a conductance and capacitance combination sensor for water holdup measurement in oil-water two-phase flow. Flow Measurement and Instrumentation, 2015, 46: 218-229.

第 5 章　连续波超声多普勒测量法

利用超声的多普勒效应可进行流速的测量。多普勒效应是指当声源与观测点之间存在相对运动时，观测点接收到的声波频率将发生变化，且频率的变化量(多普勒频移)与二者相对运动速度成正比。在多相流测量中，超声会在相界面处发生反射和散射现象，此时流体中的分散相成为次级声源，因此多普勒频移表征分散相的流动速度。超声多普勒技术分为连续波超声多普勒技术和脉冲波超声多普勒技术两种形式，前者连续发射和接收超声，且发射行为和接收行为隶属于不同的超声换能器；后者则以脉冲的形式发射声波，超声换能器工作模式为自发自收。

最初超声多普勒技术主要用于医学检测，如血液流速或疾病诊断等[1]。Brody等[2]以血流为基础，研究了多普勒频移的物理意义，即测试空间内分散相的平均真实流速。Ricci 等[3]利用声学仿真与理论分析的方法研究了多普勒频移与分散相平均流速的关系，验证了 Brody 的结论。在此基础之上，Morriss 等[4]将超声多普勒技术用于油水两相流流速测量，并发现多普勒频移与流速之间并非简单的线性关系，相含率的变化对测量结果有较大影响。在这些研究中，研究对象主要为低含气率的气水泡状流，对其他流型或其他多相流(尤其是对液液两相流和油气水三相流)的多普勒频移特性还缺乏了解[5,6]。

对于多相流流速测量，Kouame 等[7,8]曾指出连续波超声多普勒因其测试空间固定，非常适合进行流速测量。Abbagoni 等[9]在水平气液两相流中使用连续波超声多普勒进行流速测量与流型识别。但连续波超声多普勒用于多相流速测量的研究较少，缺乏针对多相流结构与流动特点的测量模型，因此针对多相流分相流速与总流速的测量问题，结合多相流流体特性及流动状态的特点，可采用连续波超声多普勒测速方法获取多相流分散相真实流速，辅助以电导电容测试方法获取混合流体的相含率信息[10]，最终通过对多相流流动结构和流动过程的分析建立测量模型，将多普勒流速信息与相含率信息结合，实现多相流分相流速与总表观流速的测量。

5.1　连续波超声多普勒流速测量原理与传感器

多普勒效应原理图如图 5-1 所示。若声源朝声波接收装置运动，则接收声波频率升高；若声源远离声波接收装置运动，则接收声波频率降低。多普勒频移大小与相对运动速度成正比。因此，通过获取多普勒频移可计算声源和声波接收装置之间的相对运动速度。

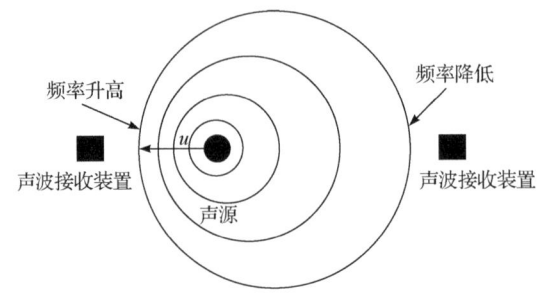

图 5-1 多普勒效应原理图

超声波由超声换能器发射进入流体，并在分散相(液滴或气泡)界面处发生复杂的反射、散射、透射和衍射现象[11]，其中与多普勒效应直接相关的是反射现象和散射现象。根据第 2 章的超声传播机理可知，声波在不同流体界面处的反射率受界面两侧流体声阻抗影响，在油气水多相流中，当温度为 20℃时，油、水之间的声反射率约为 18%，而气、水之间的声反射率则超过 90%。

当声波在传播中受到散射体(即分散相)阻挡时，一部分声波偏离原始传播方向，围绕散射体四周发散传播，产生复杂的散射现象，且散射的强度和方向与散射体的尺寸密切相关[5,12]。

(1) 若入射声波波长大于散射体直径，则散射波与入射波的传播方向相同，主要分布于散射体的背面。

(2) 若入射声波波长与散射体直径相近，则散射波的分布十分复杂，散射方向为多方向的。

(3) 若入射声波波长小于散射体直径，则散射波主要分布于散射体的前端，散射方向与声反射方向接近。

在反射声波和散射声波的共同作用下，分散相成为次级声源，接收端收到的声波可认为由分散相发出，此时多普勒频移大小直接取决于分散相的运动速度。

5.1.1 超声多普勒效应

单散射体超声多普勒流速测量原理图如图 5-2 所示，发射探头和接收探头位于管道上下两侧，管道内为连续流动的流体，单散射体位于管道中心处，单散射体的流动方向与超声波束方向夹角为 θ。发射探头发出频率为 f_0 的超声波，同时接收探头接收经单散射体调制的超声波。

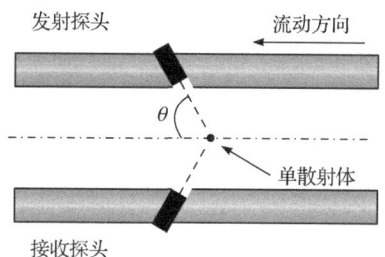

图 5-2 单散射体超声多普勒流速测量原理图

根据多普勒效应,当频率为 f_0 的超声波作用于运动速度为 u 的散射体上时,散射体接收到的超声波频率 f_1 为

$$f_1 = \frac{c + u\cos\theta}{c} f_0 \tag{5-1}$$

式中,c 为超声波在流体中的纵波波速。

超声波在经过散射体散射和反射后,被接收端换能器捕获,接收超声波的频率 f_r 为

$$f_r = \frac{c}{c - u\cos\theta} f_1 \tag{5-2}$$

将式(5-2)代入式(5-1)中,得到接收端超声波频率 f_r 与发射端超声波频率 f_0 的关系为

$$\frac{f_r}{f_0} = \frac{c + u\cos\theta}{c - u\cos\theta} = \frac{c - u\cos\theta + 2u\cos\theta}{c - u\cos\theta} = 1 + \frac{2u\cos\theta}{c - u\cos\theta} \tag{5-3}$$

由于流体中的超声波波速 c 远大于散射体运动速度 u,式(5-3)中的 $c - u\cos\theta$ 可直接约等于 c;此时多普勒频移 f_d 可表示为

$$f_d = f_r - f_0 = \frac{2u\cos\theta}{c} f_0 \tag{5-4}$$

利用式(5-4)可计算散射体的运动速度。对于油气水多相流,混合流体中的离散液滴或气泡构成了散射体,因此多普勒频移可表征分散相运动速度,相比于其他流速测量方法,多普勒方法直接获取分散相的分相流速,具有明确的物理意义。

5.1.2 连续波超声多普勒流速测量原理

连续波超声多普勒技术将超声的敏感区域定义为测试空间,即发射超声波与接收超声波的重叠区域[13]。位于测试空间内的散射体反射的超声波被接收端获取用来计算多普勒频移,因此测试空间的位置和尺寸与流速检测结果有直接关系。以典型的异侧连续波多普勒测速结构为例,两探头形成的测试空间位于管道中

区域。连续波超声多普勒流速测量原理图如图 5-3 所示。连续波多普勒传感器结构与测试空间如图 5-3(a)所示，连续波多普勒工作模式如图 5-3(b)所示。

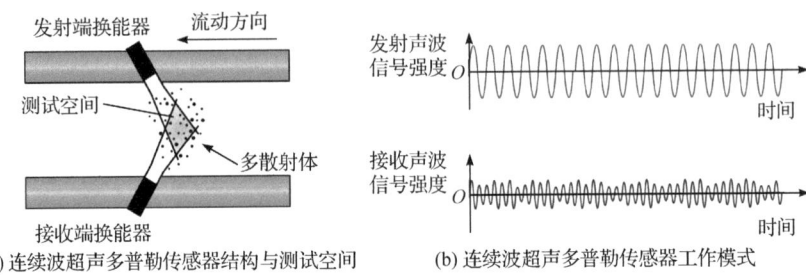

图 5-3　连续波超声多普勒流速测量原理图

单散射体的多普勒频移与散射体运动速度的关系见式(5-4)，但在油气水多相流中，大量离散的液滴或气泡伴随连续相一起流动，超声波穿过分散相构成多散射体时会发生复杂的多重散射/反射现象。因此，接收的超声多普勒频移是测试空间内每一个散射体引起的多普勒频移的合成，即所有散射体多普勒频移的加权平均 $\overline{f_d}$，可根据测试空间内散射体的数量计算[14]，即

$$\overline{f_d} = \frac{\sum_{i=1}^{N} f_{di} S_d(f_{di})}{\sum_{i=1}^{N} S_d(f_{di})} \tag{5-5}$$

式中，N 为散射体数量；f_{di} 为第 i 个散射体产生的多普勒频移；$S_d(f_{di})$ 为第 i 个散射体多普勒频移的能量谱强度。

式(5-5)仅为多普勒频移的理论解释，在实际检测中，由于测试空间内散射体的准确数量 N 无法得知，实际多普勒频移 $\overline{f_d}$ 可通过对接收声信号的多普勒频移能量谱加权平均计算得到[2]，即

$$\overline{f_d} = \frac{\int_{-\infty}^{\infty} f \cdot S_d(f) \mathrm{d}f}{\int_{-\infty}^{\infty} S_d(f_d) \mathrm{d}f} \tag{5-6}$$

式中，f 为多普勒频移组份；$S_d(f)$ 为多普勒频移的能量谱。

根据式(5-7)计算散射体运动速度即测试空间内散射体的平均运动速度 $\overline{u}_{\mathrm{dop}}$，也称为多普勒速度，即

$$\overline{u}_{\mathrm{dop}} = \frac{c \overline{f_d}}{2 f_0 \cos\theta} \tag{5-7}$$

连续波超声多普勒方法只能获取测试空间内散射体的平均速度，无法分辨不同位置的流速信息，但其测试空间固定，对流速检测范围没有限制。因此，通过建立

测试空间分布与被测管道空间的关系，可计算出管道内分散相的平均真实流速。

5.1.3 连续波超声多普勒流速测量传感器

针对不同的被测流体及其流动特点，连续波超声多普勒流速测量传感器可分为异侧收发和同侧收发两种传感器结构。对于液液、液固等相界面声反射率不高且混合较均匀的两相流，可采用异侧收发传感器结构。异侧收发传感器结构如图 5-4 所示。

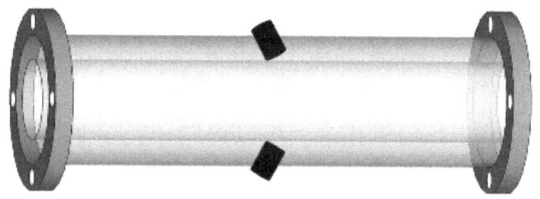

图 5-4 异侧收发传感器结构

由于两个超声换能器分别位于管道两侧，假设超声波发射频率为 f_0，一散射体以速度 u 由管道底部垂直向管道顶部运动，根据多普勒原理，散射体朝声源运动时，散射体接收到的超声波频率 f_1 为

$$f_1 = \frac{c+u\sin\theta}{c}f_0 \qquad (5-8)$$

对于管道另一侧的接收端换能器，散射体背离超声波接收端运动，此时接收端超声波频率 f_r 为

$$f_r = \frac{c}{c+u\sin\theta}f_1 \qquad (5-9)$$

将式(5-9)代入式(5-8)中，得到接收端超声波频率等于发射端超声波频率。因此，异侧多普勒传感器结构可避免分散相径向运动引起的多普勒频移。

对于气液等相界面声反射率高的两相流和三相流，采用异侧收发传感器结构导致接收探头无法收到足够强度的超声波，因此需采用同侧收发传感器结构[15]。同侧收发传感器结构如图 5-5 所示。

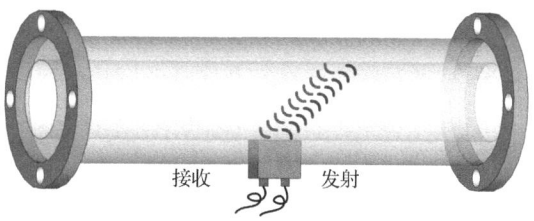

图 5-5 同侧收发传感器结构

由于超声在流体中经过多重散射和反射，能量损失较大，需要对激励超声进行功率放大，以保证接收信号具有高信噪比。同时，为提取多普勒频移信号，可

采用乘法解调方法,也即接收信号与标准信号相乘后,进行低通滤波提取低频成分,最终得到多普勒频移信号。乘法解调过程如下所示。

接收信号经信号调理后可表示为

$$V_{\text{rec}} = a\sin(\omega_1 t + \phi_1) \tag{5-10}$$

式中,ω_1 和 ϕ_1 分别是接收信号的角频率和相位;a 是信号幅值。

标准正弦信号 V_s 可表示为

$$V_s = b\sin(\omega_0 t + \phi_0) \tag{5-11}$$

式中,ω_0 和 ϕ_0 分别是标准正弦信号的角频率和相位,$\omega_0 = 2\pi f_0$;b 是信号幅值。

将接收信号和标准正弦信号相乘,可以得到

$$V_{\text{rec}} \times V_s = \frac{ab}{2}\{\cos[(\omega_1 - \omega_0)t + \phi_1 - \phi_0] - \cos[(\omega_1 + \omega_0)t + \phi_1 + \phi_0]\} \tag{5-12}$$

由式(5-12)可以看出,进行乘法运算后,信号包含两个主要频率,分别是 $(\omega_1 - \omega_0)$ 和 $(\omega_1 + \omega_0)$。其中,$(\omega_1 - \omega_0)$ 是接收端与发射端的超声波频率之差,即多普勒频移。由于两个频率相差很大,可通过低通滤波消除高频信号组分并保留包含多普勒频移的信号。最终待采集的多普勒频移信号 V_d 如式(5-13)所示,对 V_d 进行频谱分析,可以得到多普勒频移。

$$V_d = \frac{ab}{2}\cos[(\omega_1 - \omega_0)t + \phi_1 - \phi_0] \tag{5-13}$$

5.2 连续波超声多普勒液液两相流流速测量

液液两相混合较为均匀且超声穿透性较好,因此可采用异侧收发传感器结构保证多普勒频移不受分散相径向速度影响,本节以水平液液两相流为例介绍测量方法与模型。

5.2.1 异侧收发传感器结构与测试空间

根据测试空间定义,连续波超声多普勒异侧收发传感器结构下的测试空间为管道内局部区域[13,16],即图 5-3 中位于管道中心处的区域,位于测试空间内散射体的运动会导致在接收端信号产生多普勒频移[17]。因此,确定测试空间位置和尺寸后才能建立多普勒流速与两相流流速之间的关系,从而建立完整的测量模型。测试空间的大小与超声换能器安装方式、压电晶片自身特性和被测介质自身的声学特性紧密相关[18]。压电晶片在一定频率的交变电压作用下发生形变并开始振荡,产生超声波,在一定距离的范围内形成超声场,超声场范围由压电晶片直径决定。

超声波以多个球面波的形式聚集在压电晶片表面,并开始向外传播。这些球面波在传播过程中发生聚集,最终形成稳定的超声波。因此,超声场分为近场区和远场区,圆形压电晶体的超声场分布示意图如图 5-6 所示。其中,近场区靠近压电晶片,其声压变化非常复杂且呈现高度非线性,其长度称为近场距离,被测对象与压电晶片之间的距离一般需要大于近场距离。近场距离 L 的计算公式为

$$L = \frac{d^2}{4\lambda} \tag{5-14}$$

式中,d 为压电晶片直径;λ 为超声波在被测介质中的波长。

式(5-14)表明近场距离与压电晶片直径和被测介质声学特性有直接关系,在同一被测介质中,压电晶片直径越大,近场距离越远。

图 5-6 圆形压电晶体的超声场分布示意图

远场区距离压电晶片较远,声压衰减率较平稳,且超声波具有高度指向性,适用于超声多普勒流速检测。在远场区中,超声波束在维持发射方向的同时发生能量的扩散。声波主要能量聚集的区域称为主瓣,其声压和能量较高;在主瓣两侧,分布有较低声压级和能量的旁瓣,因此在检测中主要考虑主瓣和被测物场的相互作用。主瓣中心线处声压最高,其扩散角定义成声压为主瓣最高声压50%(−6dB)所在位置与主瓣中心线的偏角。超声波扩散角示意图如图 5-7 所示。扩散角 γ 由式(5-15)计算,当被测介质一定时,压电晶片直径越大,扩散角越小。

$$\gamma = \arcsin\left(0.61\frac{\lambda}{d}\right) \tag{5-15}$$

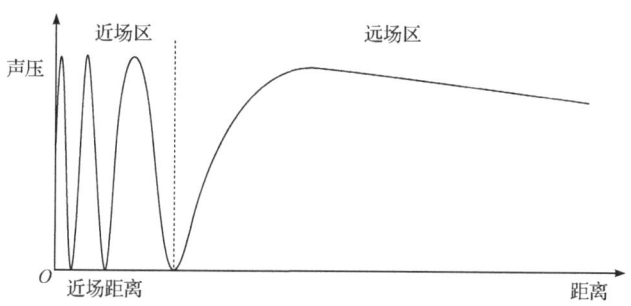

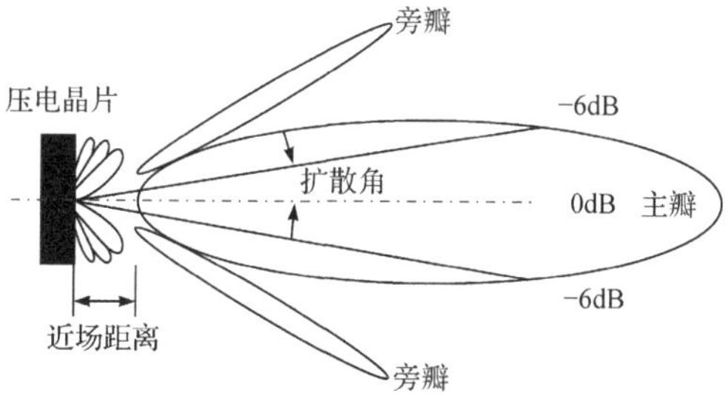

图 5-7 超声波扩散角示意图

异侧收发的连续波超声多普勒传感器尺寸结构如图 5-8 所示，一对圆柱形压电晶片超声换能器分别安装于内径为 50mm 的管道顶部和管道底部，压电晶片法线方向与来流方向夹角 θ 为 60°。圆柱形超声换能器顶端是谐振频率为 1MHz、直径为 9mm 的压电晶片，压电晶片外层包裹有保护层，换能器外径为 13mm。

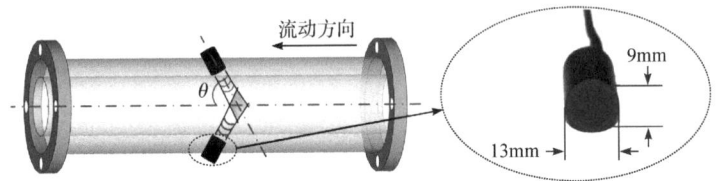

图 5-8 异侧收发的连续波超声多普勒传感器尺寸结构

利用近场距离和扩散角可以确定管道中测试空间的位置和尺寸。异侧收发的连续波超声多普勒测试空间结构如图 5-9 所示，它是位于管道中心的类纺锤形三维区域，其在管道径向剖面的投影是短轴长为 W 的椭圆形，轴向剖面的投影是近似菱形的高为 H、宽为 Len 的四边形。根据几何位置关系，Len 可计算为

$$\text{Len} = \frac{d}{\sin\theta} + \frac{d}{2\tan\theta} + \frac{2R+d-2L\sin\theta}{2\tan(\theta-\gamma)} - \frac{R-L\sin\theta}{\tan(\theta+\gamma)} \tag{5-16}$$

$$H = \frac{2\text{Len}\sin(\theta-\gamma)\sin(\theta+\gamma)}{\sin(\pi-2\theta)} \tag{5-17}$$

$$W = d + 2\left(\frac{4R+d}{4\sin\theta} - L\right)\tan\gamma \tag{5-18}$$

式中，R 为管道半径。

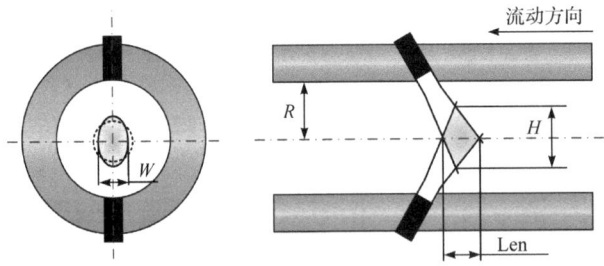

图 5-9 异侧收发的连续波超声多普勒测试空间结构

为便于测量建模，可将测试空间等效为位于管道中心处的球体，如图 5-9 中虚线区域所示，根据水力学直径，该球体的等效半径 r 为

$$r = \frac{\sqrt{HW}}{2} \tag{5-19}$$

为保证实际测试空间形状尽可能接近理论分析结果，超声发射功率应足够高，

否则接收端会因为接收信号的信噪比过低而丢失测试空间内的有用信息。

5.2.2 流速测量模型

油水两相流的分相表观流速(简称分相流速)j_o和j_w可通过将分相含率α_o和α_w分别与总表观流速j相乘计算得到，即

$$\begin{cases} j_o = j\alpha_o \\ j_w = j\alpha_w \end{cases} \tag{5-20}$$

由式(5-20)可知，超声多普勒技术可测量油水两相流的总表观流速j，再结合油水两相流的含水率α_w和含油率α_o，可获得分相流速。

水平油水两相流中的分散相是油滴或水滴，因此检测所得的多普勒流速为测试空间内油滴或水滴的平均流速。但由于油水两相流流型复杂多变，流型变化时两相流的连续相和分散相也可能相互转变，从而影响多普勒流速与两相流流速之间的关系。此外，不同的流动状态具有不同的流速剖面特征，而流速剖面的变化将直接影响检测精度。因此，根据流型和流动特征建立流速测量模型十分重要。

1. 非滑动流速测量模型

油、水两相介质的黏度和密度等物理特性不同，导致油水两相流在管道中流动时会出现不同程度的相间滑动现象[19]，且管道倾斜度越大，滑动现象越明显[20,21]。由于水平油水两相流的相间滑动较弱，当油水两相充分混合时，可按均相流对待，即分散相真实流速与连续相真实流速相等且都等于总表观流速[22]。

1) 混合雷诺数与流速剖面

油水两相流的混合雷诺数变化范围很大，因此在流动过程中既能形成牛顿流体也能形成非牛顿流体[23]。当油的黏度较低时，流体通常为牛顿流体[24]，此时两相流在管道同一截面内不同位置处的流速不相等，其流速剖面在管道轴向截面构成一个对称的抛物线。在距离管壁较近的区域由于受到管壁摩擦作用的影响，所以流速较低；相反，在管道中心处流速较高。

牛顿流体有两种典型流动状态：层流与湍流。在层流中，管道内流体可沿径向被分为若干层，每层沿轴向稳定流动，且不同层之间不存在交互运动和混合运动。而在湍流中，流体的径向运动非常激烈，不同层流体间存在明显的交互运动。强烈的湍动能量直接导致轴向流动能量的损失，因此层流和湍流的流速剖面有很大区别[25,26]。层流状态与湍流状态可通过流体的雷诺数Re进行区分，雷诺数为无量纲数，定义为流体界面张力与黏滞力之比，即

$$Re = \frac{\rho u L}{\mu} \tag{5-21}$$

式中，ρ 为流体密度；u 为流动速度；μ 为流体动力黏度；L 为特征长度。

对于管道内完全发展的流体，当雷诺数小于 2300 时，流动状态为层流；当雷诺数大于 4000 时，流动状态为湍流；当雷诺数处于 2300~4000 时，湍流和层流交替出现且互相转化，称为过渡流。

在水平油水两相流中，当相含率、流速变化时，层流、湍流和过渡流都可能出现。根据均相流模型，油水两相流混合雷诺数 Re_m 可简化为

$$Re_m = \frac{\rho_m j L}{\mu_m} \tag{5-22}$$

式中，ρ_m 为两相流混合密度；j 为总表观流速；μ_m 为混合动力黏度，可采用相含率加权方式计算；混合密度 ρ_m 也通过相同方式计算得到，即

$$\rho_m = \alpha_w \rho_w + \alpha_o \rho_o \tag{5-23}$$

式中，ρ_o 和 ρ_w 分别为油水两相的密度；α_o 和 α_w 分别为油水两相的相含率。

以 15#工业白油为例，总表观流速处于 0.5~3m/s 的油水两相流混合雷诺数如图 5-10 所示。当油水两相流含水率较低(小于 25%)时，层流和过渡流为主要流动状态；当油水两相流含水率较高(大于 25%)时，湍流和过渡流为主要流动状态。流速越高，流动状态越接近湍流。

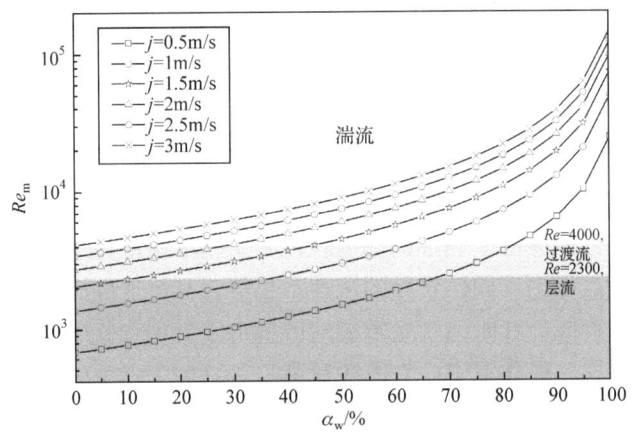

图 5-10 油水两相流混合雷诺数

在圆形管道中，完全发展的湍流和层流典型流速剖面遵循幂律分布(power law distribution)，流速剖面结构如图 5-11 所示。根据油水两相流混合雷诺数的定义，含水率 25%可作为划分湍流和层流的依据，也可作为连续相由油相变为水相(也称为相变)的临界含水率[27]。也即本例中认为含水率低于 25%时，油为连续相，两相流以层流状态为主，如图 5-11(a)所示，$u_{o\max}$ 为管道中心处的最大流速，j_{oc} 为

此时的总表观流速；当含水率高于25%时，水为连续相，两相流以湍流为主，如图 5-11(b)所示，u_{wmax} 为管道中心处的最大流速，j_{wc} 为此时的总表观流速。

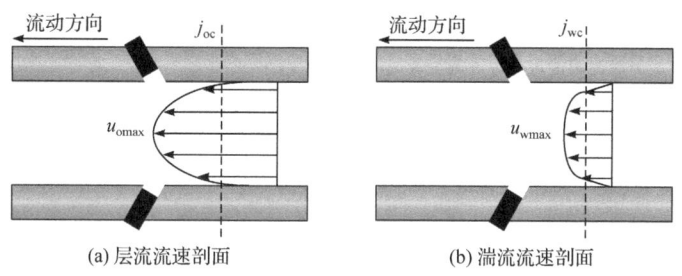

(a) 层流流速剖面　　　　　　(b) 湍流流速剖面

图 5-11　流速剖面结构

根据幂律流速分布，管道内局部流速 u_{oy} 和 u_{wy} 与该位置到管道中心距离的关系如下。

(1) 层流：

$$u_{oy} = \left(1 - \left(\frac{y}{R}\right)^2\right) u_{omax} \tag{5-24}$$

(2) 湍流：

$$u_{wy} = \left(1 - \frac{y}{R}\right)^{\frac{1}{\chi}} u_{wmax} \tag{5-25}$$

式中，y 是局部流速所在位置到管道中心的距离；χ 是幂律分布系数，且随着混合雷诺数的变化而变化。

由于流速剖面的存在，需要在幂律分布的基础上，建立多普勒速度与总表观流速之间的理论关系模型。

2) 分散流流速测量模型

对于油连续油水两相流，测试空间内流体的平均流速 j_{om} 可通过式(5-24)在测试空间内的积分获得，即

$$j_{om} = \frac{\int_0^r 2\pi y \left(1 - \left(\frac{y}{R}\right)^2\right) dy}{\pi r^2} u_{omax} = \left(1 - \frac{r^2}{2R^2}\right) u_{omax} \tag{5-26}$$

同理，油连续时油水两相流总表观流速 j_{oc} 可表示为

$$j_{oc} = \frac{\int_0^R 2\pi y \left(1 - \left(\frac{y}{R}\right)^2\right) dy}{\pi r^2} u_{omax} = \frac{1}{2} u_{omax} \tag{5-27}$$

由于很难直接标定出实际流动的最大流速u_{omax}，所以将式(5-27)代入式(5-26)中，可消除u_{omax}并建立油连续条件下总表观流速j_{oc}与测试空间内平均流速j_{om}之间的关系，即

$$j_{oc} = \frac{R^2}{2R^2 - r^2} j_{om} \tag{5-28}$$

对于水连续油水两相流，测试空间内流体的平均流速j_{wm}可通过式(5-25)在测试空间内的积分获得，即

$$j_{wm} = \frac{\int_0^r 2\pi y \left(1 - \frac{y}{R}\right)^{\frac{1}{\chi}} dy}{\pi r^2} u_{wmax}$$

$$= \frac{2\chi \left[\chi R^2 + (r-R)(r + \chi r + \chi R)\left(1 - \frac{r}{R}\right)^{\frac{1}{\chi}}\right]}{(n+1)(2n+1)r^2} u_{wmax} \tag{5-29}$$

同理，水连续时油水两相流总表观流速j_{wc}可表示为

$$j_{wc} = \frac{\int_0^R 2\pi y \left(1 - \frac{y}{R}\right)^{\frac{1}{\chi}} dy}{\pi R^2} u_{wmax} = \frac{2\chi^2}{(2\chi + 1)(\chi + 1)} u_{wmax} \tag{5-30}$$

将式(5-30)代入式(5-29)中，消除u_{wmax}以建立水连续条件下总表观流速j_{wc}与测试空间内平均流速j_{wm}之间的关系，即

$$j_{wc} = \frac{\chi r^2}{\chi R^2 + (r-R)(r + \chi r + \chi R)\left(1 - \frac{r}{R}\right)^{\frac{1}{\chi}}} j_{wm} \tag{5-31}$$

在水连续油水分散流中，幂律分布系数$\chi = 7$可适用于大部分完全发展的湍流。当$Re_m = 4000$时，$\chi \approx 6$；当$Re_m = 10^5$时，$\chi \approx 7$；当$Re_m = 3 \times 10^6$时，$\chi \approx 10$ [28,29]。对于以湍流和过渡流为主要流动状态的水连续油水分散流，$\chi = 6$较为合理。

多普勒流速为测试空间内的平均流速j_{om}和j_{wm}，可通过对接收信号进行频谱分析后计算得到，因此式(5-28)和式(5-31)可用于计算油连续和水连续的分散流总表观流速。

3) 分层流流速测量模型

分层流主要包括分层流(ST)和混合界面分层流(ST & MI)。ST 流型中的液滴

数量较少,无法产生有效的多普勒效应,因此分层流流速测量模型主要针对 ST & MI 流型。在分层流中,油水两相接触面积大,在接触面剪切力和油、水各自动力黏度的共同作用下,两相流的流速剖面会出现非对称结构[30],流速分布模型不符合幂律分布,最大流速也不再位于管道中心处,其位置与相含率直接相关[22]。在油连续油水分层流中,油相的流速剖面对两相流速分布体起主导作用。由于油的密度比水小,油相位于管道上半部流动。相比于单相油的流动状态,分层流中油的流速剖面由于下层水的挤压,原本位于管道中心处的最大流速位置被抬高了 Δh,且 Δh 与含水率直接相关。此时,测试空间内两相流的平均流速 j_{om} 可表示为

$$j_{om} = \frac{\int_0^{r-\Delta h}\left(1-\left(\frac{y}{R-\Delta h}\right)^2\right)dy + \int_0^{r+\Delta h}\left(1-\left(\frac{y}{R-\Delta h}\right)^2\right)dy}{2r} u_{omax}$$

$$= 1 - \frac{r^2 + 3\Delta h^2}{3(R-\Delta h)^2} u_{omax} \tag{5-32}$$

为便于表述,式(5-32)的结果可简化为

$$j_{om} = F_1(\Delta h) u_{omax} \tag{5-33}$$

式中,$F_1(\Delta h)$ 表示变量为 Δh 的函数。

将式(5-33)代入式(5-26)中消除 u_{omax},建立油连续分层流总表观流速 j_{oc} 与测试空间内平均流速 j_{om} 之间的关系,即

$$j_{oc} = \frac{0.5}{F_1(\Delta h)} j_{om} \tag{5-34}$$

在水连续油水分层流中,水相流速剖面对两相流整体流速分布起主要作用。位于管道上层的油挤压管道下层水的流速剖面结构,使原本应位于管道中心处的最大流速降低了 Δh,此时测试空间内两相流的平均流速 j_{wm} 可表示为

$$j_{wm} = \frac{\int_0^{r+\Delta h}\left(1-\frac{y}{R-\Delta h}\right)^{\frac{1}{\chi}}dy + \int_0^{r-\Delta h}\left(1-\frac{y}{R-\Delta h}\right)^{\frac{1}{\chi}}dy}{2r} u_{wmax} = F_2(\Delta h) u_{wmax}$$

$$(5-35)$$

与式(5-33)相同,$F_2(\Delta h)$ 表示变量为 Δh 的函数。与式(5-30)结合消除 u_{wmax},得到水连续分层流总表观流速 j_{wc} 与测试空间内平均流速 j_{wm} 间的关系,即

$$j_{wc} = \frac{2\chi^2}{(2\chi+1)(\chi+1)F_2(\Delta h)} j_{wm} \tag{5-36}$$

式中，幂律分布系数 χ 的取值与分散流情况下的取值相同。

2. 滑动流速测量模型

在非滑动流速测量模型的基础上，为进一步提高流速测量模型精度，需要考虑分散相与连续相之间的滑动现象，即测试空间内分散相平均真实流动速度不等于两相流平均流动速度。此时，可将漂移模型与流速分布的幂律模型结合，引入漂移速度，通过对液滴进行受力分析得到漂移速度的理论模型，最终建立总表观流速测量模型[31,32]。

1) 漂移模型

漂移模型由 Zuber 等[19]提出，描述了垂直气液两相流中分散相气泡与液相水的相对滑动现象。漂移模型充分考虑了速度分布、浓度分布和漂移速度带来的影响。在此基础上，有学者对漂移模型进行修正以描述油水两相流动特性，但大多数研究只针对垂直管道或倾斜管道[33,34]。

漂移模型的一般表达形式为

$$u_d = C_0 j + u_r \tag{5-37}$$

式中，u_d 为分散相真实流速；u_r 为漂移速度；C_0 为相分布参数。

在重力的作用下，油、水两相因其密度不同，导致水平管道内的相含率呈非均匀分布，也即在水平管道垂直方向形成浓度的不均匀分布[35]，可用相分布参数 C_0 描述，即

$$C_0 = \frac{\dfrac{1}{A}\int_A j\alpha_d dA}{\left(\dfrac{1}{A}\int_A j dA\right)\left(\dfrac{1}{A}\int_A \alpha_d dA\right)} \tag{5-38}$$

式中，α_d 为分散相的相含率；A 为管道截面面积。

相分布参数 C_0 的取值受流速分布和相含率分布的共同影响，若假设流速分布遵从幂律分布模型，则相分布参数取决于分散相的相含率分布。已有研究指出，垂直气液两相流的相分布参数 C_0 可直接取 1.2[19]，这是因为在重力和界面张力的共同作用下，分散相气泡多数聚集于管道中心处，呈现明显的中心相含率高而靠近管壁处相含率低的现象。水平油水两相流显然不符合此规律，且在不同流型下，分散相的相含率分布也相差较大，给相分布参数 C_0 的计算带来了困难，目前尚无对所有流型通用的相含率分布模型。在水平油水两相流层流夹带液滴流型中，液滴只存在于油水两相的界面处[36]，而在分散流中，由于测试空间范围有限，可忽略该空间内分散相含率的垂直分布。基于以上假设，在测试空间内，式(5-38)中的流速分布与相含率分布相互独立，相分布参数 C_0 等于 1。

此时，连续波多普勒水平油水两相流的漂移模型可写为

$$u_{\mathrm{dm}} = C_0 j_{\mathrm{m}} + u_{\mathrm{r}} \tag{5-39}$$

式中，u_{dm} 为测试空间内分散相的真实流速；j_{m} 为测试空间内油水两相流的表观流速；相分布参数 C_0 取值为 1。

测试空间内油水两相流表观流速与管道内两相流总表观流速间的关系可通过流速幂律分布模型获得，即油连续时采用式(5-28)；水连续时采用式(5-31)。因此，若计算两相流总表观流速，还需已知漂移速度 u_{r}。

2) 漂移速度与液滴受力

漂移速度定义为分散相真实流速与总表观流速间的速度差，已有研究大多通过实验数据直接拟合或改进气水模型，缺乏针对水平油水两相流的理论分析[37]。由于水平油水两相流分散相以液滴形式夹杂在连续相之中流动，液滴在水平方向上运动时所受的力主要包括曳力、压力梯度力和巴塞特力[38]。假设流体经充分发展后，连续相与分散相均已处于稳定状态，其流动速度不再发生变化，故巴塞特力可忽略不计。同时，漂移速度也不发生变化，根据 Maxey-Riley 等式，离散液滴所受曳力 F_{drag}[38] 可表示为

$$F_{\mathrm{drag}} = 3\pi\mu_{\mathrm{c}} D_{\mathrm{drop}} u_{\mathrm{r}} + \mu_{\mathrm{c}} \pi \frac{D_{\mathrm{drop}}^3}{8} \nabla^2 u_{\mathrm{d}} \tag{5-40}$$

式中，μ_{c} 为连续相的动力黏度；D_{drop} 为离散液滴直径；$\mu_{\mathrm{c}} \pi \dfrac{D_{\mathrm{drop}}^3}{8} \nabla^2 u_{\mathrm{d}}$ 为对斯托克斯曳力的修正项，称为福克森力，当分散相速度不再变化时，该项等于 0。

将管道内沿流动方向的压力梯度表示为 $\dfrac{\Delta P}{\Delta l}$，此时作用在离散液滴上的压力梯度力可表示为

$$F_P = -\frac{\pi D_{\mathrm{drop}}^3}{6} \times \frac{\Delta P}{\Delta l} \tag{5-41}$$

式中，ΔP 表示距离 Δl 上的压力差。

压力梯度力的作用方向与压降方向相反，此时液滴的受力平衡可表示为

$$m \frac{\mathrm{d}u_{\mathrm{r}}}{\mathrm{d}t} = F_{\mathrm{drag}} + F_P \tag{5-42}$$

式中，m 为液滴的质量。

当流体充分发展后，漂移速度 u_{r} 不再随时间变化，将式(5-40)与式(5-41)代入式(5-42)，可得

$$3\pi\mu_c D_{drop} u_r - \frac{\pi D_{drop}^3}{6} \times \frac{\Delta P}{\Delta l} = 0 \tag{5-43}$$

根据两相流的混合雷诺数分析,水连续油水两相流的主要流动状态为湍流,流体压降与流体边界所受剪切力 τ 相关。在测试空间内,液滴的压力梯度可表示为

$$\frac{\Delta P}{\Delta l} = \frac{4\tau}{r} \tag{5-44}$$

根据湍流的边界理论,剪切力 τ 为

$$\tau = \mu_w \frac{u_{wy}}{r-y} \tag{5-45}$$

式中,μ_w 表示水的动力黏度。

将式(5-45)在测试空间内进行积分,可以得到测试空间内两相流的表观流速 j_{wm},即

$$j_{wm} = \frac{\tau}{\mu_w} \frac{\int_0^r (r-y) \times 2\pi y \mathrm{d}y}{\pi r^2} = \frac{r\tau}{3\mu_w} \tag{5-46}$$

将式(5-46)代入式(5-44)中替换剪切力 τ,可得

$$\frac{\Delta P}{\Delta l} = \frac{6\mu_w j_{wm}}{r^2} \tag{5-47}$$

将式(5-47)代入式(5-43)中替换压力梯度 $\frac{\Delta P}{\Delta l}$,可得

$$3\pi\mu_w D_{drop} u_r - \frac{\pi D_{drop}^3 \mu_w j_{wm}}{r^2} = 0 \tag{5-48}$$

根据式(5-48),可整理得到漂移速度 u_r 和水连续测试空间内油水两相流表观流速 j_{wm} 之间的关系,即

$$u_r = \frac{D_{drop}^2}{3r^2} j_{wm} = \eta_w j_{wm} \tag{5-49}$$

式中,为简化模型结构和便于参数表示,用 η_w 代替式中的 $\frac{D_{drop}^2}{3r^2}$。

与水连续推导过程类似,当油为连续相时,压力梯度的表示形式为

$$\frac{\Delta P}{\Delta l} = \frac{8\mu_o j_{om}}{r^2} \tag{5-50}$$

式中,μ_o 为油动力黏度。

将式(5-50)代入式(5-43)中替换压力梯度 $\frac{\Delta P}{\Delta l}$,可得

$$3\pi\mu_o D_{\text{drop}} u_r - \frac{4\pi D_{\text{drop}}^3 \mu_o j_{\text{om}}}{3r^2} = 0 \qquad (5\text{-}51)$$

整理得到漂移速度 u_r 和油连续测试空间内油水两相流表观流速 j_{om} 之间的关系，即

$$u_r = \frac{4D_{\text{drop}}^2}{9r^2} j_{\text{om}} = \eta_o j_{\text{om}} \qquad (5\text{-}52)$$

式中，为简化模型结构和便于参数表示，用 η_o 代替式中的 $\frac{4D_{\text{drop}}^2}{9r^2}$。

3) 总表观流速计算模型

基于以上推导，通过液滴受力分析，建立漂移速度和测试空间内两相流表观流速之间的关系。将式(5-31)、式(5-39)和式(5-49)结合，得到水连续时总表观流速的计算模型，即

$$j = \frac{\chi r^2}{(1-\eta_w)\left[\chi R^2 + (r-R)(r+\chi r+\chi R)\left(1-\frac{r}{R}\right)^{\frac{1}{\chi}}\right]} j_{\text{wm}} \qquad (5\text{-}53)$$

结合式(5-28)、式(5-39)和式(5-52)可得油连续时总表观流速计算模型，即

$$j = \frac{R^2}{(1-\eta_o)(2R^2 - r^2)} j_{\text{om}} \qquad (5\text{-}54)$$

式中，参数 η_w 和 η_o 通过实验数据获得。

5.2.3 多普勒频移特性与模型参数

为验证异侧连续波超声多普勒针对不同连续相的测量模型，开展15#工业白油与水的混合流动实验，分析油水两相流频移特性并计算模型参数。

1. 油水两相流多普勒频移特性

油水两相流五种典型流型下不同流速多普勒频移信号与归一化功率谱如图5-12所示，功率谱中峰值所对应的多普勒频移随流速的增加而增大。但多普勒频移功率谱呈现多峰特征，这主要是由于在测试空间内存在多个分散相液滴，而功率谱是这些分散相液滴共同作用的结果。此外，频移谱的宽度变化和测试空间位置、多普勒信号发射角度，以及分散相液滴数量直接相关[39-41]。因此在获取多普勒频移时，需要采用式(5-7)的加权平均方式，计算测试空间内分散相运动引起的平均

多普勒频移。

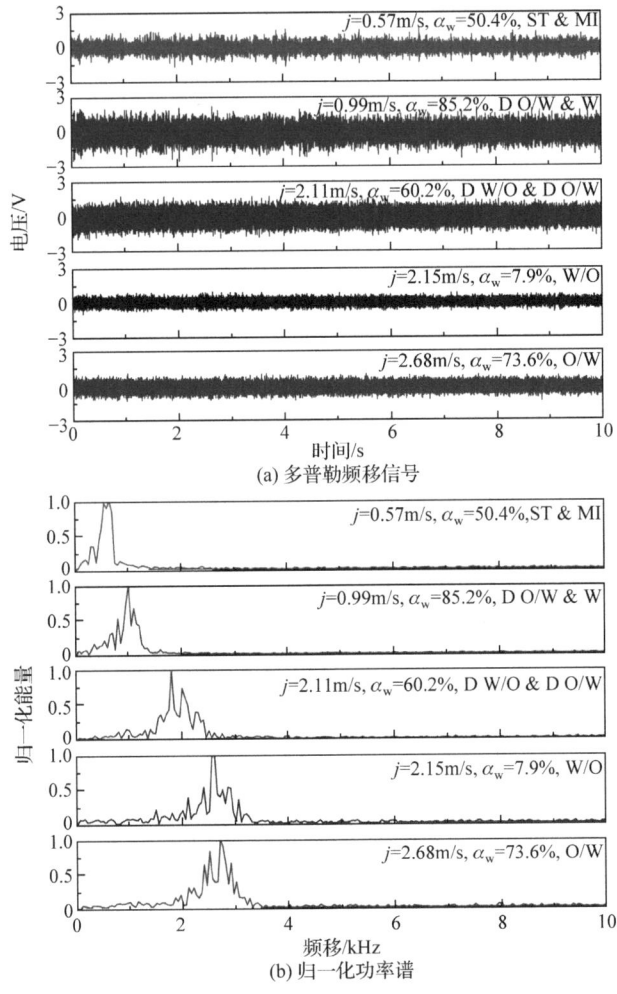

图 5-12　不同流速多普勒频移信号与归一化功率谱

油和水的动力黏度差距较大，导致在不同连续相下油水两相流的流速剖面截然不同。因此，在建模中需要按照连续相不同进行分类讨论。为进一步验证连续相对流速剖面的影响，比较实验所得平均多普勒频移与两相流总表观流速，平均多普勒频移特性如图 5-13 所示。平均多普勒频移随总表观流速的增长而增大，但二者并非严格的线性关系。油连续数据与水连续数据分别位于两条斜率不同的直线上，也即油连续流型与水连续流型。如式(5-8)所示，平均多普勒频移与测试空间内分散相平均流速成正比，与流体的混合声速成反比。当两相流中连续相不同时，流速剖面也不同。因此，当总表观流速相同时，油连续流态测试空间内的分散相平均流速大于水连续时的分散相平均流速,即前者的平均多普勒频移高于后者的,导致图 5-13 中散点分别位于代表不同连续相的两条线上。

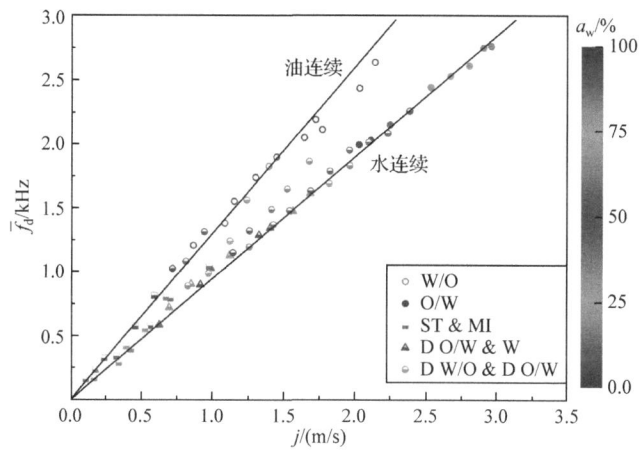

图 5-13 平均多普勒频移特性

此外,图 5-13 中的一部分散点位于两条线之间,这是由于含水率在 25%左右时,油水两相流发生相变现象,连续相的变化导致流速剖面呈现于层流和湍流之间的分布。声速变化是图 5-13 中散点分布的另一原因。当水为连续相时,式(5-8)中所用声速应该为水的声速;而油为连续相时,该声速为油的声速。由于水的声速高于油,所以造成总表观流速相同时,水连续油水两相流的平均多普勒频移低于油连续时的情况。此外,对于 ST & MI 流型,计算平均多普勒频移时所用声速应充分考虑超声在管道中的传播路径,而不能单一使用油或水的声速。根据多普勒原理,在 ST & MI 流型中,式(5-4)变为

$$
\begin{aligned}
\frac{f_r}{f_0} &= \frac{c_o c_w + c_w u \cos\theta}{c_o c_w - c_o u \cos\theta} \\
&= \frac{c_o c_w - c_o u \cos\theta + c_o u \cos\theta + c_w u \cos\theta}{c_o c_w - c_o u \cos\theta} \\
&= 1 + \frac{(c_o + c_w) u \cos\theta}{c_o (c_w - u \cos\theta)}
\end{aligned}
\tag{5-55}
$$

式中,c_o 和 c_w 分别为油和水中的声速。

因此,考虑超声在油水两相流中的传播路径后,ST & MI 流型中的等效混合声速为

$$
c_m = \frac{2 c_o c_w}{c_o + c_w} \tag{5-56}
$$

除上述因素外，分散相液滴的数量直接决定了超声散射和超声反射的强度，进而影响接收信号的强度。例如，在 ST&MI 流型中，液滴数量较少且液滴的流动不连续，因此接收信号中包含的频移信息较少，影响了平均多普勒频移的计算结果。

综上所述，实验结果充分验证了连续相不同、平均多普勒频移响应不同的现象，证明了根据不同连续相分别建模的正确性和必要性。

2. 非滑动模型参数确定

当两相流含水率高于 25%时，水连续分散流主要包括 D O/W & D W/O、D O/W & W 和 O/W 三种流型，可根据式(5-31)计算水连续分散流总表观流速 j_{wc}。水连续分散流基于湍流的幂律流速分布进行建模，幂律分布系数 χ 的取值参考单相湍流条件下的经验值，但在水连续分散流中，由于混合雷诺数的变化，流态包括湍流与过渡流，在一定程度上会影响计算结果。所以需要将计算所得 j_{wc} 与参考总表观流速进行最小二乘拟合，以标定 j_{wc} 与总表观流速 j 之间的关系，补偿流动过程中变化的混合雷诺数对测量的影响。

当两相流含水率低于 25%时，油连续分散流主要包括 D O/W & D W/O 和 O/W 两种流型，可根据式(5-28)计算油连续分散流总表观流速 j_{oc}。同样，油连续分散流基于层流的幂律流速分布进行建模，幂律分布系数 χ 的取值参考单相层流条件下的经验值，但在油连续分散流中，由于混合雷诺数的变化，会出现过渡流的状态，这导致计算结果受到影响。所以需要将计算所得 j_{oc} 与参考总表观流速进行最小二乘拟合，以标定 j_{oc} 与总表观流速 j 之间的关系，补偿流动过程中变化的混合雷诺数对测量的影响。

对于 ST&MI 流型，由于管道中心处最大流速的偏移距离 Δh 在式(5-34)与式(5-36)中均参与总表观流速计算，但实际测量时无法获得 Δh 值，所以可通过最小二乘拟合得到 Δh 与含水率 α_w 间的函数关系，将多普勒流速与总表观流速参考值代入式(5-34)与式(5-36)中计算 Δh，并与相含率拟合。在分层流中，以含水率为 25%作为连续相的区分，将 Δh 与含水率拟合结果代入式(5-34)与式(5-36)中，可获得两相流总表观流速。

3. 滑动模型参数确定

式(5-53)与式(5-54)中的参数 η_w 和 η_o 无法通过直接计算获得，因此将多普勒流速和参考流速作为已知条件，建立漂移速度 u_r 与测试空间内两相流平均流速 j_{wm} 和 j_{om} 之间的关系，对 η_w 和 η_o 进行最小二乘拟合计算。

每个流动状态(油连续和水连续)包括两种不同的拟合结果，分别代表分层流(ST&MI 和 D O/W & W)和分散流(O/W、W/O 和 D W/O & D O/W)，其中 D O/W

&W 应属于分散流,但因为水作为连续相独立在管道中下部流动,同时油相以分散相液滴的形式在管道的中上部流动,其流动形态与分层流相似,所以在建模时将其划入分层流。由于分层流的湍动能量较低,液滴尺寸比分散流大,这导致分层流在连续相为水或油时参数 η_w 和 η_o 的取值均大于分散流。

5.2.4 油水两相流测量结果与误差分析

分别对两种模型计算得到的总表观流速与参考总表观流速进行对比,并结合相含率测量信息计算分相流速,分析误差产生的原因。

1. 非滑动模型测量结果

油水两相流总表观流速的非滑动模型测量结果和相对误差如图 5-14 所示。油水两相流分相流速测量结果如图 5-15 所示。j 和 j_r 分别代表总表观流速的模型计算值和参考值,j_w 和 j_o 分别代表水相表观流速和油相表观流速的模型计算值,j_{wr} 和 j_{or} 分别为水相和油相的参考表观流速。

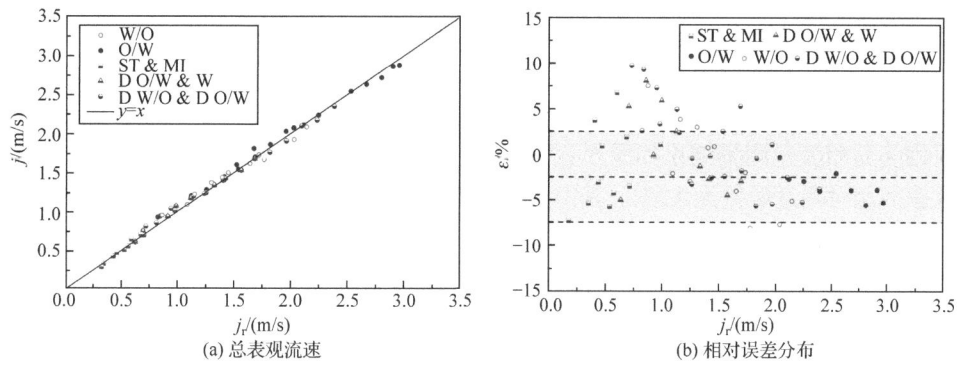

图 5-14 油水两相流总表观流速的非滑动模型测量结果和相对误差

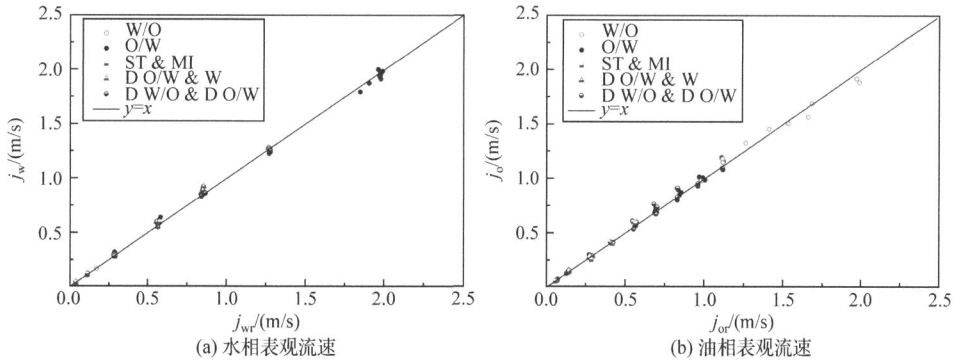

图 5-15 油水两相流分相流速测量结果

非滑动模型油水两相流总表观流速的相对测量误差为 3.63%,其中相对测量误差小于 5%时的置信概率为 64.74%。水相表观流速的均方根误差为 0.02m/s，油相表观流速的均方根误差为 0.04m/s。由图 5-14 可以看出，误差主要集中在 ST & MI 流型和 D W/O & D O/W 流型中。相对误差的计算方法为误差值除以参考值，所以当参考流速较低时，较小的测量偏差也会引起较大的相对误差，而只有较低流速条件下才能形成 ST & MI 流型，因此 ST & MI 流型的误差较高；ST & MI 流型中液滴数量较少，导致接收信号的频移较小，从而影响检测精度。其次，D W/O & D O/W 流型的流动状态十分复杂，油、水两相同时以连续相和分散相的状态出现，导致幂律分布模型无法准确描述实际流速剖面，造成测量误差。此外，由于非滑动模型建立在均相模型的基础上，假设多普勒流速与测试空间内两相流表观流速相等，没有考虑油、水两相的相对滑动；而在实际流动过程中，由于油、水两相物理性质的不同，多普勒流速表征分散相的平均真实流速，与测试空间内两相流表观流速必然存在相对滑动，所以采用滑动模型可解决该问题。另外，传感器安装过程中导致的角度误差、实验过程中温度变化引起的声速变化误差和两相流的非对称流速剖面都会影响检测结果。

2. 滑动模型测量结果

油水两相流总表观流速的滑动模型测量结果和相对误差如图 5-16 所示，油水两相流分相流速测量结果如图 5-17 所示。非滑动模型计算所得油水两相流总表观流速的相对测量误差为 2.27%，其中相对测量误差小于 5%时的置信概率为 89.06%。水相表观流速和油相表观流速的均方根误差均为 0.02m/s。

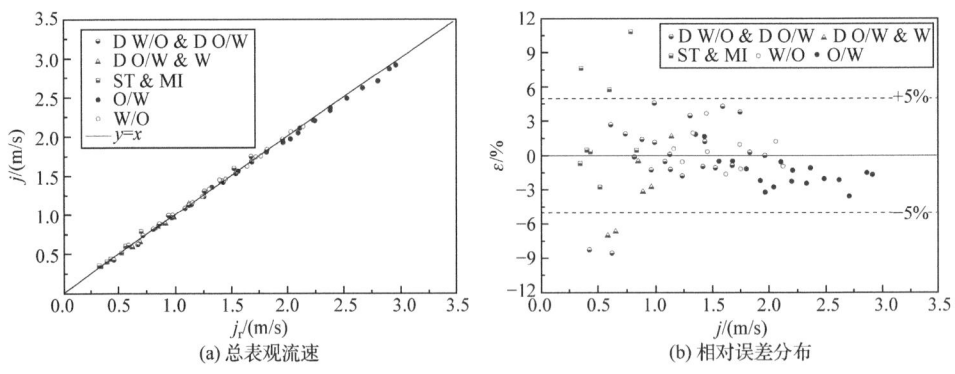

图 5-16　油水两相流总表观流速的滑动模型测量结果和相对误差

与非滑动模型类似，误差主要出现在 ST & MI 流型和 D W/O & D O/W 流型中，其中，当 D W/O & D O/W 流型中出现介于湍流和层流之间的过渡流，或流速剖面变形时，幂律分布模型无法准确描述真实流速结构，因此造成误差。此外，与非滑动模型相比，滑动模型的相对误差更低。这是因为多普勒流速实际表征的

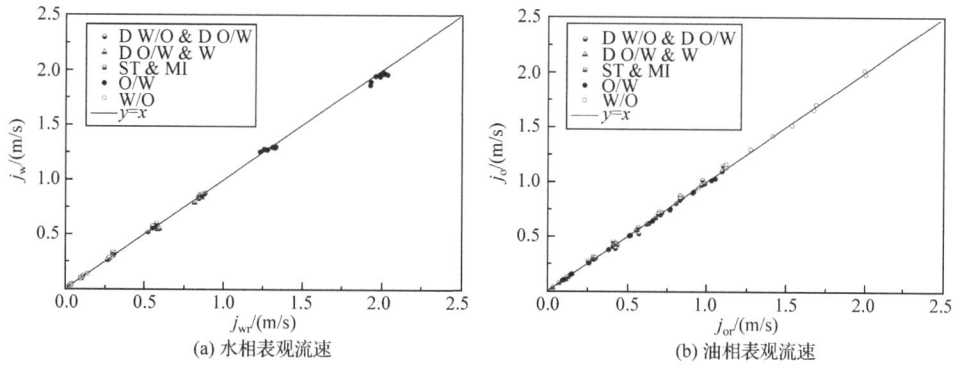

图 5-17 油水两相流分相流速测量结果

是测试空间内分散相的平均真实流速,而漂移模型建立了分散相真实流速与测试空间内两相流表观流速之间的关系,所以相比于非滑动模型,滑动模型引起的误差减小,检测结果的精度得以提高。

5.3 连续波超声多普勒气液两相流流速测量

由于气液界面声反射率高,采用异侧收发传感器结构将导致位于发射端另一侧的接收端换能器无法接收到足够强度的声信号。所以应采用同侧收发传感器结构进行测量[15]。本节中气液两相流以水平气水两相流为例。

5.3.1 同侧收发传感器结构与测试空间

1. 同侧收发的连续波超声多普勒传感器结构

同侧收发的连续波超声多普勒传感器结构如图 5-18 所示,在水平管道底部安装一个双晶超声换能器,接收由气水界面反射的超声信号。双晶超声换能器包括两部分:接收压电陶瓷晶片(piezoelectric ceramic reception,PCR)和发射压电陶瓷晶片(piezoelectric ceramic transmission,PCT)。晶片形状为圆形,其谐振频率为 1MHz、直径为 9mm,通过声耦合材料(声速约 2465m/s)与被测流体直接接触。声耦合材料被切削成指定形状以保证压电陶瓷晶片的法线方向与来流方向夹角 θ 为 60°。为防止声波通过声耦合材料的传播造成发射和接收的互相干扰,在接收压电陶瓷晶片和发射压电陶瓷晶片,以及对应声耦合材料之间加入隔声材料(acoustic insulation material,AIM)。双晶超声换能器最外层为金属保护外壳与地相连,可以保证高频信号不受干扰。

根据式(5-8),多普勒频移与流体混合声速相关。由于气水两相流瞬时相含率波动较大,为避免相含率波动导致混合声速变化,进而影响多普勒流速的计算结果,可用声耦合材料的声速替代式(5-8)中的混合流体声速。如图 5-18 所示,当声

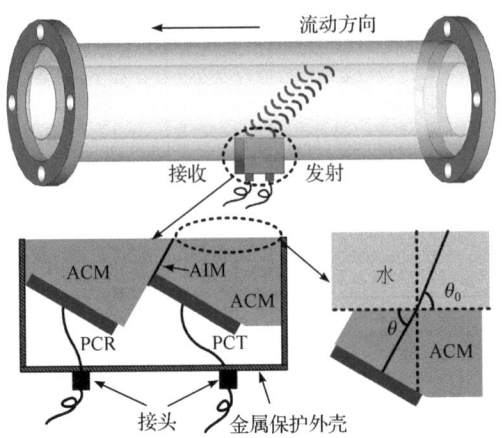

图 5-18 同侧收发的连续波超声多普勒传感器结构

波由耦合材料进入流体时,由于介质声阻抗的不同声波会发生折射现象,折射后声束角度变化符合折射定律,即

$$\frac{c_0}{\cos\theta_0} = \frac{c_c}{\cos\theta} \tag{5-57}$$

式中,c_c 和 c_0 分别为声波在声耦合材料和混合流体中的传播速度;θ_0 为混合流体中的声束与来流方向的夹角。

将式(5-57)代入式(5-8)中,得到多普勒流速的表达形式,即

$$\bar{u}_{\text{dop}} = \frac{c_c \bar{f}_d}{2f_0 \cos\theta} \tag{5-58}$$

此外,固体材料中声波的传播速度受温度变化的影响小,比液体更稳定,因此使用声耦合材料声速替代混合流体声速可以减小误差。

2. 测试空间分布区域

气水两相流的分散相为气泡,因此多普勒频移表征测试空间内气泡的平均真实流速。异侧收发的连续波超声多普勒传感器测试空间位于管道中心,而水平气水两相流气泡一般位于管道顶部流动,导致分散相位于测试空间以外,接收声信号的多普勒频移较弱。因此,需要确定同侧收发的连续波超声多普勒传感器的测试空间分布。

考虑近场距离和扩散角对声场分布的影响,利用式(5-14)和式(5-15)计算管道内充满水时测试空间的大小。同侧收发的连续波超声多普勒传感器测试空间如图 5-19 所示,实线代表发射超声波声束和接收超声波声束的有效边界,阴影部分是二者的重叠区域,即测试空间,其包含整个管道截面。为研究测试空间的有效性,对同侧收发的连续波超声多普勒传感器结构进行基于有限元法的仿真验证。

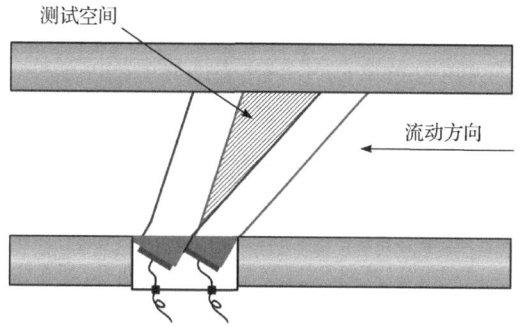

图 5-19　同侧收发的连续波超声多普勒传感器测试空间

仿真模型按照真实传感器结构来搭建,其有限元模型网格剖分如图 5-20 所示。管道中场域内充满水,为保证计算精度,网格最大尺寸不超过超声在水中波长的 1/6,接收压电陶瓷晶片与发射压电陶瓷晶片同时向场域内发射超声波,两列超声波束形成重叠区域。

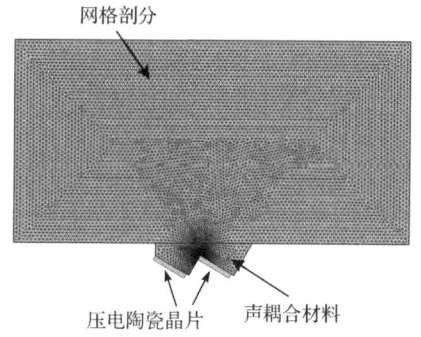

图 5-20　有限元模型网格剖分

假设声压 P_u 在声场中的分布遵循非均匀亥姆霍兹(Helmholtz)方程,即

$$\nabla \cdot \left(-\frac{1}{\rho}(\nabla P_u - q) \right) - \frac{\omega^2 P_u}{\rho c^2} = Q_m \tag{5-59}$$

式中,ρ 是介质的密度;c 是声波在介质中的传播速度;q 是偶极子源(单位为 N/m^3);ω 是超声波的角频率;Q_m 是单极子源(单位为 $1/s^2$)。

移去偶极子源,式(5-59)可简化为

$$\nabla \cdot \left(-\frac{\nabla P_u}{\rho} \right) - \frac{\omega^2 P_u}{\rho c_0^2} = Q_m \tag{5-60}$$

将声耦合材料和水的声学参数代入式(5-60)中,得到满管水条件下管道内归一化声压级分布,声压级分布如图 5-21 所示。两束声波重叠区域的平均归一化声压级大于 0.7，且重叠区域覆盖整个管道截面，证明该区域为有效的测试空间。尽管仿真结果所示的测试空间边界没有图 5-19 中计算所得测试空间的边界规则，但有效测试空间同样包含整个管道截面，仿真结果与理论分析结果相符。

图 5-21　声压级分布

同侧连续波多普勒方式测得的多普勒速度为分散相的平均真实速度，而非管道中心处的局部速度，因此能有效避免流速分布模型无法准确描述实际流速剖面的问题，并降低流速剖面变化带来的测量误差。

5.3.2　流速测量模型

气水两相流分相表观流速可通过相含率与真实流速相乘得到，即

$$\begin{cases} j_g = u_g \alpha_g \\ j_w = u_w \alpha_w \end{cases} \tag{5-61}$$

式中，u_g 和 u_w 分别为气相和水相的真实流速；α_g 和 α_w 分别为含气率和含水率。

可获得总表观流速 j 为气水两相流分相表观流速 j_g 与 j_w 之和，即

$$j = j_g + j_w \tag{5-62}$$

气水两相流相间滑动较为剧烈，因此可利用超声多普勒流速获得气、水两相的真实流速，并结合含气率 α_g 和含水率 α_w，得到气水两相流流速。以下将针对实际流动中普遍存在的泡状流、塞状流和弹状流进行测量建模，其中泡状流和塞状流检测所得多普勒流速即气相的平均真实流速，利用双流体模型可建立气、水两相真实流速之间的关系；而对于弹状流，需分析其流动结构，再将弹状流封闭模型与双流体模型结合，获取分相流速。

1. 双流体模型与求解方法

双流体模型最早由 Ishii 提出[42]，将两相流按照每一相的流动特性单独进行分析，因此双流体模型由两组方程组成，涉及质量守恒、动量守恒和能量守恒[43,44]。气液两相并非完全独立运动，模型需考虑相间的受力平衡，因此双流体模型和漂移模型均考虑相间滑动。漂移模型的形式较简单，便于模型的求解计算，而双流

体模型包含的流动信息更加丰富,避免了漂移模型中对漂移速度的复杂计算,并能够扩展描述三相流动。双流体模型最早用于描述双连续相层流的两相流流动特征[45-48],后经不断发展和改进,开始用于分散流压降或相含率的估计[49-51]。双流体模型更符合实际流动特性,因此本节使用双流体模型进行建模。

当气相和水相流速较高时,气相被打散为细小的气泡或气泡簇,沿管道中上部与水一起流动,形成泡状流;当水相流速下降时,细小气泡开始聚集成为短气塞或长气泡,并与小气泡一起间断地出现在管道中,从而形成塞状流。对于完全发展且处于稳定状态的泡状流和塞状流,双流体模型需考虑分散相气泡和连续相水的受力平衡和动量平衡。平衡方程为

$$-\alpha_g \left(\frac{dp}{dl}\right) - F_{drag} = 0 \tag{5-63}$$

$$-\alpha_w \left(\frac{dp}{dl}\right) + F_{drag} - \frac{\tau_w S_w}{A} = 0 \tag{5-64}$$

式中,τ_w为管道对水的剪切力;S_w为管内壁湿润系数;$\frac{dp}{dl}$为流动方向的压力梯度;F_{drag}为连续相与气泡间相互作用的曳力。

对于泡状流和塞状流,管内壁始终被水包裹,因此管内壁湿润系数S_w的值为πD,D为管道直径。将S_w代入式(5-64),并与式(5-63)合并,可得

$$F_{drag}\left(\frac{1}{\alpha_w} - \frac{1}{\alpha_g}\right) - \frac{4\tau_w}{D\alpha_w} = 0 \tag{5-65}$$

不同于式(5-40)所示的 Maxey-Riley 等式,气泡曳力F_{drag}的另一种表示形式[51]为

$$F_{drag} = \frac{3\alpha_g \rho_w C_D |u_g - u_w|(u_g - u_w)}{4\,d_{32}} \tag{5-66}$$

式中,ρ_w为水的密度;C_D为拖曳系数;d_{32}为气泡的索特平均直径。

气水两相流中气泡尺寸不一,因此使用索特平均直径,即所有气泡的平均直径。索特平均直径与气泡最大直径d_{max}[52,53]有如下关系:

$$d_{32} = 0.62\,d_{max} \tag{5-67}$$

$$d_{max} = \frac{0.0775\,D^{0.5}}{u_w^{1.1}} \tag{5-68}$$

式(5-66)中,拖曳系数C_D取值遵循 Clift 等[54]的研究结果,即

$$C_D = \begin{cases} \dfrac{24}{Re_r}\left(1 + 0.15 Re_r^{0.687}\right), & Re_r \leqslant 1000 \\ 0.445, & Re_r > 1000 \end{cases} \tag{5-69}$$

式中，Re_r 为气泡与水之间的相对雷诺数[38]，定义为

$$Re_r = \frac{\rho_w |u_g - u_w| d_{32}}{\mu_w} \quad (5\text{-}70)$$

式中，μ_w 为水的动力黏度。

对于内壁完全湿润的管壁，管道对水的剪切力 τ_w 表示为

$$\tau_w = \frac{f_w \rho_w u_w^2}{8} \quad (5\text{-}71)$$

式中，f_w 是在光滑管壁内流动流体的穆迪摩擦因子，根据 Avci 等[55]对该摩擦因子进行的曲线拟合结果，f_w 可表示为

$$f_w = \begin{cases} \dfrac{64}{Re_w}, & Re_w \leqslant 2100 \\ \dfrac{64}{\left(\ln(Re_w) - \ln\left(1 + 0.01 Re_w \dfrac{\delta}{D}\left(1 + 10\sqrt{\dfrac{\delta}{D}}\right)\right)\right)^{2.4}}, & Re_w > 2100 \end{cases} \quad (5\text{-}72)$$

式中，δ 为管道内壁相对粗糙度；Re_w 为水在完全湿润管壁内的雷诺数，表示为

$$Re_w = \frac{\rho_w u_w D}{\mu_w} \quad (5\text{-}73)$$

将曳力 F_{drag} 与管道对水的剪切力 τ_w 代入式(5-65)，则其未知量为含水率 α_w，以及含气率 α_g 和气、水的真实流速 u_g、u_w。其中，气相真实流速 u_g 即同侧收发的连续波超声多普勒方法检测的多普勒流速，含水率信息可由电导等传感器提供，含气率为 $\alpha_g = 1 - \alpha_w$。因此，式(5-65)中仅有 u_w 未知。由于该模型的结构复杂且呈非线性关系，直接求解未知量 u_w 比较困难，可采用牛顿迭代法对模型进行迭代求解。

构建方程的迭代形式 $F(u_w)$，即

$$F(u_w) = F_{\text{drag}}\left(\frac{1}{\alpha_w} - \frac{1}{1-\alpha_w}\right) - \frac{4\tau_w}{D\alpha_w} \quad (5\text{-}74)$$

为快速计算得到结果，将 u_w 的迭代初始值设置为与 u_g 相等，式(5-74)的模型迭代求解过程如图 5-22 所示，其中容差 E 设置为 0.001。计算得到水的真实流速 u_w 后，结合相含率信息，利用式(5-61)~式(5-63)可计算得到泡状流和塞状流的气、水两相的分相表观流速和两相流总表观流速。

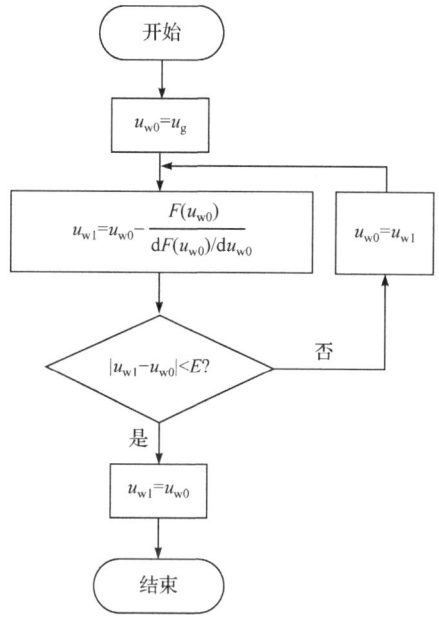

图 5-22 式(5-74)的模型迭代求解过程

2. 弹状流封闭模型

弹状流封闭模型是由 Dukler 等[56]提出的,用来描述一个完整的弹状流封闭单元。在此模型基础上,Al-lababidi[57]利用实验数据建立了弹状流单元的整体移动速度与气水两相流总表观流速的关系,但是流体性质或实验条件的变化会导致关系式中的参数变化。

弹状流结构示意图如图 5-23 所示。位于边界 1 和边界 3 之间的区域组成一个完整的弹状流封闭单元,包括液弹区(或称为弹体区,位于边界 1 和边界 2 之间)和气弹区(或称为液膜区、气尾区,位于边界 2 和边界 3 之间)。在一个流动周期内,含大量液体和细小气泡的液弹区首先以较高流速通过,含有大量气体的气弹区紧随其后,并在管道内形成类似于环状流的液膜状态。由于界面剪切力和管壁摩擦作用的共同影响,相对于高速的液弹区,气弹区的流动速度下降很快,直至

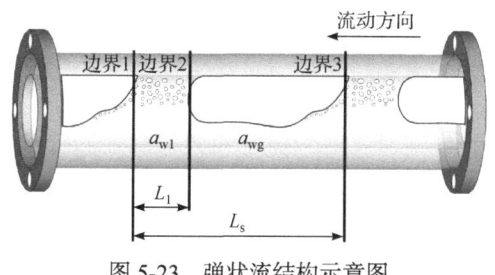

图 5-23 弹状流结构示意图

下一个液弹区到来，一个完整的弹状流流动周期结束。弹状流各区域速度不同，很难直接检测[58]，所以针对弹状流建立简单的测量模型十分重要。

假设在长度为L_s的完整弹状流封闭单元内，液弹区长度为L_1，液弹区和气弹区的含水率分别为α_{wl}和α_{wg}。根据弹状流封闭模型，气相和水相的质量平衡方程分别为

$$j_w L_s = u_{wl}\alpha_{wl}L_1 + u_{wg}\alpha_{wg}(L_s - L_1) \tag{5-75}$$

$$j_g L_s = u_{gl}(1-\alpha_{wl})L_1 + u_{gg}(1-\alpha_{wg})(L_s - L_1) \tag{5-76}$$

式中，u_{wl}和u_{wg}分别为水在液弹区和气弹区的真实流速；u_{gl}和u_{gg}分别为气在液弹区和气弹区的真实流速。

对于完全发展的弹状流，每个完整弹状流封闭单元的起始速率应与结束速率平衡[57]。因此，液弹区和气弹区内的总体积流量应该保持平衡状态，可得

$$(u_{slug} - u_{wl})\alpha_{wl} = (u_{slug} - u_{wg})\alpha_{wg} \tag{5-77}$$

$$(u_{slug} - u_{gl})(1-\alpha_{wl}) = (u_{slug} - u_{gg})(1-\alpha_{wg}) \tag{5-78}$$

式中，u_{slug}为弹状流封闭单元的整体移动速度。

将式(5-77)和式(5-78)分别代入式(5-75)和式(5-76)中，可以得到气水两相流中气相水相的表观流速，即

$$j_w = u_{wl}\alpha_{wl} + \frac{L_g}{L_s}u_{slug}(\alpha_{wg} - \alpha_{wl}) \tag{5-79}$$

$$j_g = u_{gl}(1-\alpha_{wl}) - \frac{L_g}{L_s}u_{slug}(\alpha_{wg} - \alpha_{wl}) \tag{5-80}$$

式(5-79)和式(5-80)中包含弹状流封闭单元的整体移动速度u_{slug}，因此无法直接计算气相和水相的表观流速。将式(5-79)与式(5-80)相加，可以消除u_{slug}和弹状流长度单元等参数，从而直接得到总表观流速的表达式，即

$$j = j_w + j_g = u_{wl}\alpha_{wl} + u_{gg}(1-\alpha_{wg}) \tag{5-81}$$

由式(5-81)可知，弹状流的总表观流速与液弹区的气、水两相的真实流动速度相关。液弹区内气相的真实流速u_{gl}可通过同侧收发的连续波超声多普勒方法获得，而液弹区内的含水率α_{wl}可通过电导传感器获得。将u_{gl}和α_{wl}代入式(5-74)中，可计算得到液弹区内水相的真实流动速度u_{wl}，并最终计算出弹状流总表观流速，再与含水率信息相结合，得到气相和水相的表观流速。

5.3.3 多普勒频移时频特性与多普勒流速提取

本节针对50mm内径水平管道中气水两相流实验数据，对泡状流、塞状流和弹状流三种流型的多普勒频移开展时频特性分析，并与电导传感器获取的含水率时间序列相比较，根据测量模型结构，针对不同流型构建不同的测速方法。

1. 泡状流时频特性与多普勒流速提取

同侧收发的连续波超声多普勒传感器和电导传感器泡状流测试信号如图 5-24 所示，此时水相和气相的表观流速分别为 2.12m/s 和 0.18m/s，含水率为 95.1%。图 5-24(a)是 10s 内多普勒频移信号的归一化时频谱，纵轴代表多普勒频移，横轴代表时间，不同灰度值代表多普勒频移的归一化能量。图 5-24(b)描述了利用式(5-7)和式(5-58)计算得到的多普勒流速随时间变化的曲线，每一个流速点的时间段为 20ms。图 5-24(c)为电导传感器获取的含水率随时间变化的曲线。

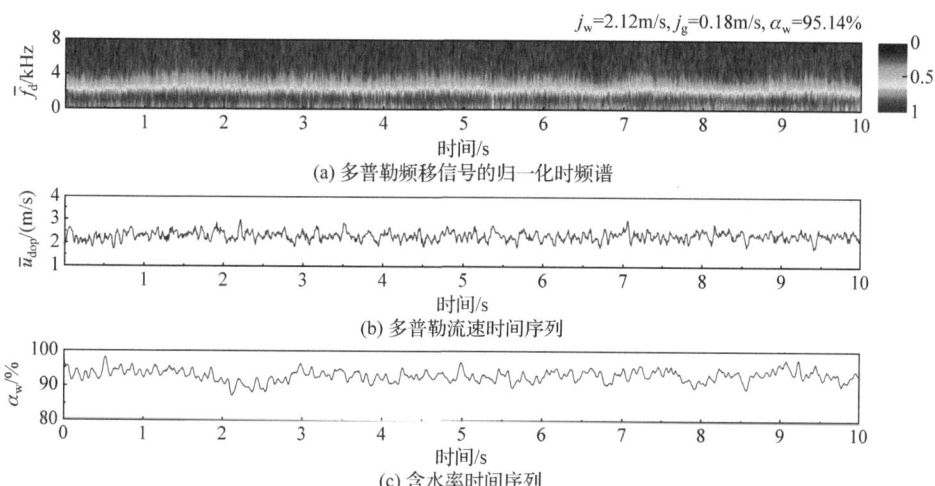

图 5-24　同侧收发的连续波超声多普勒传感器和电导传感器泡状流测试信号

在图 5-24 中，多普勒流速和含水率的时间序列区间都较为平稳，波动很小。因为在泡状流中，气、水两相之间的相互作用较弱，湍动现象不剧烈，而流速和含水率在流动过程中出现的轻微波动主要来自瞬时流速和含水率的轻微变化。所以气相的真实流速 u_g 可通过计算一段时间内的多普勒流速平均值得到，即

$$u_g = \frac{1}{T}\int_0^T \bar{u}_{\mathrm{dop}}(t)\mathrm{d}t \tag{5-82}$$

式中，$\bar{u}_{\mathrm{dop}}(t)$ 为多普勒流速的时间序列。

将 u_g 与通过电导传感器得到的 α_w 代入式(5-74)中，并利用表观流速定义式(5-61)~式(5-63)可获得泡状流气水分相流速与总表观流速。

2. 塞状流时频特性与多普勒流速提取

同侧收发的连续波超声多普勒传感器和电导传感器塞状流测试信号如图 5-25 所示，水相和气相的表观流速分别为 0.30m/s 和 0.21m/s，含水率为 58.73%。

在塞状流中，由细小气泡聚集形成的长气泡伴随细小气泡间断地沿管壁顶部流

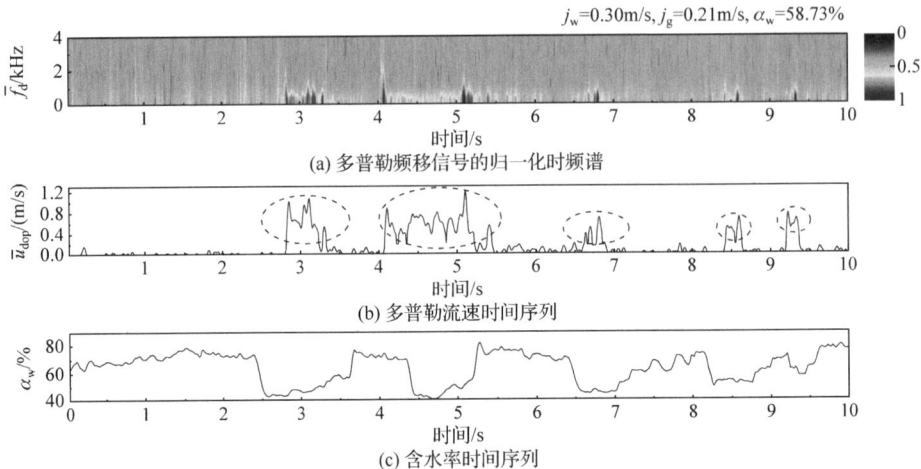

图 5-25 同侧收发的连续波超声多普勒传感器和电导传感器塞状流测试信号

动。在图 5-25(a)和(b)中,当有长气泡团或细小气泡团经过测试空间时,气泡的运动引起了多普勒频移;当没有气泡经过时,超声传感器接收的超声反射信号不包含频移,此时多普勒速度近似为 0。含水率时间序列趋势则相反,即当有气泡经过测试空间时会导致瞬时含水率下降,而没有气泡经过时,含水率较高且波动不明显。图 5-25(b)中虚线内为气塞或气泡经过测试空间,而每当图 5-25(b)中出现代表高流速的波峰时,在图 5-25(c)的相同时间位置必然对应出现代表低含水率的波谷。

由于气泡和气塞的间断性出现,无法用类似泡状流计算平均流速的方式获取塞状流的多普勒流速,但可设立阈值来区分测试空间是否有气塞或气泡经过。当气塞或气泡经过时的多普勒流速远大于无气塞或气泡经过时的多普勒流速,所以阈值 th_g 可设定为一段时间的平均速度,即

$$\text{th}_g = \frac{1}{T}\int_0^T \bar{u}_{\text{dop}}(t)\mathrm{d}t \tag{5-83}$$

当瞬时多普勒流速大于阈值时,认为有气塞或气泡经过,保留当前值;反之则舍弃当前值。该判定规则可表示为

$$\begin{cases} u_i = \bar{u}_{\text{dop}}(t), & \bar{u}_{\text{dop}}(t) \geqslant \text{th}_g \\ u_i = 0, & \bar{u}_{\text{dop}}(t) < \text{th}_g \end{cases} \tag{5-84}$$

式中,u_i 为阈值分割后的多普勒流速。

此时,塞状流气相真实流速可以表示为

$$u_g = \frac{1}{N}\sum_{i=1}^{N} u_i, \quad u_i > 0 \tag{5-85}$$

式中,N 为计算塞状流气相真实流速所用 u_i 的个数。

将 u_g 与通过电导传感器得到的 α_w 代入式(5-74)中,并利用表观流速定义

式(5-61)~式(5-63)可获得塞状流气水分相流速与总表观流速。

3. 弹状流时频特性与多普勒流速提取

同侧收发的连续波超声多普勒传感器和电导传感器弹状流测试信号如图5-26所示，水相和气相的表观流速分别为1.56m/s和1.76m/s，含水率为47.02%。

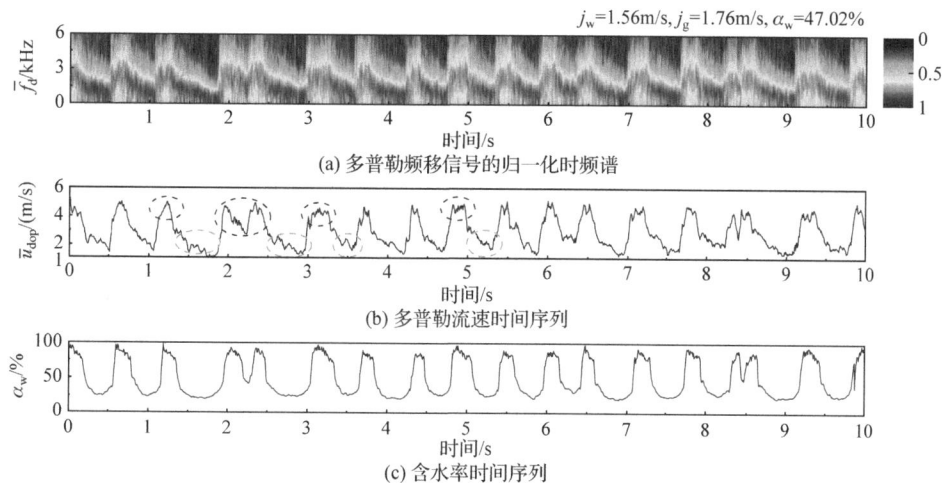

图5-26 同侧收发的连续波超声多普勒传感器和电导传感器弹状流测试信号

由于弹状流结构具有瞬时变化大且间断性强的特点，其检测响应曲线波动也十分明显。当液弹区穿过测试空间时，液弹区内携带的小气泡速度相对较高，从而引起较强的瞬时多普勒频移。图5-26(b)中黑色虚线椭圆内的波峰表示液弹区流经测试空间。在液弹区之后，气弹区穿过测试空间，由于气弹区流速较低，所以多普勒频移较低。气弹区在图5-26(b)中形成波谷，即灰色虚线椭圆区域内。

电导传感器测试得到的含水率变化趋势与多普勒流速趋势相同。当液弹区穿过测试空间时，含气量较低，瞬时含水率较高；而当气弹区穿过测试空间时，含气量较高，瞬时含水率较低。因此，图5-26(a)~(c)中波峰、波谷的位置和趋势一致。

与塞状流类似，液弹区的气相平均真实流速u_{gs}可以通过式(5-85)获得，而气弹区的含水率α_{wl}可通过电导传感器得到。将u_{gl}与含水率信息α_{wl}代入式(5-74)中，可得到液弹区水的真实流动速度u_{wl}。将u_{gl}、u_{wl}和α_{wl}代入式(5-81)中，最终得到水平气水塞状流的总表观流速与分相流速。

5.3.4 气水两相流测量结果与误差分析

气水两相流分相流速测量结果如图5-27所示，总表观流速测量结果如图5-28

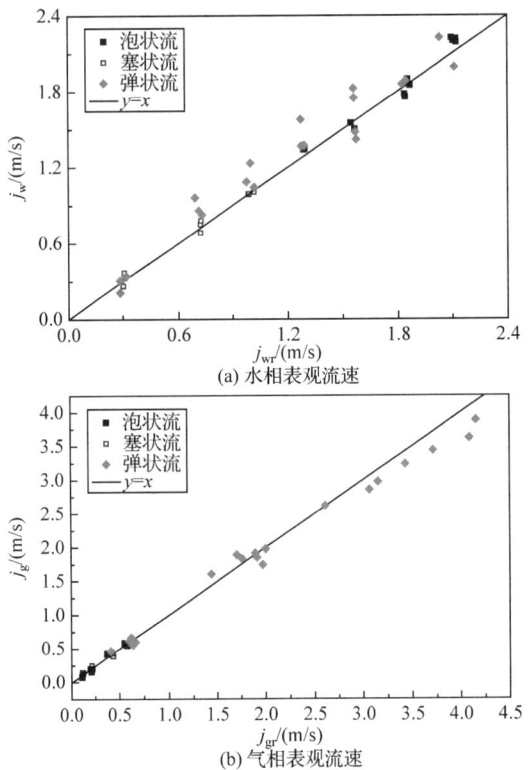

图 5-27 气水两相流分相流速测量结果

所示,其中 j_w 和 j_g 分别为水相和气相表观流速的模型计算值, j_{wr} 和 j_{gr} 分别为水相和气相表观流速的参考值, j 和 j_r 分别为总表观流速的模型计算值和参考值。

气、水两相表观流速的均方根误差分别为 0.11m/s 和 0.12m/s,总表观流速的均方根误差为 0.11m/s,平均相对误差为 3.55%,最大相对误差为 7.85%,相对误差小于 5% 的置信概率为 76.19%。误差来源主要包括以下几点。

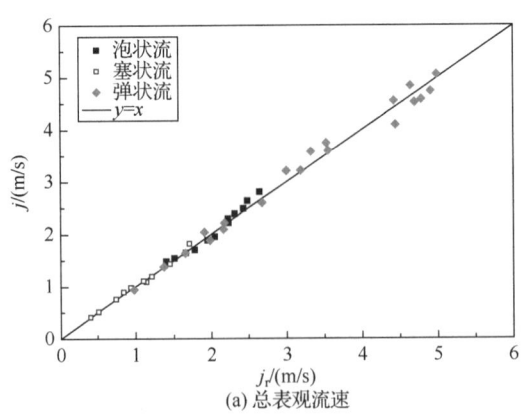

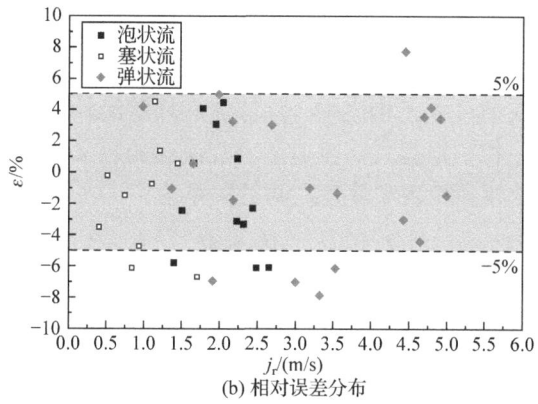

图 5-28 总表观流速测量结果

(1) 同侧收发的连续波超声多普勒传感器结构的测试空间为整个管道截面，检测所得多普勒流速即离散气相的平均真实流速。其中，多普勒频移信号产生于离散气泡的表面，由于声波的衰减，接收端来自管道内不同位置气泡所产生多普勒频移信号的强度也不同，影响了平均多普勒频移的计算结果。

(2) 在区分塞状流中的气塞或弹状流中的液弹的过程中，同样会引入误差。由于每个气塞或液弹的流速都不相同，基于时间平均的阈值会造成错过部分流速较低的气塞或液弹。平均值阈值只是众多阈值计算方法中的一种，找到一种更好的阈值计算方式或自适应阈值可解决该问题。

(3) 测量模型都是根据理论计算模型建立的，尤其对于弹状流，其结构较为理想。对于实际流动过程，会出现与理想模型不符的情况。例如，弹状流中两个液弹区间隔较短，导致气弹区不明显等，因此检测结果会受到一定影响。

5.4 连续波超声多普勒油气水三相流流速测量

油气水三相流可视为液相组分复杂的气液两相流，因此为保证接收端能接收到足够的多普勒频移信息，采用同侧收发的连续波超声多普勒传感器结构[59]。

5.4.1 三相流多普勒速度

与油水和气水两相流相比，油气水三相流的流动结构更加复杂，流型与参数变化更随机，已有流型图多参考气水流型来划分流型边界。油气水三相流中既包括油水两相流的流动特征，又呈现气液两相流动结构，因此参考 Spedding 等[60]对水平油气水三相流的流型划分，将混合流体分为水基(water dominated, WD)和油基(oil dominated, OD)两种流动状态，即连续相分别为水相或油相的气液两相流型。

连续相的不同会导致流体混合雷诺数的变化，从而导致流速剖面的不同，因此水基三相流和油基三相流的流速剖面结构有较大差异。异侧收发的连续波超声多普勒的测试空间能够覆盖整个管道截面，检测结果不受流速剖面变化的影响，可简化检测建模。在油气水三相流中，除层流和环状流外，分散相可能是气相和油、水两相中的任一相，根据真实流速和表观流速的定义，分散相平均流速的多普勒流速 $\bar{u}_{dop}$ 与分散相各相表观流速之间的关系为

$$\bar{u}_{dop} = \frac{Q_g + Q_d}{A_{dis}} = \frac{Aj_g + Aj_d}{A\alpha_{dis}} = \frac{j_g + j_d}{\alpha_g + \alpha_d} \tag{5-86}$$

式中，Q_g 与 Q_d 分别为作为离散气相与离散液相的体积流量；A_{dis} 为分散相占据的流通面积；j_g 与 j_d 分别为离散气相与离散液相的表观流速；α_g 与 α_d 分别为离散气相与离散液相的相含率。

根据真实流速与表观流速的关系，式(5-86)可改写为

$$\bar{u}_{dop} = \frac{u_g \alpha_g}{\alpha_g + \alpha_d} + \frac{u_d \alpha_d}{\alpha_g + \alpha_d} \tag{5-87}$$

式中，u_g 与 u_d 分别为离散气相与离散液相的真实流速。

式(5-87)即油气水三相流中多普勒流速与分散相的关系。

油气水三相流的两种常见的代表性流型是水基分散塞状(water dominated dispersed plug，WDDP)流和油基分散塞状(oil dominated dispersed plug，ODDP)流，其中，水基分散塞状流的离散液相为油相，油基分散塞状流的离散液相为水相，本节针对这两种流型的流速检测方法和测量模型进行讨论。

5.4.2 分相流速测量模型

油气水三相流的多普勒速度中包含了两个分散相的速度信息，但还需额外的关系式才能直接获得这两个分散相的流速信息。双流体模型描述两相流的流动特征，可用于分析分散相与连续相之间的运动状态，本节针对水基分散塞状流和油基分散塞状流的流动特征，将其扩展为三相流流动模型。

1. 三相流流动模型

不同连续相的分散塞状流结构如图 5-29 所示，气塞一般沿管道顶部流动，而离散液相与连续相混合在一起流动。由于三相流存在相间滑动现象，基于受力平衡和动量守恒，可以将双流体模型扩展成为三相流模型。类似模型曾用于三相流层流[61]，但还比较缺乏对于分散流的研究。

对于充分发展的分散塞状流，两种分散相分别受压力梯度力和来自连续相的曳力，而连续相除了受到管壁的剪切力，还受到来自两种分散相的反作用力。不同分散相与连续相之间的动量平衡方程为

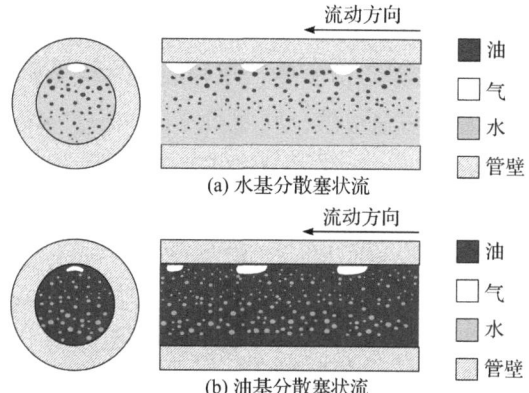

图 5-29 不同连续相的分散塞状流结构

$$-\alpha_g\left(\frac{dp}{dl}\right) - F_{gdrag} = 0 \tag{5-88}$$

$$-\alpha_d\left(\frac{dp}{dl}\right) - F_{ddrag} = 0 \tag{5-89}$$

$$-\alpha_c\left(\frac{dp}{dl}\right) + F_{gdrag} + F_{ddrag} - \frac{\tau_c S_c}{A} = 0 \tag{5-90}$$

式中，α_c 是连续相在三相流中的相含率，并且满足 $\alpha_g + \alpha_d + \alpha_c = 1$；$\tau_c$ 和 S_c 分别是管壁对连续相的剪切力和连续相的湿润系数；F_{gdrag} 和 F_{ddrag} 分别是连续相对离散气相和离散液相的曳力。

在水基分散塞状流和油基分散塞状流中，管内壁始终处于湿润状态，即始终被连续相包裹，因此连续相的湿润系数 S_c 等于管道内壁周长。整理式(5-88)~式(5-90)，可约去压力梯度 $\dfrac{dp}{dl}$，将模型简化为

$$\alpha_d F_{gdrag} - \alpha_g F_{ddrag} = 0 \tag{5-91}$$

$$\left(1+\frac{\alpha_w}{\alpha_d}\right) F_{ddrag} + F_{gdrag} - \frac{4\tau_c}{D} = 0 \tag{5-92}$$

在分散塞状流中，离散气相和离散液相分别以长气泡和液滴的形式存在，因此，连续相对分散相的曳力即连续相对长气泡和液滴的曳力。根据式(5-66)，曳力 F_{gdrag} 和 F_{ddrag} 可分别表示为

$$F_{gdrag} = \frac{3\alpha_g \rho_c C_{Dg} |u_g - u_c|(u_g - u_c)}{4 d_g} \tag{5-93}$$

$$F_{ddrag} = \frac{3\alpha_d \rho_c C_{Dd} |u_d - u_c|(u_d - u_c)}{4 d_d} \tag{5-94}$$

式中，u_c 为连续相的真实流速；ρ_c 为连续相的密度；C_{Dg} 和 C_{Dd} 分别为离散气相和离散液相的拖曳系数；d_g 和 d_d 分别为气泡和液滴的索特平均直径，其中 d_g 的计算方法与气水两相流所用方法一致，利用式(5-67)和式(5-68)，可得

$$d_g = 0.62\, d_{\text{maxg}} = \frac{0.62 \times 0.0775\, D^{0.5}}{u_c^{1.1}} \tag{5-95}$$

式中，d_{maxg} 为气泡的最大直径。

液滴直径 d_d 的计算方法则与气泡不同[62,63]，在连续相中液滴直径 d_d 为

$$d_d = 0.62\, d_{\text{maxd}} = \frac{0.62 \times 5.53\sigma}{f_c \rho_c u_c^2} \tag{5-96}$$

式中，d_{maxd} 为液滴的最大直径；σ 为离散液相与连续相之间的界面张力；f_c 为连续相在光滑管道中的摩擦因子，根据式(5-72)，可表示为

$$f_c = \begin{cases} \dfrac{64}{Re_c}, & Re_c \leqslant 2100 \\[2mm] \dfrac{64}{\left(\ln(Re_c) - \ln\left(1 + 0.01 Re_c \dfrac{\delta}{D}\left(1 + 10\sqrt{\dfrac{\delta}{D}}\right)\right)\right)^{2.4}}, & Re_c > 2100 \end{cases} \tag{5-97}$$

式中，Re_c 为连续相在完全湿润管壁内的雷诺数，定义为 $Re_c = \dfrac{\rho_c u_c D}{\mu_c}$，其中 μ_c 为连续相的动力黏度。

气泡和液滴的拖曳系数可分别表示为

$$C_{Dg} = \begin{cases} \dfrac{24}{Re_{cg}}\left(1 + 0.15 Re_{cg}^{0.687}\right), & Re_{cg} \leqslant 1000 \\ 0.445, & Re_{cg} > 1000 \end{cases} \tag{5-98}$$

$$C_{Dd} = \begin{cases} \dfrac{24}{Re_{cd}}\left(1 + 0.15 Re_{cd}^{0.687}\right), & Re_{cd} \leqslant 1000 \\ 0.445, & Re_{cd} > 1000 \end{cases} \tag{5-99}$$

式中，Re_{cg} 为气泡与连续相之间的相对雷诺数，定义为 $Re_{cg} = \dfrac{\rho_c |u_g - u_c| d_g}{\mu_c}$；$Re_{cd}$ 为液滴与连续相之间的相对雷诺数，定义为 $Re_{cd} = \dfrac{\rho_c |u_d - u_c| d_d}{\mu_c}$。

对于完全湿润的管道，连续相与管内壁之间的剪切力 τ_c 为

$$\tau_c = \frac{f_c \rho_c u_c^2}{8} \tag{5-100}$$

将曳力 F_{gdrag}、F_{gdrag} 和剪切力 τ_{c} 代入式(5-88)和式(5-89)中，油气水三相流的流动模型建立完成，即

$$\frac{C_{\mathrm{Dg}}\left|u_{\mathrm{g}}-u_{\mathrm{c}}\right|(u_{\mathrm{g}}-u_{\mathrm{c}})}{d_{\mathrm{g}}} - \frac{C_{\mathrm{Dd}}\left|u_{\mathrm{d}}-u_{\mathrm{c}}\right|(u_{\mathrm{d}}-u_{\mathrm{c}})}{d_{\mathrm{d}}} = 0 \quad (5\text{-}101)$$

$$\left(1+\frac{\alpha_{\mathrm{w}}}{\alpha_{\mathrm{d}}}\right)\frac{3\alpha_{\mathrm{d}}C_{\mathrm{Dd}}\left|u_{\mathrm{d}}-u_{\mathrm{c}}\right|(u_{\mathrm{d}}-u_{\mathrm{c}})}{2d_{\mathrm{d}}} + \frac{3\alpha_{\mathrm{g}}C_{\mathrm{Dg}}\left|u_{\mathrm{g}}-u_{\mathrm{c}}\right|(u_{\mathrm{g}}-u_{\mathrm{c}})}{2d_{\mathrm{g}}} - \frac{f_{\mathrm{c}}u_{\mathrm{c}}^{2}}{D} = 0 \quad (5\text{-}102)$$

将式(5-101)、式(5-102)与式(5-87)组成方程组，建立油气水三相流分相流速测量模型，其中多普勒流速 $\bar{u}_{\mathrm{dop}}$ 由同侧多普勒传感器获取，相含率使用实验装置标准表计量值。此时，未知量为气相真实流速 u_{g}、离散液相真实流速 u_{d} 和连续相真实流速 u_{c}。

方程组结构复杂且呈现高度非线性，无法直接求得精确解。因此，使用 TR 算法对方程组进行迭代计算[64]。计算得到各相的真实流速后，结合各相含率，可获得各相表观流速和总表观流速。

2. 分相流速计算方法

待求解方程组由式(5-87)、式(5-101)与式(5-102)组成。首先将方程组整理为 $F(X)=0$ 的形式，其中 $X = \begin{bmatrix} u_{\mathrm{w}} & u_{\mathrm{o}} & u_{\mathrm{g}} \end{bmatrix}^{\mathrm{T}}$。

建立一个逼近 $F(X)$ 的方程组 $F(X_k+P)$，即

$$F(X_k+P) = F(X_k) + g_k^{\mathrm{T}}P + \frac{1}{2}P^{\mathrm{T}}\nabla^2 F(X_k+P)^{\mathrm{T}}P \quad (5\text{-}103)$$

式中，X_k 为求解向量 X 时第 k 步的迭代值；P 为步长；$g_k = \nabla F(X_k)$。

求解 $F(X)=0$ 相当于求解 $F(X_k+P)$ 的最小值，因此构造一函数 $m_k(P)$ 表示 $F(X_k+P)$ 的最小值，即

$$m_k(P) = F(X_k) + g_k^{\mathrm{T}}P + \frac{1}{2}P^{\mathrm{T}}B_k P \quad (5\text{-}104)$$

式中，$B_k = \nabla^2 F(X_k)$。

此时，方程组的 TR 算法可表示为

$$\begin{aligned} \min\ m_k(P) &= F(X_k) + g_k^{\mathrm{T}}P + \frac{1}{2}P^{\mathrm{T}}B_k P \\ \mathrm{s.t.}\ \|P\| &\leqslant \Delta_k \end{aligned} \quad (5\text{-}105)$$

式中，Δ_k 为第 k 步的信赖域。

定义比值 v_k 来调整第 k 步的信赖域，即

$$v_k = \frac{F(X_k) - F(X_k+P)}{m_k(0) - m_k(P)} \quad (5\text{-}106)$$

如果 v_k 小于阈值 v_1，则应缩小信赖域；如果 v_k 大于阈值 v_2，则应扩大信赖域；如果 v_k 位于两阈值之间，则保持信赖域。

步长 P 的计算方法为

$$P = \begin{cases} \psi P^U, & 0 \leqslant \psi \leqslant 1 \\ P^U + (\psi - 1)(P^B - P^U), & 1 < \psi \leqslant 2 \end{cases} \quad (5\text{-}107)$$

式中，$P^B = -B_k^{-1} g_k$；$P^U = -\dfrac{g_k^T g_k}{g_k^T B_k g_k} g_k$；$\psi$ 的表达式为

$$\psi = \begin{cases} 2, & \|P^B\| \leqslant \Delta_k \\ \dfrac{\Delta_k}{\|P^U\|}, & \|P^U\| \geqslant \Delta_k \\ \left\{ -(P^U)^T(P^B - P^U) + \sqrt{[(P^U)^T(P^B - P^U)]^2 - (P^B - P^U)[(P^U)^2 - \Delta_k^2]} \right\} / (P^B - P^U)^2 + 1, & \text{其他} \end{cases}$$

(5-108)

TR 算法的求解流程图如图 5-30 所示。经实际测算，该算法求解向量 X 的耗时为毫秒级，因此可用于在线流速检测。

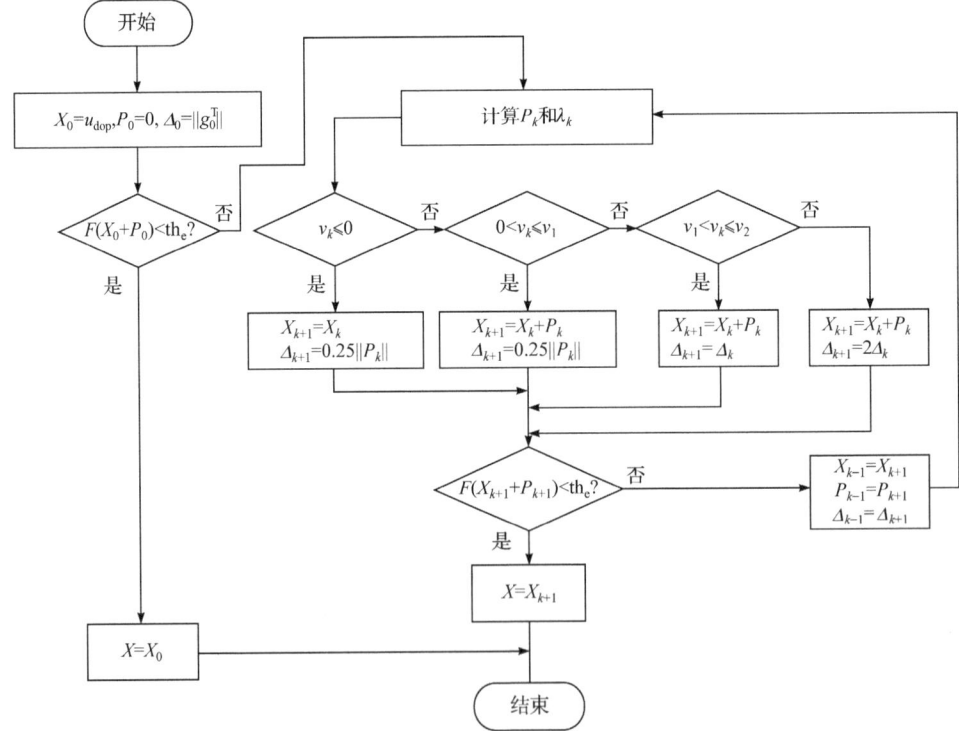

图 5-30　TR 算法的求解流程图

5.4.3 分散相频移与时频特性

为了验证同侧多普勒方法不受连续相变化的影响,并提取多普勒流速信息,在油气水三相流实验数据处理、分析的基础上,比较分散相引起的多普勒频移与分散相的表观流速,并分别对两种典型流型的多普勒频移信号进行时频分析,并描述其流动特征。

1. 分散相频移特性

油气水三相流在流动过程中同时展现出油水和气水两相流的流动特征。根据油水两相流的流动结构分析,连续相的不同会造成混合雷诺数的变化,从而导致流速剖面形状的不同。

相对于测试空间位于管道中心区域的异侧连续波多普勒方法,同侧连续波多普勒测试空间覆盖管道截面,前者的多普勒频移表征管道中心区域的分散相平均速度,用该频移推算管道全截面的分散相平均速度时,需考虑流速剖面不同带来的影响;而后者的多普勒频移表征管道全截面的分散相平均速度,即使连续相的变化会导致三相流流速剖面的变化,水基分散塞状流或者油基分散塞状流均不需要考虑流速剖面不同带来的影响。

多普勒频移与分散相总表观流速 j_{dis} 的关系如图 5-31 所示,图中水液比指的是水占油水总液相的体积分数,从图中可以看出,在水连续与油连续条件下,多普勒频移与分散相总表观流速呈相似的线性关系。因此,在油气水三相流中,由连续相的变化引起的流速剖面改变不会体现在同侧连续波多普勒频移中。

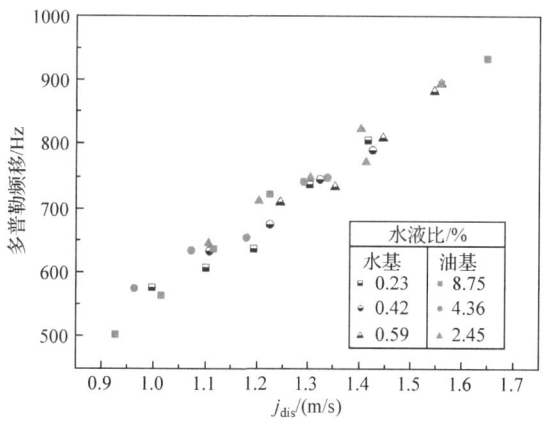

图 5-31 多普勒频移与分散相总表观流速 j_{dis} 的关系

2. 水基分散塞状流时频分析

水基分散塞状流连续波超声多普勒响应特性如图 5-32 所示，水相、油相和气相的表观流速分别为 0.70m/s、0.29m/s 和 0.22m/s，水液比为 71.30%。图 5-32(a)是 10s 内多普勒频移信号的归一化时频谱，纵轴代表多普勒频移，不同灰度值代表多普勒频移的归一化能量。图 5-32(b)描述了利用式(5-7)和式(5-58)计算得到的多普勒流速随时间的变化曲线，每一个流速点的时间为 20ms 内的平均多普勒流速。

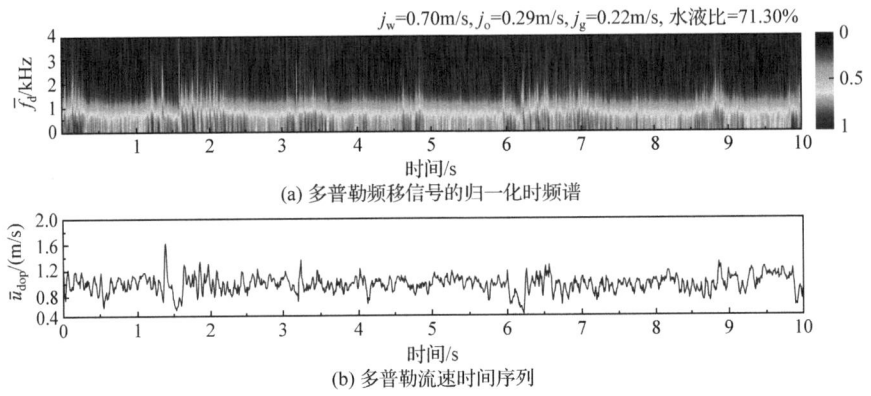

(a) 多普勒频移信号的归一化时频谱

(b) 多普勒流速时间序列

图 5-32　水基分散塞状流连续波超声多普勒响应特性

如图 5-32 所示，多普勒流速有轻微的波动。由于水的动力黏度较低，波动主要来自局部湍动和瞬时速度的变化。所以在一段时间内对多普勒速度求平均可消除这种波动并得到分散相的平均真实流速 u_{dis}，即

$$u_{\text{dis}} = \frac{1}{T}\int_0^T \bar{u}_{\text{dop}}(t)\mathrm{d}t \tag{5-109}$$

在水基分散塞状流中，离散液相为油，连续相为水，因此 u_{dis} 为油相与气相的平均真实流速。在式(5-87)、式(5-101)与式(5-102)构成的方程组中，离散液相的参量均代表油相，连续相的参量均代表水相。将式(5-87)中的 $\bar{u}_{\text{dop}}$ 替换为 u_{dis}，并结合各相含率可计算得到油、气、水三相的真实流速，进而根据总表观流速定义，计算得到各相的表观流速和三相流总表观流速。

3. 油基分散塞状流时频分析

油基分散塞状流连续波超声多普勒响应特性如图 5-33 所示，水相、油相和气相的表观流速分别为 0.29m/s、0.71m/s 和 0.21m/s，水液比为 29.20%。

油基分散塞状流的多普勒流速同样存在波动，但波动程度比水基分散塞状流的情况小，这是由于油的动力黏度较高，湍动能量低。所以分散相的平均真实流速 u_{dis} 可以通过式(5-109)计算。离散液相为水、连续相为油，因此 u_{dis} 为气相与水相的平均真实流速。在式(5-87)、式(5-101)与式(5-102)构成的方程组中，离散液相

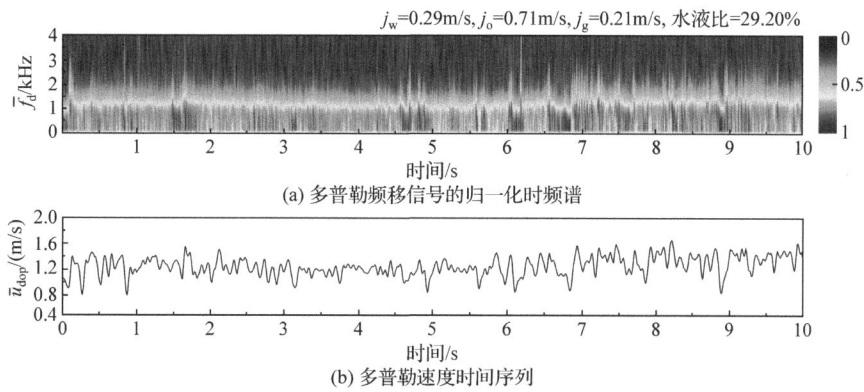

图 5-33 油基分散塞状流连续波超声多普勒响应特性

的参量均代表水相,连续相的参量均代表油相。各相的表观流速和三相流总表观流速计算方法与水基分散塞状流相同。

5.4.4 油气水三相流测量结果与误差分析

油气水三相流分相流速测量结果如图 5-34 所示,总表观流速测量结果及误差分布如图 5-35 所示。油相、气相和水相表观流速的均方根误差分别为 0.02m/s、0.02m/s

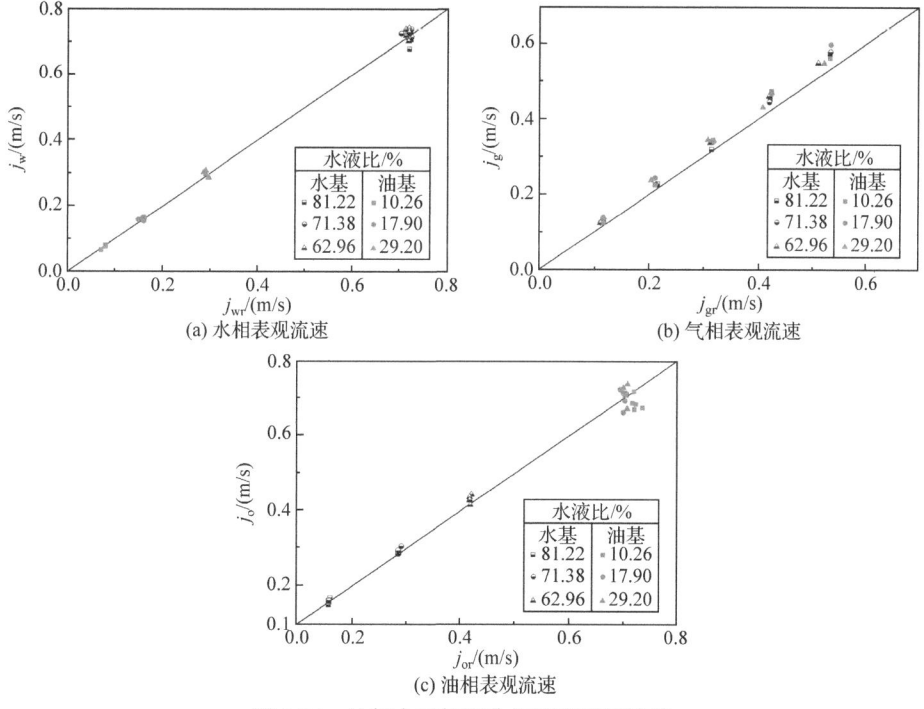

图 5-34 油气水三相流分相流速测量结果

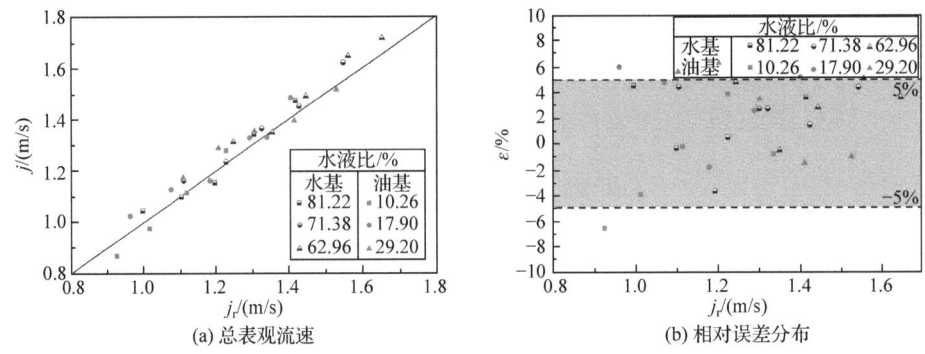

图 5-35　总表观流速测量结果及误差分布

和 0.03m/s，总表观流速的均方根误差为 0.05m/s，平均相对误差为 3.41%，最大相对误差为 6.74%，相对误差小于 5%的置信概率为 80%。

多普勒流速是通过多普勒频移计算得到的，因此多普勒频移的检测精度和计算精度决定了多普勒流速的检测精度。当超声在三相流中传播时，能量会发生衰减，且衰减的机制十分复杂，因此距离超声接收端传感器较近的分散相反射声波的能量大于距离较远的分散相的情况，导致距离较远的分散相所产生的频移信号能量较低，进而在频移能量谱上的幅值较低。此外，由于气相和液相的声阻抗相差较大，经由气相分散相反射得到的声波能量远大于液相分散相的情况。当采用加权平均方法计算平均多普勒频移时，距离较远的分散相对于最终多普勒频移结果的贡献要小于距离较近的分散相的情况，同时液相分散相的贡献要小于气相分散相，最终导致平均多普勒频移偏向能量贡献较大的一相。

此外，图 5-35(b)中油基分散塞状流的相对误差明显更大，这是由于在测量模型中，油基分散塞状流的连续相为油，离散液相为水。但在实际流动中，管道底部会存在一层连续流动的水相，其中也会夹带少量油滴，从而导致模型与理论流型的差别。由于管壁附近的流速较低，将直接影响分散相平均多普勒流速的计算结果，从而给油基分散塞状流的流速检测结果带来误差。

5.5　本章小结

本章介绍了基于连续波超声多普勒技术的水平管道油气水多相流总表观流速和分相流速的测量方法。首先，介绍了连续波超声多普勒技术的流速测量基本原理、测量特性以及信号处理方法。在此基础上，针对液液两相流、气液两相流和油气水三相流的不同流动特点，设计了同侧或异侧收发传感器结构，用于获取测试空间内分散相的多普勒流速信息；进而，通过对多相流流动结构和流动过程的分析建立不同的参数测量模型，将多普勒流速信息与相含率信息结合，实现了不同流体总表观流速与分相流速的准确测量。

参 考 文 献

[1] Pirnia E. Blood velocities estimation using ultrasound. Lund: Lund University, 2013.

[2] Brody W R, Meindl J D. Theoretical analysis of the CW Doppler ultrasonic flowmeter. IEEE Transactions on Biomedical Engineering, 1974, 21(3): 183-192.

[3] Ricci S, Matera R, Tortoli P. An improved Doppler model for obtaining accurate maximum blood velocities. Ultrasonics, 2014, 54(7): 2006-2014.

[4] Morriss S L, Hill A D. Measurement of velocity profiles in upwards oil/water flow using ultrasonic Doppler velocimetry//SPE Annual Technical Conference and Exhibition, Dallas, 1991.

[5] Muraia Y, Tasaka Y, Nambu Y, et al. Ultrasonic detection of moving interfaces in gas-liquid two-phase flow. Flow Measurement and Instrumentation, 2010, 21(3): 356-366.

[6] Tan C, Murai Y, Liu W L, et al. Ultrasonic Doppler technique for application to multiphase flows: A review. International Journal of Multiphase Flow, 2021, 144: 103811.

[7] Kouame D, Girault J M, Remenieras J P, et al. High resolution processing techniques for ultrasound Doppler velocimetry in the presence of colored noise. part I: Nonstationary methods. IEEE Transactions on Ultrasonics, Ferroelectrics, and Frequency Control, 2003, 50(3): 257-266.

[8] Kouame D, Girault J M, Remenieras J P, et al. High resolution processing techniques for ultrasound Doppler velocimetry in the presence of colored noise. part II: Multiplephase pipe-flow velocity measurement. IEEE Transactions on Ultrasonics, Ferroelectrics, and Frequency Control, 2003, 50(3): 267-278.

[9] Abbagoni B M, Yeung H. Non-invasive classification of gas-liquid two-phase horizontal flow regimes using an ultrasonic Doppler sensor and a neural network. Measurement Science and Technology, 2016, 27(8): 084002.

[10] Wu H, Tan C, Dong X X, et al. Design of a conductance and capacitance combination sensor for water holdup measurement in oil-water two-phase flow. Flow Measurement and Instrumentation, 2015, 46: 218-229.

[11] 陈克安, 曾向阳, 杨有粮. 声学测量. 北京: 机械工业出版社, 2010.

[12] Silva G T, Bandeira A. Difference-frequency generation in nonlinear scattering of acoustic waves by a rigid sphere. Ultrasonics, 2013, 53(2): 470-478.

[13] Kremkau F, Forsberg F. Sonography Principles and Instruments. Oxford: Elsevier, 2010.

[14] 罗守南. 基于超声多普勒方法的管道流量测量研究. 北京: 清华大学, 2004.

[15] Dong X X, Tan C, Dong F. Gas-liquid two-phase flow velocity measurement with continuous wave ultrasonic Doppler and conductance sensor. IEEE Transactions on Instrumentation and Measurement, 2017, 66(11): 3064-3076.

[16] Baker D W, Yates W G. Technique for studying the sample volume of ultrasonic Doppler devices. Medical and Biological Engineering, 1973, 11(6): 766-770.

[17] Vilkomerson D, Ricci S, Tortoli P. Finding the peak velocity in a flow from its Doppler spectrum. IEEE Transactions on Ultrasonics, Ferroelectrics, and Frequency Control, 2013, 60(10): 2079-2088.

[18] Takeda Y. Ultrasonic Doppler Velocity Profiler for Fluid Flow. Tokyo: Springer Japan, 2012.

[19] Zuber N, Findlay J A. Average volumetric concentration in two-phase flow systems. Journal of Heat Transfer, 1965, 87(4): 453-468.

[20] Shi H, Holmes J A, Durlofsky L J, et al. Drift-flux modeling of two-phase flow in wellbores. SPE Journal, 2005, 10(1): 24-33.

[21] Shi H, Holmes J A, Diaz L R, et al. Drift-flux parameters for three-phase steady-state flow in wellbores. SPE Journal, 2005, 10(2): 130-137.

[22] Dong X X, Tan C, Yuan Y, et al. Oil-water two-phase flow velocity measurement with continuous wave ultrasound Doppler. Chemical Engineering Science, 2015, 135: 155-165.

[23] Brauner N. Two-phase liquid-liquid annular flow. International Journal of Multiphase Flow, 1991, 17(1): 59-76.

[24] Trallero J L, Sarica C, Brill J P. A study of oil/water flow patterns in horizontal pipes. SPE Production & Facilities, 1997, 12(3): 165-172.

[25] Bergstrom D J, Tachie M F, Balachandar R. Application of power laws to low Reynolds number boundary layers on smooth and rough surfaces. Physics of Fluids, 2001, 13(11): 3277-3284.

[26] Zagarola M V, Smits A J. Mean-flow scaling of turbulent pipe flow. Journal of Fluid Mechanics, 1998, 373: 33-79.

[27] Arirachakaran S, Oglesby K D, Malinowsky M S, et al. An analysis of oil/water flow phenomena in horizontal pipes//SPE Production Operations Symposium, Oklahoma City, 1989: 155-167.

[28] Chen C L. Unified theory on power laws for flow resistance. Journal of Hydraulic Engineering, 1991, 117(3): 371-389.

[29] Smart G M, Duncan M J, Walsh J M. Relatively rough flow resistance equations. Journal of Hydraulic Engineering, 2002, 128(6): 568-578.

[30] Elseth G. An experimental study of oil/water flow in horizontal pipes. Trondheim: Norwegian University of Science and Technology, 2001.

[31] Dong X X, Tan C, Yuan Y, et al. Measuring oil-water two-phase flow velocity with continuous-wave ultrasound Doppler sensor and drift-flux model. IEEE Transactions on Instrumentation and Measurement, 2016, 65(5): 1098-1107.

[32] 董虓霄, 谭超, 董峰. 超声多普勒水连续油水分散流流速测量方法. 工程热物理学报, 2016, 37(4): 775-779.

[33] França F, Lahey R T. The use of drift-flux techniques for the analysis of horizontal two-phase flows. International Journal of Multiphase Flow, 1992, 18(6): 787-801.

[34] Hasan A R, Kabir C S. A simplified model for oil/water flow in vertical and deviated wellbores. SPE Production & Facilities, 1999, 14(1): 56-62.

[35] Morgan R G, Markides C N, Hale C P, et al. Horizontal liquid-liquid flow characteristics at low superficial velocities using laser-induced fluorescence. International Journal of Multiphase Flow, 2012, 43: 101-117.

[36] Tan C, Li P F, Dai W, et al. Characterization of oil-water two-phase pipe flow with a combined conductivity/capacitance sensor and wavelet analysis. Chemical Engineering Science, 2015, 134: 153-168.

[37] Dong X X, Tan C, Dong F. Water continuous oil-water flow velocity measurement based on

continuous waves ultrasonic Doppler method//2015 IEEE International Instrumentation and Measurement Technology Conference, Pisa, 2015: 370-375.

[38] Crowe C, Sommerfeld M, Tsuji Y, et al. Multiphase Flows with Droplets and Particles. Boca Raton: CRC Press, 2011.

[39] Park M Y, Jung S C, Byun J Y, et al. Effect of beam-flow angle on velocity measurements in modern Doppler ultrasound systems. AJR American Journal of Roentgenology, 2012, 198(5): 1139-1143.

[40] Bonner G M, Lin J P, Kemp A J, et al. Spectral broadening in continuous-wave intracavity Raman lasers. Optics Express, 2014, 22(7): 7492-7502.

[41] Osmanski B F, Bercoff J, Montaldo G, et al. Cancellation of Doppler intrinsic spectral broadening using ultrafast Doppler imaging. IEEE Transactions on Ultrasonics, Ferroelectrics, and Frequency Control, 2014, 61(8): 1396-1408.

[42] Ishii M, Mishima K. Two-fluid model and hydrodynamic constitutive relations. Nuclear Engineering and Design, 1984, 82(2-3): 107-126.

[43] Ishii M, Hibiki T. Thermo-Fluid Dynamics of Two-Phase Flow. New York: Springer, 2011.

[44] Gourma M, Jia N. Two-fluid model for 1D gas-liquid slug flows: Realizable mean slug characteristics. The Journal of Computational Multiphase Flows, 2015, 7(2): 57-78.

[45] Iliuta I, Fourar M, Larachi F. Hydrodynamic model for horizontal two-phase flow through porous media. The Canadian Journal of Chemical Engineering, 2003, 81(5): 957-962.

[46] Lovick J. Horizontal oil-water flows in the dual continuous flow regime. London: University of London, 2004.

[47] Russell T W F, Charles M E. The effect of the less viscous liquid in the laminar flow of two immiscible liquids. The Canadian Journal of Chemical Engineering, 1959, 37(1): 18-24.

[48] Angeli P, Hewitt G F. Pressure gradient in horizontal liquid-liquid flows. International Journal of Multiphase Flow, 1999, 24(7): 1183-1203.

[49] Monahan S M, Fox R O. Linear stability analysis of a two-fluid model for air-water bubble columns. Chemical Engineering Science, 2007, 62(12): 3159-3177.

[50] Al-Wahaibi T, Al-Wahaibi Y, Al-Ajmi A, et al. Experimental investigation on flow patterns and pressure gradient through two pipe diameters in horizontal oil-water flows. Journal of Petroleum Science and Engineering, 2014, 122: 266-273.

[51] Picchi D, Strazza D, Demori M, et al. An experimental investigation and two-fluid model validation for dilute viscous oil in water dispersed pipe flow. Experimental Thermal and Fluid Science, 2015, 60: 28-34.

[52] Hesketh R P, Russell T W F, Etchells A W. Bubble size in horizontal pipelines. AIChE Journal, 1987, 33(4): 663-667.

[53] Azzopardi B J, Hewitt G F. Maximum drop sizes in gas-liquid flows. Multiphase Science and Technology, 1997, 9(2): 109-204.

[54] Clift R, Grace J R, Weber M E. Bubbles, Drops, and Particles. New York: Academic Press, 1978.

[55] Avci A, Karagoz I. A novel explicit equation for friction factor in smooth and rough pipes. Journal of Fluids Engineering, 2009, 131(6): 061203.

[56] Dukler A E, Hubbard M G. A model for gas-liquid slug flow in horizontal and near horizontal tubes. Industrial & Engineering Chemistry Fundamentals, 1975, 14(4): 337-347.

[57] Al-lababidi S. Multiphase flow measurement in the slug regime using ultrasonic measurements techniques and slug closure model. Cranfield: Cranfield University, 2006.

[58] Issa R I, Kempf M H W. Simulation of slug flow in horizontal and nearly horizontal pipes with the two-fluid model. International Journal of Multiphase Flow, 2003, 29(1): 69-95.

[59] Dong X X, Tan C, Dong F. Oli-gas-water three-phase flow velocity measurement with continuous wave ultrasonic Doppler. International Journal of Multiphase Flow, 2017, 18(9): 3703-3713.

[60] Spedding P L, Donnelly G F, Cole J S. Three phase oil-water-gas horizontal co-current flow: I. experimental and regime map. Chemical Engineering Research and Design, 2005, 83(4): 401-411.

[61] Taitel Y, Barnea D, Brill J P. Stratified three phase flow in pipes. International Journal of Multiphase Flow, 1995, 21(1): 53-60.

[62] Angeli P, Hewitt G F. Drop size distributions in horizontal oil-water dispersed flows. Chemical Engineering Science, 2000, 55(16): 3133-3143.

[63] Khatibi M. Experimental study on droplet size of dispersed oil-water flow. South Trendelag: Norwegian University of Science and Technology, 2013.

[64] Yuan Y X. A review of trust region algorithms for optimization//The Fourth International Congress on Industrial and Applied Mathematics, Oxford, 2000: 271-282.

第 6 章 脉冲波超声多普勒测量法

超声在液体中的传播速度为 1400~1500m/s，因此可利用脉冲超声的传输时间，获取流体不同位置处的超声回波频移，进而利用多普勒效应测量不同位置处的流速。因此，脉冲波超声多普勒技术可实现多相流流速分布的在线测量，以及基于流速分布积分的分相流速测量。

6.1 脉冲波超声多普勒流速分布检测方法发展

脉冲波超声多普勒技术最初应用于医学检测中，如血流检测和医学诊断。20世纪80年代后期，Takeda[1,2]将该技术用于一般流体流速测量，并以医学中的血流计为基础研制出适用于工业流体流速测量的超声流速剖面仪，成功测量了水或水银的一维流速剖面。之后，脉冲波超声多普勒技术以其非侵入、无辐射以及对高温、非透明等复杂流体的良好适用性等优势，逐渐成为工业流体测量领域的研究热点并获得应用。

基于脉冲波超声多普勒技术的流速测量要求被测流体中包含足够多的散射体来反射超声和散射超声。因此，在单相流流速测量中，需要在被测流体中添加跟随性好且尺寸适宜的示踪粒子作为超声散射体。而工业复杂多相流中的颗粒、气泡、液滴等分散相可直接当作散射体，从而形成超声多普勒效应。因此，脉冲波超声多普勒技术多应用于气水两相流[3-5]、油水两相流[6,7]与液固两相流[8]等多相流流速测量中。需要注意的是，脉冲波超声多普勒技术仅能获取分散相速度，且为保证有效测量深度和回波强度，要兼顾分散相与连续相之间的声阻抗差异及分散相对声波的阻挡作用。因此，脉冲波超声多普勒技术用于流速测量时多局限于低空隙率的气液两相流，如气泡动力学的研究[9]、气泡减阻技术中壁面剪切力及摩擦系数的获取[10]等。

然而，多相流存在复杂的相间相互作用和速度差，使得连续相和分散相之间的流速剖面存在差异。为了获取不同相的流速，可在液体中加入示踪粒子作为超声散射体，超声在气泡和示踪粒子的表面均会发生反射现象和散射现象，因此可从超声回波信号中分离出气相和液相的流速信息[11]。基于该思想，1998年Zhou等[12]、2002年Suzuki等[13]开发了基于统计的相分离技术，实现了气水两相流中离散气泡和连续相的流速分布区分，为脉冲波超声多普勒技术测量多相流分相流速奠定了良好的基础。2005 年，Murakawa 等[14]发现不同尺寸的超声波束对不同直径的散射体较为敏感，进而开发了双频超声换能器，该换能器由直径为 10mm 的外环晶片和直径为 3mm 的内环晶片组成，可同时发射频率为 2MHz 和 8MHz 的超声，分别用于对气泡和液相流速剖面的测量。此后，研究人员利用多波脉冲波超声多普勒技术对多相流流动特性展开了更加深入的研究，利用脉冲回波幅值和频率信息，实现气液弹状中弹单元各组成部分的长度、速度分布、液膜厚度、含气率的同步测量[15]。2015 年，Nguyen 等[16]将多波脉冲波超声多普勒方法和丝网层析成像结合，同时测量气液两相流各分相的流速剖面，以及管道截面空隙率分布，以研究流体流动特性。

此外，传统的脉冲波超声多普勒技术用于流速测量时仅能获取单测量线上的一维流速剖面，为获取流体更丰富的流速信息，受医学领域流场测量的启发，出现了能获得多维流场内流速矢量信息的新型传感器。1993 年，Katakura 等[17,18]采用传感器阵列，提出投影计算测速方法来估计任意流动的速度矢量。1998 年，Hurther 等[19]设计了一种环形凹面相控阵换能器(聚焦传感器)，完成了明渠的三维流速剖面的测量。2002 年，Takeda 等[20]采用由 20 个超声换能器排列成的半圆形传感器阵列，实现了水银的二维速度矢量测量。2002 年，Mori 等[21]开发了一种由 10 个传感器均匀分布在管道外壁组成的脉冲波超声多普勒测量系统，成功获得了水平管道内水的二维瞬时流速场，并通过积分的方法获得流量。2008 年，为了能够减小声束的有效直径以减小测试空间的不确定性，Obayashi 等[22]利用由两个超声换能器(其中一个为聚焦换能器并同时作为超声的发射装置和接收装置，另一个仅作为超声接收装置)构成的测量系统获得单相油和单相水的速度矢量。此外，线性阵列式脉冲波超声传感器也以较高的空间分辨率实现了多维流场的测量[23]。

虽然脉冲波超声多普勒技术以其独特的优势在多相流流速测量领域展现出巨大的应用潜力，但是该技术也具有一些局限性。首先，脉冲波超声多普勒技术以一定的脉冲重复频率向流体中发射超声并在脉冲间隔内采集回波，为了避免发射信号和接收信号的重叠，反射回波必须在下一个脉冲发射之前到达，这导致脉冲重复周期限制了声波的最远传输距离，因此脉冲波超声多普勒技术具有最大可测距离的限制。此外，在重建流速剖面时，需要对每一个测量位置上的多次脉冲回波信号(通常为 $2^5 \sim 2^7$ 次)进行重组后再进行频谱分析，进而计算其多普勒频移，因此脉冲重复频率即重组信号的采样频率[24,25]。根据奈奎斯特采样定理，脉冲重复频率应大于最高流速对应的多普勒频移的 2 倍，这使得脉冲波超声多普勒技术具有最大可测流速的限制。需要注意的是，为保证系统的频率分辨率(速度分辨率)，需要较大的脉冲重复次数，然而这将降低测量的时间分辨率。虽然通过增加脉冲重复频率可提高时间分辨率，同时提高最大可测流速的上限，但将进一步减小最大可测距离。因此，脉冲重复次数和脉冲重复频率之间的折中应根据实际测量要求而选定[26]。为了突破传统多普勒频移计算方法的局限性,可利用时域互相关的方法对两次回波进行互相关计算,以实现流速剖面的测量,该方法具有较高的时间分辨率,且无最大可测流速的限制[27,28]。但由于该方法所使用的脉冲数较少,在低信噪比的测量系统中计算的成功率较低,当超声散射体不足或回波信号较弱时,可能会产生不可预测的结果[26]。Murakawa 等[29]分析了脉冲波超声多普勒流速测量系统中的脉冲发射个数、系统信噪比等变化对于不同流速剖面获取方法的影响,为后续研究提供了方法选择的依据。

为解决多相流速度测量问题,脉冲波超声多普勒技术经历了将近 30 年的完善和发展,但是大部分研究是针对低含气率的气水两相流,对于分散相浓度变化范围较广的油水两相流、液固两相流以及三相流等研究较少,尚有很大的研究空间。

6.2 脉冲波超声多普勒流速剖面测量原理

6.2.1 脉冲波超声多普勒流速剖面测量基本理论

脉冲波超声多普勒流速剖面测量示意图如图 6-1 所示,测量原理如图 6-1(a)所示[11],其由一个超声探头分时发射和接收超声,在使用圆形单晶探头时,声束即圆柱形的测试空间。在多数应用中,被测空间远大于声束直径,故测试空间可简化为一条直线[30]。图 6-1(b)是发射和接收超声的时序关系,超声探头以一定时间间隔(称为脉冲重复周期)向流体发射若干周期的脉冲超声,并在每次发射后接收反射超声信号。根据声波传播走时特性,接收超声信号相对发射超声信号的时间延迟可确定测试空间中的特定位置,即接收超声的时间延迟 τ 与对应空间位置相对下管壁的距离 x 具有如下关系。

$$x = \frac{c\tau}{2}\sin\theta \tag{6-1}$$

式中,c 是流体中的声速;θ 是入射声波与下管壁之间的夹角。

距离下管壁 x 处的流速 u_x 可以表示为

$$u_x = \frac{cf_{Dx}}{2f_0\cos\theta} \tag{6-2}$$

式中,f_{Dx} 表示 x 位置处的多普勒频移;f_0 表示探头发射超声的中心频率。

式(6-2)表明,距离管壁不同位置处的流速与其对应的多普勒频移成正比,获得该位置处的超声多普勒频移即可计算出对应点的流速。综合式(6-1)和式(6-2)中的空间信息及其对应的流速信息,可得如图 6-1(c)所示的流速剖面。该方法需要从被测超声回波信号中计算出不同时间点信号的瞬时频率,其中相位差法是一种常用的瞬时频率计算方法。

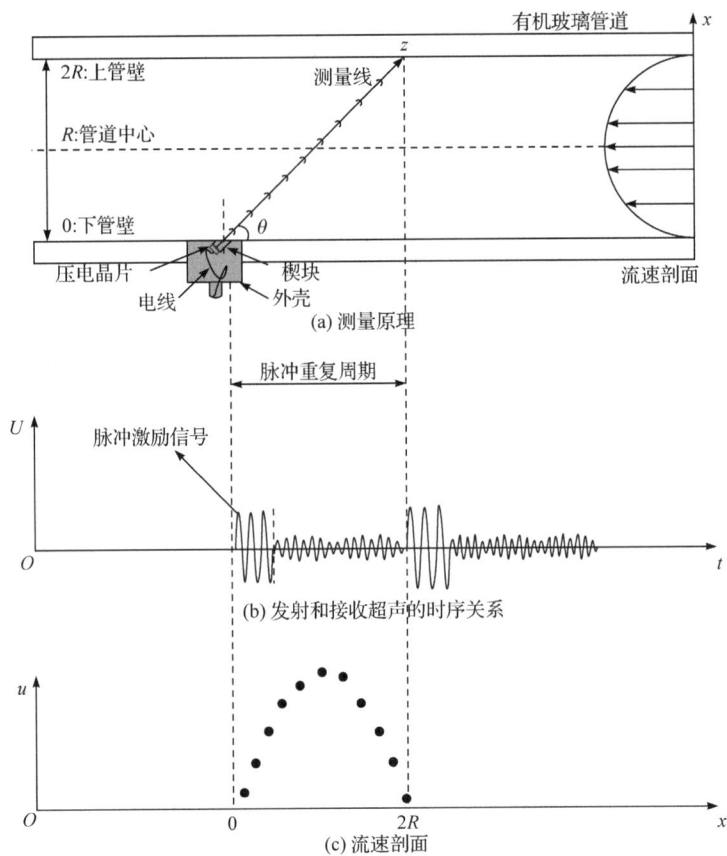

图 6-1 脉冲波超声多普勒流速剖面测量示意图

6.2.2 多普勒频移提取方法

在脉冲波超声多普勒技术中，每一个测量位置上超声多普勒频移的提取是流速剖面获取的关键。理论上有多种方法可以计算回波的瞬时频率，但是多普勒频移通常比激励脉冲波的频率小得多，且脉冲宽度受空间分辨率的限制，很难从单个脉冲回波信号中提取高分辨率的频移信息。因此，在实际应用中，多普勒频移的提取通常建立在脉冲的多次重复发射和回波接收的基础上，即超声脉冲重复多普勒方法(ultrasonic pulse repetition Doppler method，UPRDM)[11]。基于 UPRDM 的多普勒频移获取原理如图 6-2 所示。

在超声激励脉冲发射后，声波遇到流体中的散射体(颗粒、气泡或液滴)而产生的反射回波或散射回波被同一探头接收，回波的接收时刻反映了散射体与超声探头之间的距离。在下一个脉冲重复周期中，相同散射体产生的回波以同样的方式被接收，只是接收时刻偏移了 Δt，这是因为在两次脉冲发射间隔期间，散射体相对超声换能器产生 z 的位移，该位移使相邻两次回波信号在脉冲发射后的固定

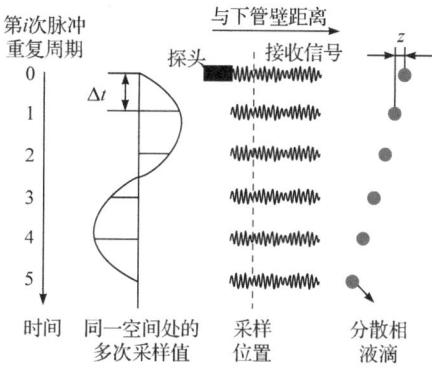

图 6-2 基于 UPRDM 的多普勒频移获取原理

时间上存在相位差异 φ，该相位差异可表示为

$$\varphi = f_0 \times \Delta t \tag{6-3}$$

对式(6-3)等号两端同时微分可得

$$\frac{d\varphi}{dt} = f_0 \times \frac{d(\Delta t)}{dt} \tag{6-4}$$

式中，Δt 可以用该时间分散相液滴相对探头移动的距离和声速表示，即

$$\Delta t = \frac{2z}{c} \tag{6-5}$$

将式(6-5)代入式(6-4)中可得

$$\frac{d(\Delta t)}{dt} = \frac{2}{c} \times \frac{dz}{dt} = \frac{2u_x \cos\theta}{c} \tag{6-6}$$

将式(6-6)代入式(6-4)中可得

$$\frac{d\varphi}{dt} = f_0 \times \frac{2u_x \cos\theta}{c} = f_{Dx} \tag{6-7}$$

因此，为了获得某一测量位置上的超声多普勒频移，只需要将若干次(通常为 $2^5 \sim 2^7$ 次)回波中对应位置上的信号根据时序组成一列新的信号(多普勒频移信号)，该信号频率就是该位置处的流体产生的多普勒频移。

6.2.3 脉冲波超声多普勒流速剖面检测的主要参数

1. 最大可测流速

由于流速和多普勒频移成正比，所以最大可测多普勒频移直接决定了最大可测流速。根据 UPRDM 原理，多普勒频移的获取建立在对某一测量位置处的多次脉冲回波信号的重构基础上，该重构信号对被测流体流速的采样频率，即脉冲重

复频率为 $f_{\text{PRF}} = 1/T_{\text{PRF}}$，其中 T_{PRF} 为脉冲重复周期。根据奈奎斯特采样定理，为了无混叠地对信号进行采样，采样频率应至少为信号最高频率的 2 倍，所以最大可测多普勒频移 f_{Dmax} 可表示为

$$f_{\text{Dmax}} = \frac{f_{\text{PRF}}}{2} \tag{6-8}$$

因此，最大可测流速 $u_{x\max}$ 为

$$u_{x\max} = \frac{c f_{\text{PRF}}}{4 f_0 \cos\theta} \tag{6-9}$$

2. 最大可测深度

最大可测深度 $P_{\max}$ 与超声回波时延成正比，其最大可测时延由连续两次发射脉冲的时间间隔决定，即

$$P_{\max} = \frac{c T_{\text{PRF}}}{2} = \frac{c}{2 f_{\text{PRF}}} \tag{6-10}$$

由于超声入射角与管道呈角度 θ，为测得整个管道内的流速分布，最大可测管道直径 $D_{\max}$ 为

$$D_{\max} = P_{\max} \sin\theta = \frac{c}{2 f_{\text{PRF}}} \sin\theta \tag{6-11}$$

将式(6-10)和式(6-11)相乘以消除脉冲重复频率的影响，得到

$$u_{x\max} \times P_{\max} = \frac{c f_{\text{PRF}}}{4 f_0 \cos\theta} \times \frac{c}{2 f_{\text{PRF}}} = \frac{c^2}{8 f_0 \cos\theta} \tag{6-12}$$

从式(6-12)可以看出，当超声发射频率与入射角度固定时，脉冲波超声多普勒技术最大可测流速和最大可测深度的乘积为常数，即两者相互制约。当被测流速很大时，测量管道直径需要相应减小；当测量管道直径较大时，最大可测流速会相应减小。

3. 速度分辨率

脉冲波超声多普勒技术的速度分辨率 Δu_x 与多普勒频移分辨率 $\Delta f_{\text{D}x}$ 同样遵循式(6-2)中的关系，即

$$\Delta u_x = \frac{c \Delta f_{\text{D}x}}{2 f_0 \cos\theta} \tag{6-13}$$

多普勒频移是由对应同一空间点的各次脉冲回波信息重新组合成的新信号求得，因此脉冲重复频率即采样频率，多普勒频移分辨率可以表示为

$$\Delta f_{Dx} = \frac{f_{PRF}}{N_{pulse}} \quad (6\text{-}14)$$

式中，N_{pulse} 为在计算多普勒频移时所用的脉冲回波次数。

将式(6-14)代入式(6-13)中，可得流速分辨率，即

$$\Delta u_x = \frac{cf_{PRF}}{2f_0 N_{pulse} \cos\theta} \quad (6\text{-}15)$$

4. 距离分辨率

脉冲波超声多普勒技术的距离分辨率 ΔZ 与脉冲激励信号的周期数以及激励超声信号的波长相关，即

$$\Delta Z = \frac{N\lambda_0}{2} = \frac{Nc}{2f_0} \quad (6\text{-}16)$$

式中，N 为每次脉冲激励信号发射的周期数；λ_0 为超声激励信号的波长。

6.3 脉冲波超声多普勒技术在多相流测量中的应用

利用声波在多相流中传播时发生的反射现象和散射现象，脉冲波超声多普勒技术广泛用于流体的流速剖面获取、流量计量及相界面检测等。然而，在多相流中不同尺度及分布的气泡、液滴、颗粒等均可作为超声的散射体。散射体与声波波长的相对尺寸决定了在流动过程中发生何种声学现象，进而影响脉冲波超声多普勒技术可测量的流动参数。以液相为连续相的多相流中不同分散相尺度下脉冲波超声多普勒技术的可测参数如表 6-1 所示。

表 6-1 多相流中不同分散相尺度下脉冲波超声多普勒技术的可测参数

多相流及可测参数		相间界面尺寸 L 与波长 λ 的相对关系		
		$L > \lambda$	$L \sim \lambda$	$L < \lambda$
多相流	气液	塞状流/弹状流	泡状流/环状流	微气泡流
	液液	分层流	液滴分散流	乳浊液
	液固	表面流	颗粒流	悬浮液
可测参数	体积流量	√	√	√
	体积相含率	√	√	√
	界面轮廓	√	√	—
	分散相分布及尺寸	—	√	—
	湍流特性	√	√	—
	流变特性	—	√	√

6.3.1 均相流流速测量

均相流是各相介质均匀混合的一种流动，如液液两相流中的乳浊液或液固两相流中的颗粒悬浮液。均相流中各相介质间的速度差较小，因此可简化为单相流速度场。脉冲波超声多普勒技术为均相流的流变特性研究提供了一种非侵入的检测手段[31]，并可通过对一维流速剖面进行积分实现平均表观流速或流量测量，基于脉冲波超声多普勒技术的平均表观流速计算如图 6-3 所示。假设流体在同一径向位置高度上具有相同的速度，则流体的体积流量 Q_t 可计算为

$$Q_t = \int_0^D u_x \cdot 2\sqrt{x(D-x)}\, \mathrm{d}x \tag{6-17}$$

式中，u_x 为距离下管壁 x 位置处的速度；D 为管道直径。利用式(1-12)所述流量与流速之间的关系，可由体积流量 Q_t 进一步获得平均表观流速。

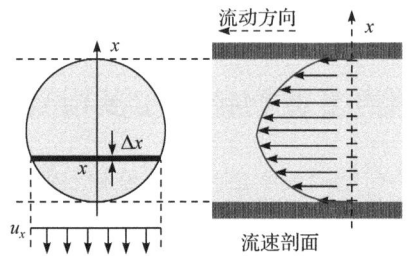

图 6-3　基于脉冲波超声多普勒技术的平均表观流速计算

6.3.2 分散流流速测量

气液泡状流、液滴分散流、液固颗粒流等作为多相流中广泛存在的分散流，其中存在的气泡、液滴、颗粒可作为天然的超声散射体。然而不同于均相流，分散流中各相间速度差不可忽略，且分散相具有复杂的空间分布，对超声多普勒技术提出了挑战。

泡状流是气液两相分散流中最常见的流动现象，其速度分布与相含率分布的准确测量对于多相流流动过程机理及流动状态的阐释、描述与建模，以及工业生产过程中安全与效率的保障具有重要意义。在气液泡状流中，气液之间强烈的声阻抗差异可保证超声回波信号具有较高的强度和信噪比。因此，脉冲波超声多普勒技术广泛用于测量气泡及其周围液体的流速分布，以研究泡状流复杂的湍流结构和雷诺应力[32-34]。此外，也可同时利用脉冲超声的回波时间精确检测气液界面位置。因此，可在不同角度安装多个超声换能器，基于回波强度重构气泡分布位置[35,36]。然而，这种方法仅适用于低含气率泡状流。随着含气率的升高，气泡的聚集导致其对声波的阻挡作用加强，因此脉冲波超声多普勒技术仅能有效获取靠近超声换能器位置的流动信息。为了同时测量多个气泡，Povolny 等[37]将超

声回波强度、声波的渡越时间与测量时间(脉冲发射次数)相结合，开发了一种多气泡跟踪技术，实现了平均空隙率为1%时气泡分布的检测。Murai 等[38]利用靠近超声换能器的气泡空隙率分布与真实空隙率分布之间的统计关系重建了全场范围的空隙率分布，并研究了该方法在曝气、向上泡状射流、壁湍剪切泡状流中的适用性。

在气液泡状流中，分散相与连续相之间通常存在速度滑移。为了同时获得分散相和连续相的流速剖面，需要在连续相流体中添加跟随性好且尺寸适宜的示踪粒子作为附加的超声散射体。这样，超声在传播过程中遇到流体中的离散气泡和示踪粒子均会发生反射现象和散射现象，因此超声回波中同时包含了离散气相和连续液相的速度信息。为了实现回波中两种速度信息的解耦，Aritomi 等[39]针对垂直管道气液泡状流，提出了一种基于所有测量位置上速度的概率密度函数分布的统计式相分离方法。研究发现，受分散相和连续相之间速度滑移的影响，脉冲波超声多普勒技术所获得的流速的概率密度函数(probability density function, PDF)分布包含两个峰，分别代表气泡上升速度与连续相速度[40]。然而，这种基于相间速度差异的相分离方法仅适用于特定的流动条件，当相间速度差异不明显时，分离效果会变差[41]。此外，2005 年，Murakawa 等[42]在利用脉冲波超声流速剖面仪对添加了示踪粒子的垂直气水泡状流进行流速测量时发现，速度的概率密度函数分布形状随换能器直径而显著变化：当光束直径较小时，速度的概率密度函数峰值位于液体(示踪粒子)的平均速度附近，但随着换能器直径的增加，速度的概率密度函数峰值逐渐移向气泡的上升速度附近。利用不同尺寸换能器对散射体的敏感性差异，Murakawa 等[35]设计了一种由两个直径、频率不同的同心圆柱形压电晶片组成的多波同轴超声换能器，如图 6-4 所示，并在两种压电晶片所获取流动信息差异的基础上结合回波强度提出了一种相速度的分离方法，实现了离散气泡和连续相速度的分别获取。

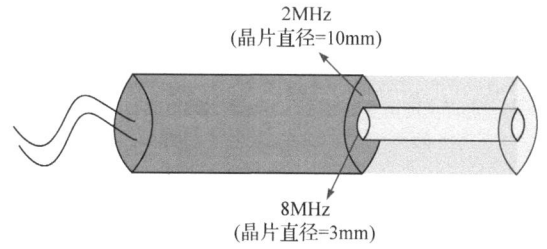

图 6-4　多波同轴超声换能器

6.3.3　分层流流速测量

分层流是不同相流体由于密度差异而呈现分层状态流动的流型，如油水两相分层流、气液两相分层流、气液弹状流中的液膜区等。分层流相间界面的检测对于分相含率，以及各相速度分布的获取具有重要意义，有助于揭示流动结构的演化规律以及完善流体力学模型。

利用超声回波进行气液界面检测依赖于对超声在气液两相流中的传播模式的深入理解。之前的研究结果表明，当超声在气液两相流中传播时，超声反射回波在振幅和频率上表现出与流动状态相关的复杂行为，与界面的大小、形状和速度，以及相位间的声阻抗差异等因素有关[43]。声波在不同尺寸的气液界面上的反射形式如图 6-5 所示，超声气液界面的检测分类如表 6-2 所示，其中 λ 为超声波长，L 为界面的尺寸。对于球形气泡，当其直径小于声波波长，即 $L<\lambda$ 时，声反射波服从瑞利散射，此时声波沿气泡的径向传播；而当球形气泡的直径或毛细波作用下的气液界面尺寸与波长相当，即 $L\sim\lambda$ 时，声波在界面上主要发生米氏散射或漫反射；当气液界面尺寸远大于声波波长，即 $L>\lambda$ 时，超声反射主要是镜面反射。

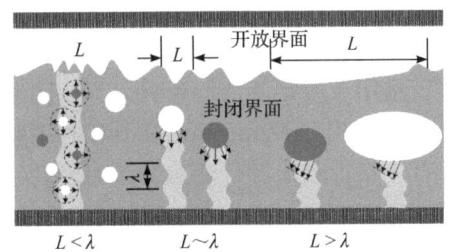

图 6-5 声波在不同尺寸的气液界面上的反射形式

表 6-2 超声气液界面的检测分类

超声回波中包含的信息	声波波长与界面尺寸的相对关系		
	$L>\lambda$	$L\sim\lambda$	$L<\lambda$
渡越时间(相位)	封闭界面，相位不变；开放界面，相位反转	相位取决于表面张力(或界面刚度)	由于运动自由边界，相位反转
回波强度(幅值)	镜面反射	米氏散射或漫反射	瑞利散射
多普勒速度(频率)	界面移动速度改变反射波频率	界面移动速度改变反射波频率	界面移动速度改变反射波频率，局部驻波效应可消除多普勒频移

基于此，研究者利用超声多普勒的回波信号开发出不同的气液界面检测方法，如回波强度法、局部超声多普勒法等[43]。其中，回波强度法的基本原理如 4.1.2 节所述。由于气液界面之间较大的声阻抗差异，当脉冲声波在流体中传播遇到气液界面时，声波的大部分能量被反射，使得在回波信号中出现高幅值信息。所以，通过对回波信号应用包络函数来寻找幅值的最大值，并计算出超声激励信号与最强回波信号之间的时间偏移，即渡越时间，可实现气液界面位置高度的获取。目

前，该方法已广泛应用于液膜厚度的测量[44,45]、气泡位置的检测[46]、泰勒气泡运动特性[35]的相关研究中。

局部超声多普勒法利用声波在气液界面附近的驻波效应实现气液界面位置的检测，局部超声多普勒法的驻波效应如图 6-6 所示。当超声在气液界面处发生反射时，入射波和反射波在距离气液界面半波长范围内叠加而形成驻波层，无论驻波层中的粒子速度如何，均不产生多普勒频移[47]。因此，局部超声多普勒法可通过沿着脉冲超声多普勒传感器的测量线寻找零多普勒速度层来实现界面位置的检测，该方法已用于矩形通道或圆管中湍流泡状流的气泡界面检测[47,48]。

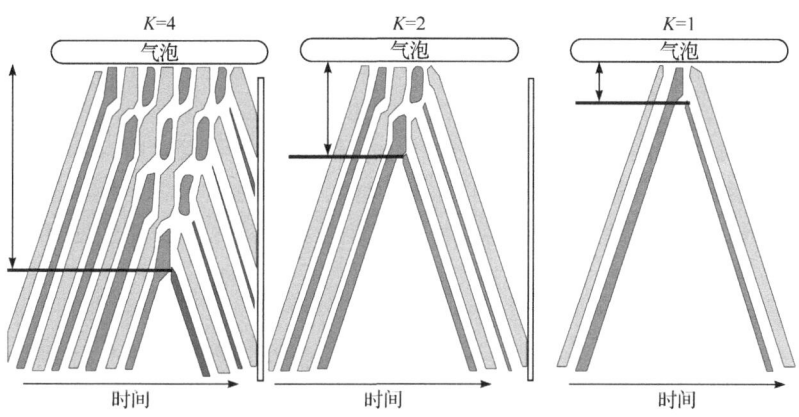

图 6-6 局部超声多普勒法的驻波效应

6.4 基于脉冲波超声多普勒技术的水平管道油水两相流测量

6.4.1 油水两相流实验设置

1. 测量系统与传感器

为实现基于脉冲波超声多普勒技术的油气水多相流流速测量，基于紧凑型外部设备互联标准(compact peripheral component interconnect，CPCI)开发了超声多普勒测试系统[49]，系统结构详见 8.2 节。系统所用超声探头为单晶传感器，其内部结构如图 6-7 所示，其中直径为 9mm、中心频率为 1MHz 的压电陶瓷晶片附着在一个被切割成固定形状的声楔上。声楔由聚醚酰亚胺材料制成，其声速约为 2465m/s，声楔的主要作用包括以下方面。

(1) 避免近场测量的影响，并保证收发晶片的超声远场覆盖整个管道截面。
(2) 使声波以固定角度(多普勒角)入射。
(3) 避免流体中变化的声速及多普勒角对流速测量带来的影响。

晶片背部填充有吸声材料，以防止声波在探头内部反射而影响测量。

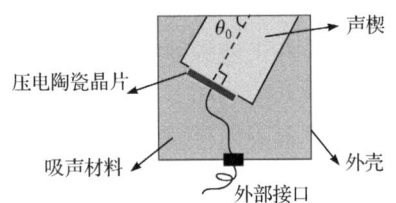

图 6-7　脉冲波超声探头内部结构

2. 实验设计

油气水多相流实验装置示意图如图 6-8 所示，流体输送管道由内径为 50mm 的不锈钢管道制成，总长约为 16.6m。实验所用流体分别为自来水和 15#工业白油。实验时，油和水分别用泵从油罐和水罐内抽出并进入单相管道中，并在管道入口处通过 T 型混合器实现混合。各相在混合之前，分别由安装于各相管道入口处、精度为±0.5%的单相流量计测量各相流量的参考值。油水混合物经发展管段进行流型的充分发展后在测试管段完成测量。测试管段位于距管道入口约 12m 的直管段处，前端设有高速摄像机以快速捕捉实际流动状态。在管道出口处，油水混合物被送入分离罐进行重力分离后分别回收至油罐和水罐以进行下次实验的再利用。实验时的环境温度约保持在 25℃(±1.5℃)。

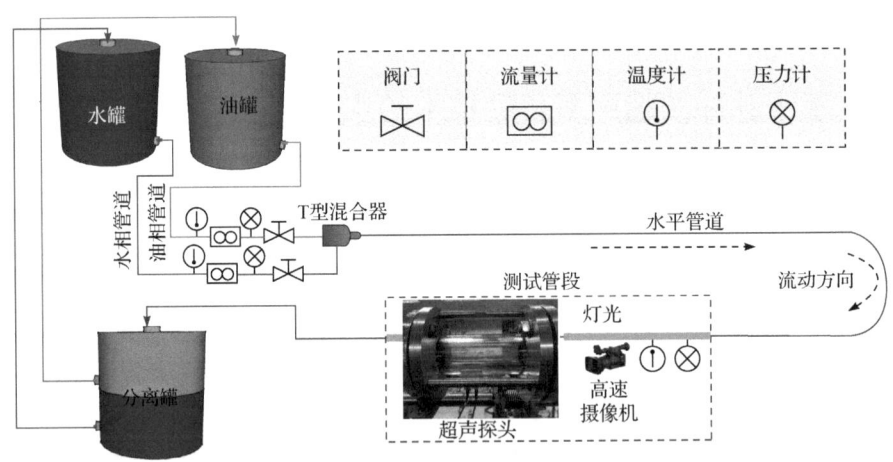

图 6-8　油气水多相流实验装置示意图

实验分为 8 组，共 72 种实验条件。每组实验固定水流量不变，逐渐增加油流量，而不同组之间则依次改变水流量。8 组实验的水流量范围为 0.3~14m³/h，油流量范围为 0.5~16m³/h，油水两相流总表观流速范围为 0.12~3.2m/s，含水率变化覆盖 0%~100%。油水两相流实验点分布如图 6-9 所示。图中横、纵轴分别为油相和水相的表观流速，黑色实线为流型转换边界，不同图标点表示实验中出现的流型，包括混合界面分层流(ST & MI)、水包油(O/W)、油包水(W/O)、水包油和水分散流(D O/W & W)、油包水和水包油分散流(D W/O & D O/W)。油水两相流实验观测照片如图6-10所示。

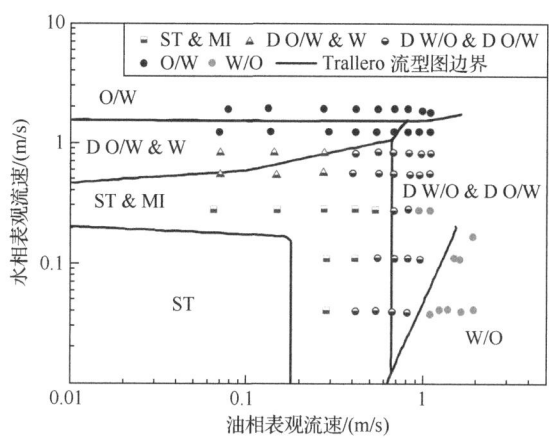

图6-9　油水两相流实验点分布

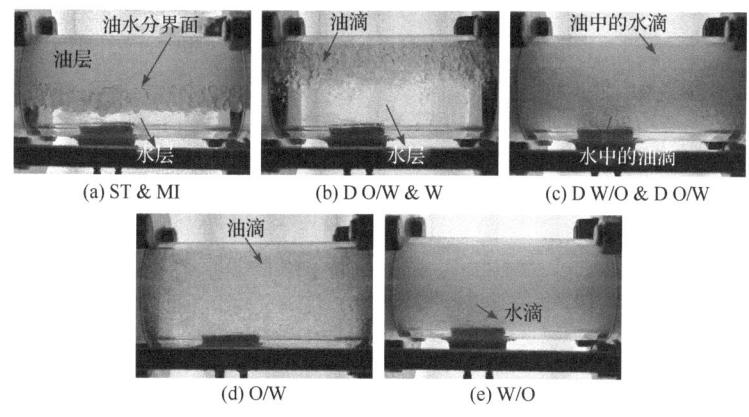

图6-10　油水两相流实验观测照片

6.4.2　基于超声回波信号的流型辨识

当超声在油水两相流中传播时，遇到移动的水滴或油滴会发生透射、反射、散射、多普勒等声学现象，使声波的能量产生衰减、频率发生偏移。因此，超声回波受相界面大小、形状、位置和移动速度，以及界面两侧的流体声阻抗差异等影响，具有复杂的振幅变化和频率变化[50,51]。例如，深入挖掘超声回波特性将有助于准确辨识油水两相的复杂流态。

1. 超声回波强度分布

超声回波强度分布能够表征声波在流体中传播时的能量衰减情况。油水两相流不同流型下的脉冲回波强度分布图如图 6-11 所示,纵坐标为超声沿传播路径的传播时间,横坐标为脉冲重复次数(脉冲重复频率为10kHz 时,3000 次脉冲重复次数耗时 0.3s),不同灰度值表示回波强度。在 ST & MI 流型中,受靠近管道下部油水界面,以及界面附近的液滴影响,超声强回波点间断出现在脉冲发射不久后,如图 6-11(a)所示。其中,强回波点的间断性是由于界面在随机波动时,超声在界面处的入射角和反射角发生随机改变所产生的超声回波不能被单晶换能器全部接收而引起的。在 D O/W & W 流型中,作为声散射体的离散油滴,其主要分布于管道中上部,因此强回波点出现在脉冲发射后的远端,并且较远的声程导致该流型下声波的能量衰减更大,其最大回波强度小于其他流型,如图 6-11(b)所示。在 D W/O & D O/W 流型中,位于管道下部连续水相中的油滴与位于管道上部连续油相中的水滴共同对声波进行散射,使回波图呈现典型的分层特征,并且回波在靠近传感器附近时具有更高的强度,如图 6-11(c)所示。在高流速下出现的 O/W 或 W/O 流型中,离散液滴的分散程度的增加进一步加剧了回波强度的分散程度,如图 6-11(d)和图 6-11(e)所示。其中,O/W 流型中的强回波点在管段中分布较为均匀;而在 W/O

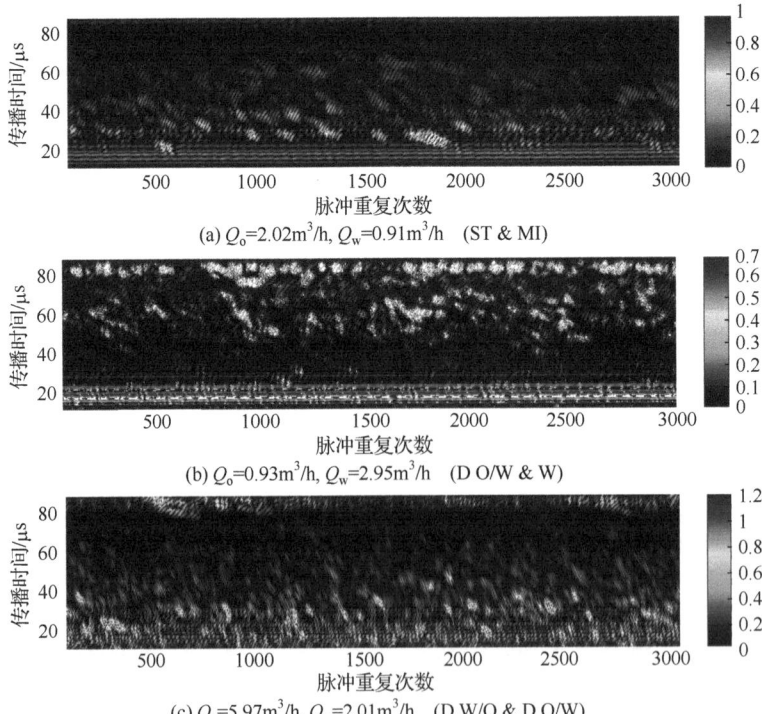

(a) Q_o=2.02m³/h, Q_w=0.91m³/h (ST & MI)

(b) Q_o=0.93m³/h, Q_w=2.95m³/h (D O/W & W)

(c) Q_o=5.97m³/h, Q_w=2.01m³/h (D W/O & D O/W)

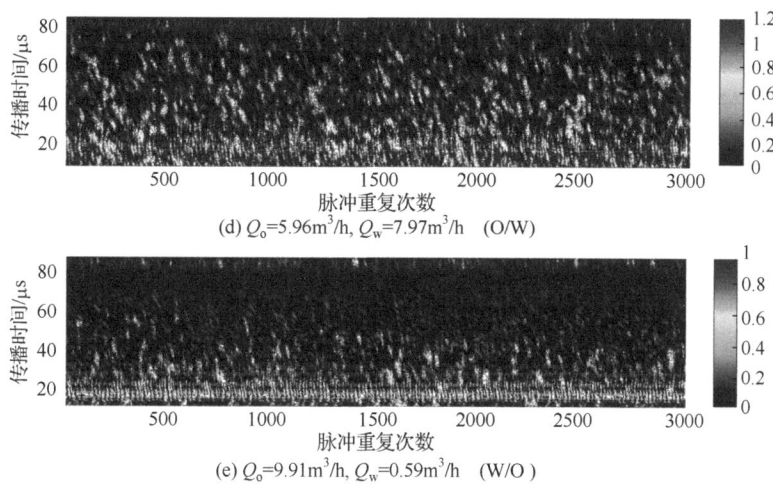

图 6-11 油水两相流不同流型下的脉冲回波强度分布图

流型中,强回波点倾向于在靠近脉冲发射端聚集,表明 W/O 流型中离散水滴的径向浓度梯度大于 O/W 流型中离散油滴的径向浓度梯度。

2. 流速分布

基于 6.2 节的测量原理,采用长度为 500 的窗口沿着脉冲重复次数轴滑动(窗口重叠率设置为 0.5),即利用 500 次的回波信号重建一幅流速剖面图。图 6-12 为油水两相流不同流型的流速分布谱,纵坐标是距离管道底部的径向高度,用 x/R 表示(R 为管道半径),横坐标是时间,不同灰度值表示速度大小,对应的平均流速剖面列在图 6-12 最右侧。为了更清晰地显示流速的波动情况,图 6-13 为油水两相流不同流型的流速剖面波动序列,其中横坐标的 1~16 位置标号表示从下管壁到上管壁的径向位置(等距取样),纵坐标为时间,垂直坐标为流速。

从图 6-12、图 6-13 可知,不同流型的油水两相流具有不同的流场分布和波动特性。对于低流速条件下出现的 ST&MI 流型,其流速剖面呈不对称分布,最大流速位于油水界面附近,在流体黏性力和管壁摩擦力的共同影响下,流速向上下两侧逐渐减小,但流速剖面的径向梯度相比其他流型更小,如图 6-12(a)所示。其流速时间序列呈不稳定波动,且在靠近油水界面处尤为明显,如图 6-13(a)所示,这是由界面附近复杂的界面剪切力和液滴阻力引起的。随着水流量的增加,涡旋运动和湍流的发展导致油层的连续性被破坏,使大量的油滴分散在管道的上半部,形成 DO/W&W 流型。如图 6-12(b)所示,该流型下的流速剖面仍呈不对称分布,管道上部速度小于管道下部速度,这是由于管道上部油滴的聚集增加了流动阻力;同时,图 6-13(b)中流速时间序列的波动频率较 ST&MI 流型明显增加。对于 DW/O&DO/W 流型,双分散的流体分布结构使得其流速剖面的不均匀性得到改善,但最大流速仍位于管道中心以下,且径向梯度会增加,如图 6-12(c)所示;同时,从图 6-13(c)所示的流速波动时间序列可以看出,靠近上管壁的流速波动程度比靠近下管壁的流速波动程度更大,也即靠近管道底部的流场更加稳定。O/W 流型中更强的湍流使油滴在管道内呈近似均匀分布,导致速度场相对稳定,且流速剖面沿管道中心近乎对称,如图 6-12(d)所示;此时,流速剖面时间序列的波动频率更高,且靠近管道下部的速度波动幅度大于靠近管道上部的速度波动幅度,如图 6-13(d)所示。与 O/W 流型相比,W/O 流型的分散相具有较大的径向浓度梯度,水滴的沉降加剧了流动阻力,使管道下部的流速明显小于管道上部,且最大速度出现在管道中心偏上方的位置,如图 6-12(e)所示;同时,在图 6-13(e)中,管道上部和管道下部的速度时间序列均呈现与 O/W 流型相反的波动特征,即靠近管道上部的速度波动幅度大于靠近管道下部的速度波动幅度。

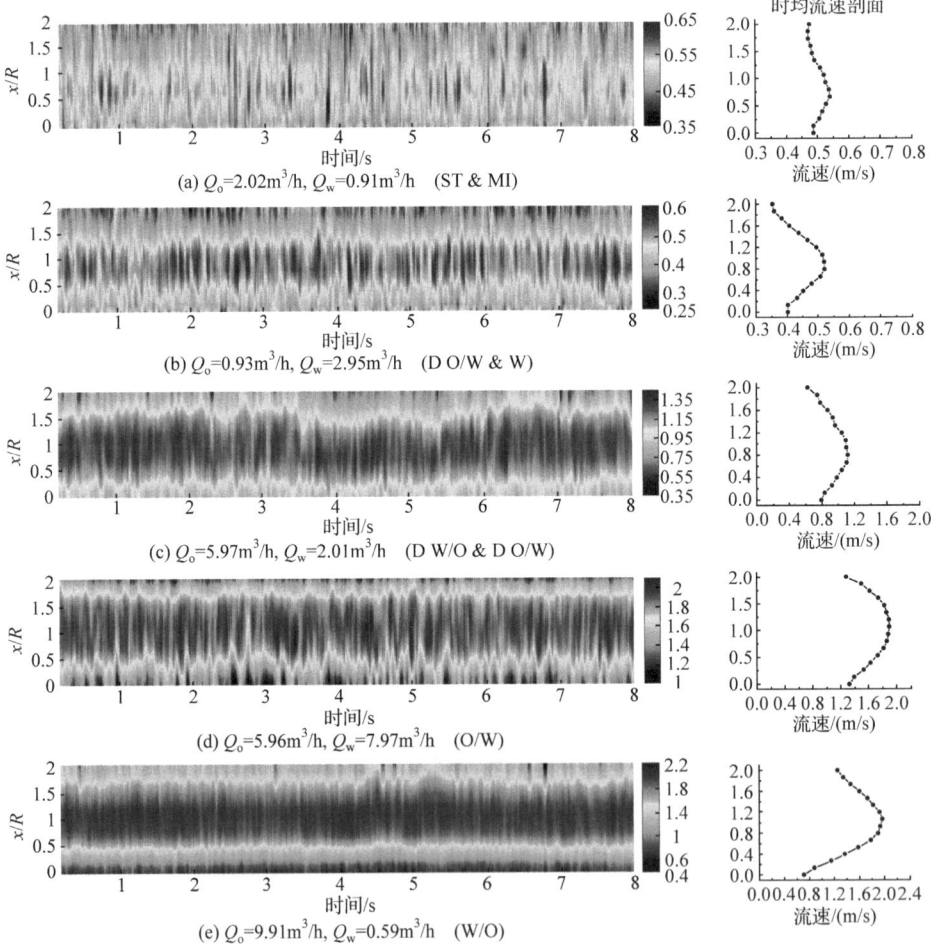

图 6-12 油水两相流不同流型的流速分布谱

3. 流场连通性分析

在多相混合流动过程中，不同径向位置的速度具有复杂的耦合效应，对其进行表征有助于揭示流体动力学特性，加深对流动行为的理解。图变量动态(graph

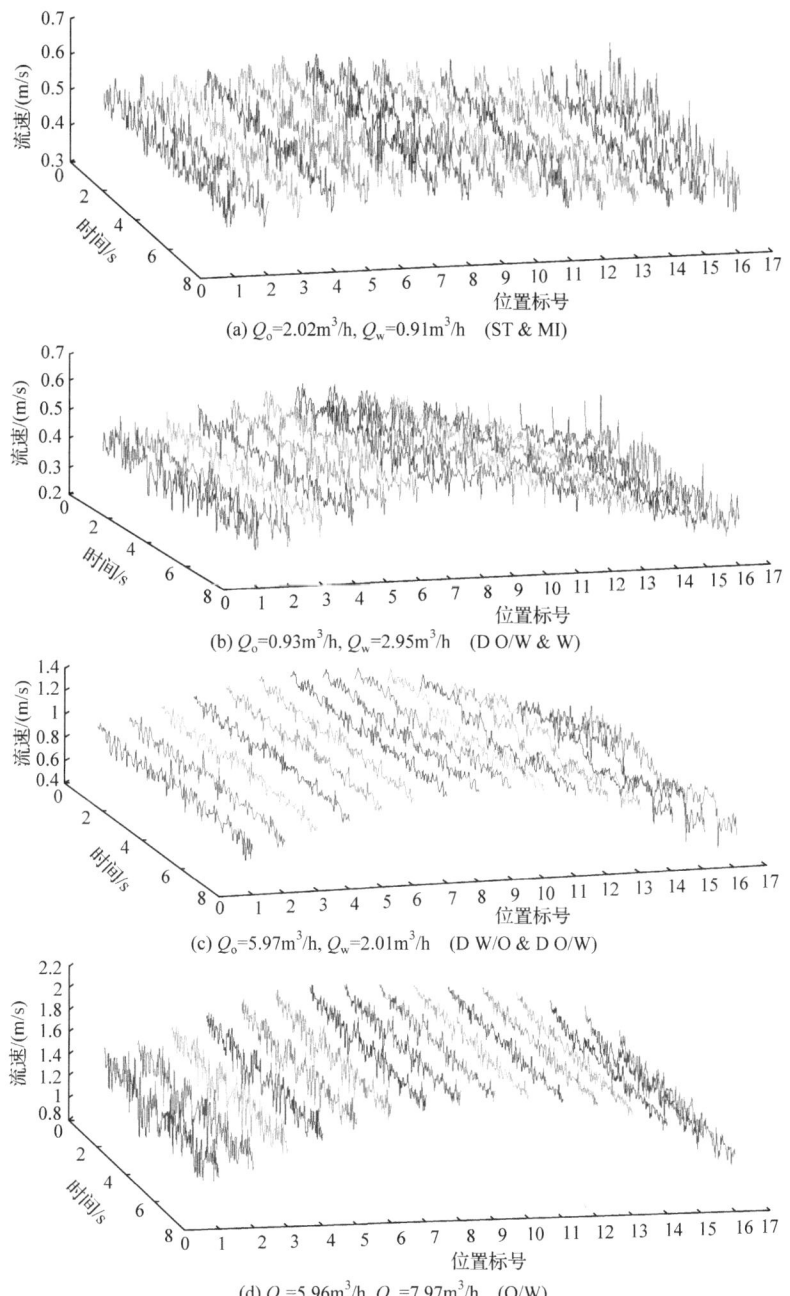

(a) $Q_o=2.02m^3/h$, $Q_w=0.91m^3/h$ （ST & MI）

(b) $Q_o=0.93m^3/h$, $Q_w=2.95m^3/h$ （D O/W & W）

(c) $Q_o=5.97m^3/h$, $Q_w=2.01m^3/h$ （D W/O & D O/W）

(d) $Q_o=5.96m^3/h$, $Q_w=7.97m^3/h$ （O/W）

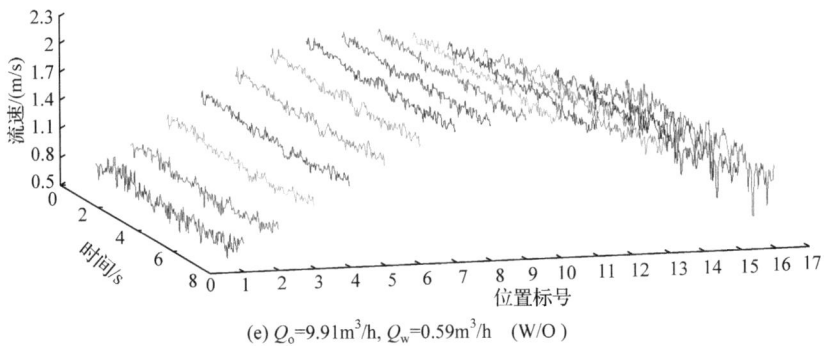

(e) $Q_o=9.91\text{m}^3/\text{h}$, $Q_w=0.59\text{m}^3/\text{h}$ (W/O)

图 6-13 油水两相流不同流型的流速剖面波动序列

variate dynamic, GVD)连通性是一种通过图形邻接矩阵分析多变量信号瞬时动态特性和连通性的新方法[52]。对于一个长度为 p 的 n 维多变量信号 $X=\left\{x_1^p, x_2^p, \cdots, x_n^p\right\} \in \mathbf{R}^{n \times p}$，若将每个变量视为一个节点，则其图信号可定义为 $\Gamma=(\upsilon, X, \varepsilon, W)$，其中 $\upsilon=\{1,2,\cdots,n\}$ 为节点集合，$\varepsilon=\{(i,j): i,j \in \upsilon\}$ 为图的边集合，$W=\left\{w_{ij}\right\}_{(i,j) \in \varepsilon}$ 为加权邻接矩阵，w_{ij} 表示节点 i 和节点 j 之间的连接强度。加权邻接矩阵可利用不同的连通性度量(如相关性、相干性和相位滞后指数)来刻画两节点之间的长期(静态)连通性。对于由时变流速剖面组成的多变量信号，不同位置处的流速波动序列相关性值越高，表明两个位置上的流速波动行为越相似，反之则独立。因此，由相关性构造的加权邻接矩阵有助于揭示流场的耦合效应。基于相关性的加权邻接矩阵可表示为

$$w_{ij}=\frac{\sum_{t \in T}\left(x_i(t)-\bar{x}_i\right)\left(x_j(t)-\bar{x}_j\right)}{\sqrt{\sum_{t \in T}\left(x_i(t)-\bar{x}_i\right)^2\left(x_j(t)-\bar{x}_j\right)^2}} \tag{6-18}$$

式中，T 为采样时间；$\bar{x}_i=1/p \sum_{k=1}^{p} x_i(k)$ 为节点 i 上信号的平均值。

为了进一步描述两节点之间的瞬时连通性，定义节点 GVD 连通性为

$$\theta(x_i, x_j, t)=\begin{cases} w_{ij} F_v(x_i(t), x_j(t)), & i \neq j \\ 0, & i=j \end{cases} \tag{6-19}$$

式中，F_v 为节点空间函数，定义为

$$F_v(x_i(t), x_j(t))=\left|(x_i(t)-\bar{x}_i)(x_j(t)-\bar{x}_j)\right| \tag{6-20}$$

在此基础上，为了探索与某一特定节点相关的瞬时 GVD 连通性，定义节点

GVD 连接性为

$$\theta_i(X,t) = \sum_{j=1}^{n} w_{ij} F_v\left(x_i(t), x_j(t)\right) \tag{6-21}$$

节点 GVD 连接性描述了特定节点和其他节点之间的动态连接，考虑了两个节点信号的波动幅度，并通过两个节点信号的相关性对其进行加权。更高的相关性或更大的波动幅度均会导致更强的节点 GVD 连接性。因此，利用该综合性度量指标，有助于更好地揭示流场的耦合及波动特性。

流速剖面多变量信号相关性加权邻接矩阵以及节点 GVD 连接性结果如图 6-14 所示。在图 6-14 的每个子图中，相关性加权邻接矩阵结果显示在上方，其坐标位置标号表示从下管壁到上管壁的径向位置(等距取样)，不同灰度值表示相关性 w_{ij} 的大小。节点 GVD 连接性结果显示在下方，其横坐标表示时间，纵坐标的位置标

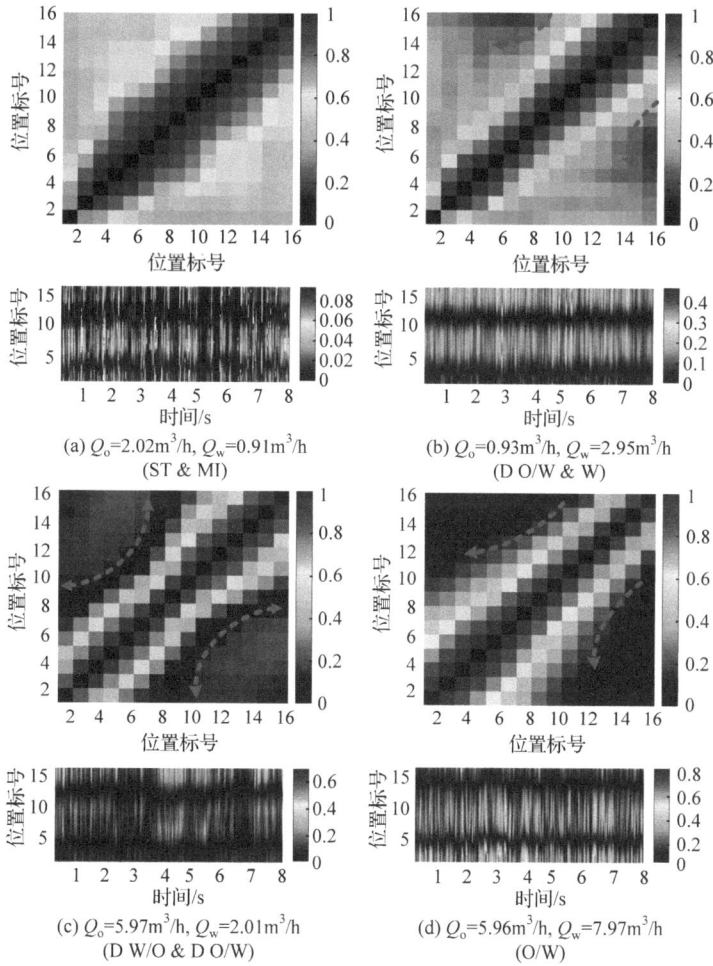

(a) $Q_o=2.02m^3/h$, $Q_w=0.91m^3/h$
(ST & MI)

(b) $Q_o=0.93m^3/h$, $Q_w=2.95m^3/h$
(D O/W & W)

(c) $Q_o=5.97m^3/h$, $Q_w=2.01m^3/h$
(D W/O & D O/W)

(d) $Q_o=5.96m^3/h$, $Q_w=7.97m^3/h$
(O/W)

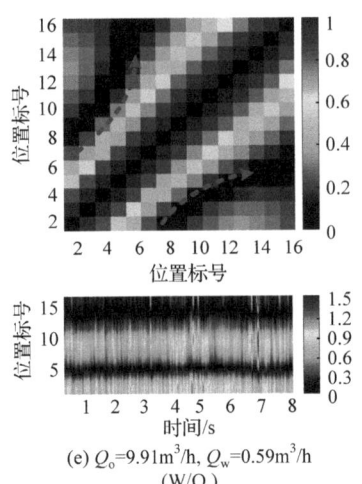

(e) $Q_o=9.91m^3/h$, $Q_w=0.59m^3/h$
(W/O)

图 6-14 流速剖面多变量信号相关性加权邻接矩阵以及节点 GVD 连接性结果

号表示从下管壁到上管壁的径向位置(等距取样), 不同灰度值表示节点 GVD 连接性 θ_i 的大小。

相关性加权邻接矩阵为对称矩阵, 描述了流场不同位置处流速的相关性。从图 6-14 中可知, 不同流型下速度场的不同耦合效应导致邻接矩阵呈现不同的分布形式。在 ST & MI 流型中, 由于不同位置的速度波动时间序列表现出相似的波动特征, 图 6-14(a)中速度场均出现较高的相关性。与 ST & MI 流型相比, D O/W & W 流型中聚集在管道上部的油滴扰乱了流场, 削弱了不同位置速度波动之间的相关性, 并且这种削弱作用在管道上部尤为明显, 如图 6-14(b)所示。在 D W/O & D O/W 流型中, 管道上部被包含离散水滴的油层占据, 管道下部被包含离散油滴的水层占据, 导致管道上部和管道下部的流场在各自区域内均有较强的相关性, 但管道上部和管道下部速度场之间的相关性很低, 因此其邻接矩阵中的高值呈现中心收缩、沿对角线逐渐向外部扩展的特征, 如图 6-14(c)所示。在 O/W 流型中, 由于离散油滴径向浓度梯度的存在, 管道上部的流速时间序列波动更为随机且幅度更小, 这导致管道上部流场的相关性较小, 其邻接矩阵的高值倾向于向左下角聚集, 如图 6-14(d)所示。而 W/O 流型的分散相径向浓度梯度方向与 O/W 流型相反, 因此其管道下部的流速时间序列波动更随机且幅度更小, 导致管道下部流场的相关性较小, 其邻接矩阵的高值倾向于向右上角聚集, 如图 6-14(e)所示。

此外, 图 6-14 中不同流型的节点 GVD 连接性表现出不同的分布和波动特征。其中, ST & MI 流型具有最小的节点 GVD 连接性, 这是由其流速波动幅度最小而引起的。D O/W & W 流型在管道上部流场的长期连通性较小(相关系数较小), 但流速波动幅度更大, 因此该流型在管道上部流场的节点 GVD 连接性比管道下部强得多。D W/O & D O/W 流型的节点 GVD 连接性分布与 D O/W & W 流型相似，但上下流场之间的差异变小。O/W 流型在管道下部的节点 GVD 连接性更强，这是因为管道下部的速度波动幅度更大、不同位置上的流速波动相关性更强。相比于其他流型，W/O 流型具有最强的节点 GVD 连接性。

4. 特征提取与流型辨识

基于上述分析，油水两相流中脉冲波超声回波的幅值和频率表现出与流动状态紧密相关的复杂行为，有效提取特征可有助于实现油水两相流型的准确辨识。首先，针对回波强度图，分别计算从管道上部反射的回波能量 E_U、从管道下部反射的回波能量 E_L 和回波总能量 E_T，即

$$E_L = \sum_{n=1}^{T/f_{PRF}} \sum_{0<z\leqslant R} \left|S_n^z\right|^2 \tag{6-22}$$

$$E_U = \sum_{n=1}^{T/f_{PRF}} \sum_{R<z<D} \left|S_n^z\right|^2 \tag{6-23}$$

$$E_T = E_U + E_L \tag{6-24}$$

式中，R 和 D 分别为管道的半径和直径；S_n^z 为在管道位置 z 处反射的回波信号；n 为脉冲重复次数；T 为采样时间；f_{PRF} 为脉冲重复频率。

提取能量比作为流型识别的关键特征，即

$$R_{EU} = \frac{E_U}{E_U + E_L} \tag{6-25}$$

$$R_{EL} = \frac{E_L}{E_U + E_L} \tag{6-26}$$

式中，R_{EU} 和 R_{EL} 分别为从管道上部反射的回波能量和从管道下部反射的回波能量与回波总能量的比值。

针对时均流速剖面图，计算平均流速 u_m 及剖面中最大流速 u_{max} 与最小流速 u_{min} 的差异 u_{diff}，并将其作为另外两个重要特征，即

$$u_m = \frac{\int_0^D u_x \cdot 3\sqrt{x(D-x)} \mathrm{d}x}{A} \tag{6-27}$$

$$u_{diff} = u_{max} - u_{min} \tag{6-28}$$

式中，u_x 为时均流速剖面中位于管道位置 x 处的流速。

此外，不同流型下、不同径向位置的速度时间序列具有不同的波动特性和复杂的耦合效应，导致其加权邻接矩阵和节点 GVD 连接性呈现不同的分布特性。根据图 6-16，在节点 1~8 和节点 9~16 的区域中，加权邻接矩阵和节点 GVD 连

接性在不同的流型中都表现出明显的差异。因此,将节点 1～8 和节点 9～16 划分为模块 A 和模块 B,然后分别计算其模块化狄利克雷能量[53],用于表征模块内的连接性,即

$$C_{\text{A}} = \frac{1}{T}\sum_{t\in T}\sum_{j=1}^{8}\sum_{i=1}^{8} w_{ij} F_{\text{v}}\left(x_i(t), x_j(t)\right) \tag{6-29}$$

$$C_{\text{B}} = \frac{1}{T}\sum_{t\in T}\sum_{j=9}^{16}\sum_{i=9}^{16} w_{ij} F_{\text{v}}\left(x_i(t), x_j(t)\right) \tag{6-30}$$

式中,C_{A} 和 C_{B} 分别为模块 A 和模块 B 的连接性。

根据式(6-29)和式(6-30)可知,模块连接性值越高,表明该模块内的流速波动越相似或波动幅度越剧烈。为了进一步表征上部流场和下部流场之间的差异,计算两个模块连接性的比值用于流型表征,即

$$\text{Ratio} = C_{\text{B}}/C_{\text{A}} \tag{6-31}$$

综上所述,用于油水两相流流型识别的特征向量可表示为

$$F = [E_{\text{T}}, R_{\text{EU}}, R_{\text{EL}}, V_{\text{m}}, V_{\text{diff}}, C_{\text{A}}, C_{\text{B}}, \text{Ratio}] \tag{6-32}$$

为了验证上述基于脉冲超声多普勒回波提取的特征向量对流型划分的准确率,采用适用于小样本量的支持向量机方法[54]构造流型分类器,对油水两相流流型进行识别,测试样本的油水两相流流型识别结果如图 6-15 所示。其中,横坐标是测试样本的数量,纵坐标是测试样本的类别标签。基于支持向量机的油水两相流流型识别结果如表 6-3 所示,其中 ST & MI 流型、D O/W & W 流型、D W/O & D O/W 流型、O/W 流型和 W/O 流型的识别准确率分别为 100%、90.91%、100%、85.71%和 100%,所有流型的平均识别率为 93.33%,表明从脉冲超声多普勒回波中提取的特征向量能够有效地表征油水两相流流型。

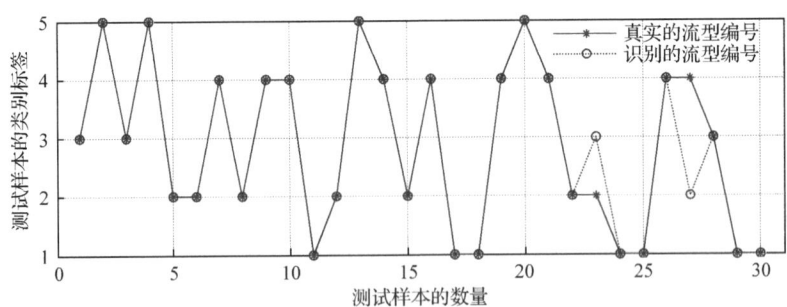

图 6-15 测试样本的油水两相流流型识别结果

表 6-3 基于支持向量机的油水两相流流型识别结果

流型	标签	样本总数	训练样本数	测试样本数	识别样本数	准确率/%
ST & MI	1	14	12	2	2	100
D W/O & D O/W	2	26	15	11	10	90.91
W/O	3	18	12	6	6	100
D O/W & W	4	18	11	7	6	85.71
O/W	5	15	11	4	4	100
所有	—	91	61	30	28	93.33

6.4.3 无量纲流速分布模型

1. 模型建立

根据雷诺数的不同，管内单相流体可分为层流、湍流以及过渡状态。层流中流体黏滞力占主导作用，流体以稳定的层流形式流动，流速分布呈抛物线状；湍流中流体惯性占主导作用，流体流动状态不再稳定，沿管道直径方向存在较大的能量交换[55]。层流与湍流的流速分布可用如下模型描述[56]，即

$$层流：u(y) = u_{\max}\left(1 - \left(\frac{y}{R}\right)^2\right) \quad (6\text{-}33)$$

$$湍流：u(y) = u_{\max}\left(1 - \frac{y}{R}\right)^{1/\chi} \quad (6\text{-}34)$$

式中，$u(y)$ 表示距离管道中心 y 处的流速；R 为管道半径；$u_{\max}$ 为理想状态下管道中心的最大流速；χ 常取值为 6、7、8、10，在管流相关研究中，常选用 $\chi = 7$，此时曲线最接近常见的流速分布。

对于管道中的单相湍流，其流速剖面通常也可以用无量纲法描述，称之为边界层模型，最早由普朗特在 1904 年提出，其将湍流的流速分布划分为三个区域：黏性层、过渡层，以及完全湍流层[57]，其中，完全湍流层占管道内绝大部分区域，其无量纲速度通常以对数形式描述，即

$$u^+ = \frac{1}{k}\ln y^+ + B \quad (6\text{-}35)$$

式中，k 和 B 分别为与流动条件有关的常数，在单相湍流中 $k = 0.4$，$B = 5.5$；u^+ 和 y^+ 分别为速度 u 及其与下管壁间距 y 的无量纲化表示，即

$$u^+ = \frac{u}{u_\tau}, \quad y^+ = \frac{\rho u_\tau y}{\mu} \quad (6\text{-}36)$$

式中，u_τ 为壁面剪切速度或摩擦速度；μ 为运动黏度；ρ 为流体密度。根据黏性

层特性($u^+ = y^+$)，无量纲速度 u^+ 也称为边界层速度，y^+ 为无量纲距离。

与单相流类似，油水两相流在流动过程中根据不同的流动条件可以分为层流和湍流，并具有不同的流速剖面形状，可通过与流体摩擦速度成比例的无量纲流速 u^+ 和无量纲距离 y^+ 表示。在油水两相流中，摩擦速度 u_τ 可计算为

$$u_\tau = \sqrt{\frac{\tau_w}{\rho_m}} \tag{6-37}$$

式中，ρ_m 为油水混合流体的密度；τ_w 为管壁剪切应力，可表示为

$$\tau_w = \frac{D}{4} \times \frac{dP}{dx} \tag{6-38}$$

式中，D 为管道直径；dP/dx 为管道轴向的压力降梯度。

对于水平管道油水分散流，基于均匀模型估计的压力梯度可以表示为

$$\frac{dP}{dx} = \frac{f_m \rho_m j^2}{2D} \tag{6-39}$$

式中，j 为总表观流速；f_m 为混合流体的摩擦系数，根据布拉休斯方程可表示为

$$f_m = 0.312 Re_m^{-1/4} \tag{6-40}$$

式中，Re_m 为流体的混合雷诺数。

将式(6-38)~式(6-40)代入式(6-37)中，可得

$$u_\tau = j\sqrt{\frac{f_m}{8}} = 0.039 j Re_m^{-1/8} \tag{6-41}$$

综上所述，基于摩擦速度 u_τ，油水两相流的流速剖面分布可用式(6-35)所示的对数方程进行无量纲化表示，进而绘制在半对数坐标系中。需要指出的是，模型中包含的常量参数 k 和 B 与流动条件有关，需要利用实验进行标定。

2. 实验结果与分析

连续相的变化对流速剖面的形状影响较大，因此分别建立水连续和油连续的油水两相流无量纲速度分布模型。水连续油水两相流无量纲速度分布模型如图 6-16 所示，主要包括 O/W 流型、D O/W & W 流型和 D O/W & D W/O 流型，其中，横坐标为距管道底部的无量纲距离 y^+，纵坐标为无量纲流速 u^+。在半对数坐标系下，u^+ 与 y^+ 呈现良好的线性关系，符合式(6-35)的模型形式。采用最小二乘线性方法确定模型中的常量参数 k 和 B，最终获得水连续流动流型的无量纲速度分布模型，即

$$u^+ = 2.46\ln y^+ + 7.21 \tag{6-42}$$

与单相湍流条件下的无量纲速度分布模型(Nikuradse 公式)相比，水连续流型

的无量纲速度分布模型具有非常相近的斜率,但截距却截然不同。在实验中发现,当含水率大于90%时,部分实验点的分布符合Nikuradse公式,表明水连续条件下的油水两相流遵循单相湍流行为。

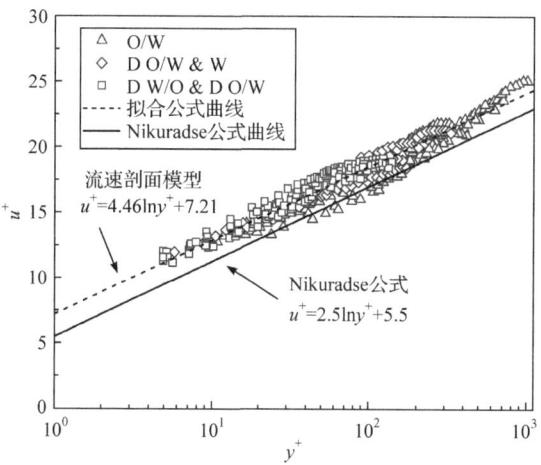

图6-16 水连续油水两相流无量纲速度分布模型

油连续油水两相流无量纲速度分布结果如图6-17所示,主要包括D O/W & D W/O流型和W/O流型,半对数坐标系中u^+与y^+同样呈现良好的线性关系。采用最小二乘线性方法确定模型中的常量参数k和B,最终得到了油连续流型的无量纲速度分布模型,即

$$u^+ = 6.52\ln y^+ - 4.65 \tag{6-43}$$

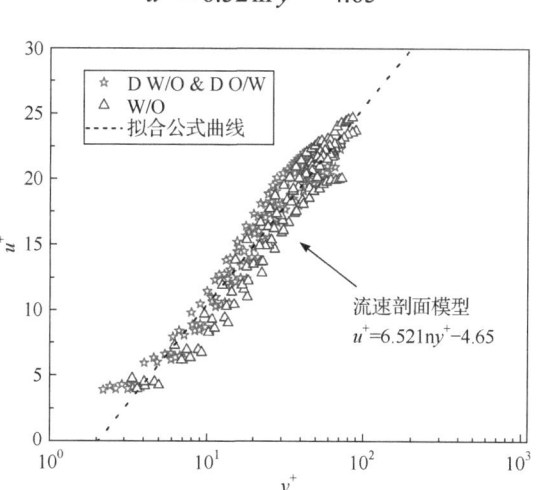

图6-17 油连续油水两相流无量纲速度分布结果

与图 6-16 中水连续流型的无量纲速度分布模型相比，油连续流型的速度分布模型的斜率和截距都与其具有明显不同，这表明当连续相不同时，油水两相流表现出的流动特性具有明显差异。

6.5 本章小结

相比于连续波超声多普勒技术，脉冲波超声多普勒技术以其距离信息获取能力的独特优势，在多相流测速领域展现出巨大的应用潜力。经过三十多年的发展，众多研究者根据不同测量对象的具体特点，利用回波的幅频信息开发出多种信号处理方法，实现了多相流中液膜厚度、气泡位置、相含率分布、流速分布等流动过程参数的获取，对多相流理论体系的完善与发展起到了重要的促进作用。

参 考 文 献

[1] Takeda Y. Velocity profile measurement by ultrasound Doppler shift method. International Journal of Heat and Fluid Flow, 1986, 7(4): 313-318.

[2] Takeda Y. Measurement of velocity profile of mercury flow by ultrasound Doppler shift method. Nuclear Technology, 1987, 79(1): 120-124.

[3] Aritomi M, Zhou S R, Nakajima M, et al. Measurement system of bubbly flow using ultrasonic velocity profile monitor and video data processing unit. Journal of Nuclear Science and Technology, 1996, 33(12): 915-923.

[4] Aritomi M, Zhou S R, Nakajima M, et al. Measurement system of bubbly flow using ultrasonic velocity profile monitor and video data processing unit, (II). Journal of Nuclear Science and Technology, 1997, 34(8): 783-791.

[5] Takeda Y. Instantaneous velocity profile measurement by ultrasonic Doppler method. JSME International Journal Series B, 1995, 38(1): 8-16.

[6] Dong F, Gao H, Liu W L, et al. Horizontal oil-water two-phase dispersed flow velocity profile study by ultrasonic Doppler method. Experimental Thermal and Fluid Science, 2019, 102: 357-367.

[7] Liu W L, Tan C, Dong X X, et al. Dispersed oil-water two-phase flow measurement based on pulse-wave ultrasonic Doppler coupled with electrical sensors. IEEE Transactions on Instrumentation and Measurement, 2018, 67(9): 2129-2142.

[8] le Guer Y, Reghem P, Petit I, et al. Experimental study of a buoyant particle dispersion in pipe flow. Chemical Engineering Research and Design, 2003, 81(9): 1136-1143.

[9] Murakawa H, Kikura H, Aritomi M. Measurement of liquid turbulent structure in bubbly flow at low void fraction using ultrasonic Doppler method. Journal of Nuclear Science and Technology, 2003, 40(9): 644-654.

[10] Nowak M. Wall shear stress measurement in a turbulent pipe flow using ultrasound Doppler velocimetry. Experiments in Fluids, 2002, 33(2): 249-255.

[11] Takeda Y. Ultrasonic Doppler Velocity Profiler for Fluid Flow. Berlin: Springer, 2012.

[12] Zhou S R, Suzuki Y, Aritomi M, et al. Measurement system of bubbly flow using ultrasonic velocity profile monitor and video data processing unit, (III). Journal of Nuclear Science and Technology, 1998, 35(5): 335-343.

[13] Suzuki Y, Nakagawa M, Aritomi M, et al. Microstructure of the flow field around a bubble in counter-current bubbly flow. Experimental Thermal and Fluid Science, 2002, 26(2-4): 221-227.

[14] Murakawa H, Kikura H, Aritomi M. Application of ultrasonic Doppler method for bubbly flow measurement using two ultrasonic frequencies. Experimental Thermal and Fluid Science, 2005, 29(7): 843-850.

[15] Yin P B, Cao X W, Zhang P, et al. Investigation of slug flow characteristics in hilly terrain pipeline using ultrasonic Doppler method. Chemical Engineering Science, 2020, 211: 115300.

[16] Nguyen T T, Kikura H, Murakawa H, et al. Measurement of bubbly two-phase flow in vertical pipe using multiwave ultrasonic pulsed Doppler method and wire mesh tomography. Energy Procedia, 2015, 71(7): 337-351.

[17] Katakura K, Okujima M. Method for ultrasonic flow vector measurement. Journal of the Visualization Society of Japan, 1993, 13(2):1187-1190.

[18] Katakura K, Okujima M. A new linear method for ultrasonic flow vector measurement// 1994 Proceedings of IEEE Ultrasonics Symposium, Cannes, 1994: 1727-1730.

[19] Hurther D, Lemmin U. A constant-beam-width transducer for 3D acoustic Doppler profile measurements in open-channel flows. Measurement Science and Technology, 1998, 9(10): 1706-1714.

[20] Takeda Y, Kikura H. Flow mapping of the mercury flow. Experiments in Fluids, 2002, 32(2): 161-169.

[21] Mori M, Takeda Y, Taishi T, et al. Development of a novel flow metering system using ultrasonic velocity profile measurement. Experiments in Fluids, 2002, 32(2): 153-160.

[22] Obayashi H, Tasaka Y, Kon S, et al. Velocity vector profile measurement using multiple ultrasonic transducers. Flow Measurement and Instrumentation, 2008, 19(3-4): 189-195.

[23] Franke S, Lieske H, Fischer A, et al. Two-dimensional ultrasound Doppler velocimeter for flow mapping of unsteady liquid metal flows. Ultrasonics, 2013, 53(3): 691-700.

[24] Hitomi J, Murai Y, Park H J, et al. Ultrasound flow-monitoring and flow-metering of air-oil-water three-layer pipe flows. IEEE Access, 2017, 5(1): 15021-15029.

[25] Hein I A, O'Brien W R. Current time-domain methods for assessing tissue motion by analysis from reflected ultrasound echoes-a review. IEEE Transactions on Ultrasonics, Ferroelectrics, and Frequency Control, 1993, 40(2): 84-102.

[26] Nguyen T T, Kikura H, Duong N H, et al. Measurements of single-phase and two-phase flows in a vertical pipe using ultrasonic pulse Doppler method and ultrasonic time-domain cross-correlation method. Vietnam Journal of Mechanics, 2013, 35(3): 239-256.

[27] Yamanaka G, Kikura H, Aritomi M. Study on the development of novel velocity profile measuring method using ultrasound time-domain cross-correlation. Optics and Spectroscopy, 2002, 66: 109-114.

[28] Kikura H, Murakawa H, Aritomi M. Velocity profile measurements in bubbly flow using multi-wave ultrasound technique. Chemical Engineering Communications, 2009, 197(2): 114-133.

[29] Murakawa H, Sugimoto K, Takenaka N. Effects of the number of pulse repetitions and noise on the velocity data from the ultrasonic pulsed Doppler method with different algorithms. Flow

Measurement and Instrumentation, 2014, 40: 9-18.

[30] Kremkau F W. Sonography Principles and Instruments. City of Saint Louis: Loren Wilson, 1980.

[31] Claesson J, Rasmuson A, Wiklund J, et al. Measurement and analysis of flow of concentrated fiber suspensions through a 2-D sudden expansion using UVP. Aiche Journal, 2013, 59(3): 1012-1021.

[32] Taishi T, Kikura H, Aritomi M. Effect of the measurement volume in turbulent pipe flow measurement by the ultrasonic velocity profile method mean velocity profile and Reynolds stress measurement. Experiments in Fluids, 2002, 32: 188-196.

[33] Murakawa H, Kikura H, Aritomi M. Measurement of liquid turbulent structure in bubbly flow at low void fraction using ultrasonic Doppler method. Journal of Nuclear Science and Technology, 2003, 40(9): 644-654.

[34] Nowak M. Wall shear stress measurement in a turbulent pipe flow using ultrasound Doppler velocimetry. Experiments in Fluids, 2002, 33(2): 249-255.

[35] Murakawa H, Kikura H, Aritomi M. Application of ultrasonic multi-wave method for two-phase bubbly and slug flows. Flow Measurement and Instrumentation, 2008, 19(3-4): 205-213.

[36] Nguyen T T, Tsuzuki N, Murakawa H, et al. Measurement of the condensation rate of vapor bubbles rising upward in subcooled water by using two ultrasonic frequencies. International Journal of Heat and Mass Transfer, 2016, 99:159-169.

[37] Povolny A, Kikura H, Ihara T. Ultrasound pulse-echo coupled with a tracking technique for simultaneous measurement of multiple bubbles. Sensors, 2018, 18(5): 1327.

[38] Murai Y, Ohta S, Shigetomi A, et al. Development of an ultrasonic void fraction profiler. Measurement Science and Technology, 2009, 20(11): 114003.

[39] Aritomi M, Zhou S R, Nakajima M, et al. Measurement system of bubbly flow using ultrasonic velocity profile monitor and video data processing unit, (II). Journal of Nuclear Science and Technology, 1996, 33(12): 915-923.

[40] Murakawa H, Kikura H, Aritomi M. Measurement of liquid turbulent structure in bubbly flow at low void fraction using ultrasonic Doppler method. Journal of Nuclear Science and Technology, 2003, 40(9): 644-654.

[41] Nguyen T T, Murakawa H, Tsuzuki N, et al. Ultrasonic Doppler velocity profile measurement of single-and two-phase flows using spike excitation. Experimental Techniques, 2016, 40(4): 1235-1248.

[42] Murakawa H, Kikura H, Aritomi M. Application of ultrasonic Doppler method for bubbly flow measurement using two ultrasonic frequencies. Experimental Thermal and Fluid Science, 2005, 29(7): 843-850.

[43] Murai Y, Tasaka Y, Nambu Y, et al. Ultrasonic detection of moving interfaces in gas-liquid two-phase flow. Flow Measurement and Instrumentation, 2010, 21(3): 356-366.

[44] Park J R, Chun M H, Lee S K. Liquid film thickness measurement by an ultrasonic pulse echo method. Nuclear Engineering and Technology, 1985, 17(1): 25-33.

[45] Al-Aufi Y A, Hewakandamby B N, Dimitrakis G, et al. Thin film thickness measurements in two phase annular flows using ultrasonic pulse echo techniques. Flow Measurement and

Instrumentation, 2019, 66: 67-78.
- [46] Park H J, Tasaka Y, Murai Y. Ultrasonic pulse echography for bubbles traveling in the proximity of a wall. Measurement Science and Technology, 2015, 26(12): 125301.
- [47] Murai Y, Fujii H, Tasaka Y, et al. Turbulent bubbly channel flow investigated by ultrasound velocity profiler. Journal of Fluid Science and Technology, 2006, 1(1): 12-23.
- [48] Murai Y, Takeda Y. Chapter 1 ultrasound-based gas-liquid interface detection in gas-liquid two-phase flows. Advances in Chemical Engineering, 2009, 37: 1-27.
- [49] Shi X W, Tan C, Wu H, et al. An electrical and ultrasonic Doppler system for industrial multiphase flow measurement. IEEE Transactions on Instrumentation and Measurement, 2021, 70: 7500313.
- [50] Shi X W, Dong F, Tan C. Horizontal oil-water two-phase flow characterization and identification with pulse-wave ultrasonic Doppler technique. Chemical Engineering Science, 2021, 246: 117015.
- [51] Shi X W, Tan C, Dong F, et al. Flow rate measurement of oil-gas-water wavy flow through a combined electrical and ultrasonic sensor. Chemical Engineering Journal, 2022, 427: 131982.
- [52] Smith K, Spyrou L, Escudero J. Graph-variate signal analysis. IEEE Transactions on Signal Processing, 2019, 67(2): 293-305.
- [53] Smith K, Ricaud B, Shahid N, et al. Locating temporal functional dynamics of visual short-term memory binding using graph modular Dirichlet energy. Scientific Reports, 2017, 7: 42013.
- [54] Cortes C, Vapnik V. Support-vector networks. Machine Learning, 1995, 20(3): 273-297.
- [55] 林建忠, 阮晓东, 陈邦国, 等. 流体力学. 2 版. 北京: 清华大学出版社, 2013.
- [56] Yunus A C. Fluid Mechanics: Fundamentals and Applications. New York: McGraw Hill Higher Education, 2006.
- [57] H. 欧特尔. 普朗特流体力学基础. 朱自强, 钱翼稷, 李宗瑞译. 北京: 科学出版社, 2008.

第7章 超声过程层析成像

多相流相含率、流速等呈非均匀的空间分布，获取多相流的空间分布可有效推动流体力学建模、计算流体动力学(computational fluid dynamics，CFD)模型验证等研究。传统的多相流可视化测量方法多基于光学原理，例如，采用高速相机等获取多相流的流动图像，再进行相分布、流速分布的计算与分析。然而光学法仅能观测透明容器中的流体，对流体透光度要求较高，且难以直接获取管道截面内的流体分布图像。超声过程层析成像可为此类测量需求提供有效的可视化手段[1]。

本章将从超声过程层析成像技术的基本原理开始，介绍超声透射模态层析成像的正演求解模型和反演求解模型。围绕超声过程层析成像反演欠定性与病态性的问题，介绍投影类、正则类、统计类等传统层析成像反演算法以实现高质量图像重建。在此基础上，进一步讨论基于压缩感知与透射/反射融合的超声过程层析成像算法，通过利用多相流中气液分布的稀疏特性与超声透射/反射双模态投影信息，提高成像的质量。

7.1 超声透射层析成像正演模型

7.1.1 超声透射层析成像原理

超声在流体中传播时产生多种传播效应，形成超声过程层析成像的各个基本模态，包括基于超声衰减和渡越时间信息的超声透射层析成像(ultrasonic transmission tomography，UTT)、基于反射回波的超声反射层析成像、基于离散介质散射的超声散射层析成像、基于小尺寸离散介质衍射的超声衍射层析成像等，其中UTT应用最为广泛。

UTT采用一发对收的方式，利用与发射探头对向的超声探头获取声波路径中的声波衰减与传播时间，结合线性反投影等算法反演计算出截面内的流体空间分布[2]。UTT基本原理如图7-1所示，超声探头等间距布置在场域边界上以获取被测流体的多角度投影数据，同一时段内只有一个探头发射超声，激励声波在流体中传播至所有接收探头后，再切换下一探头激励，即串行激励、并行测量。

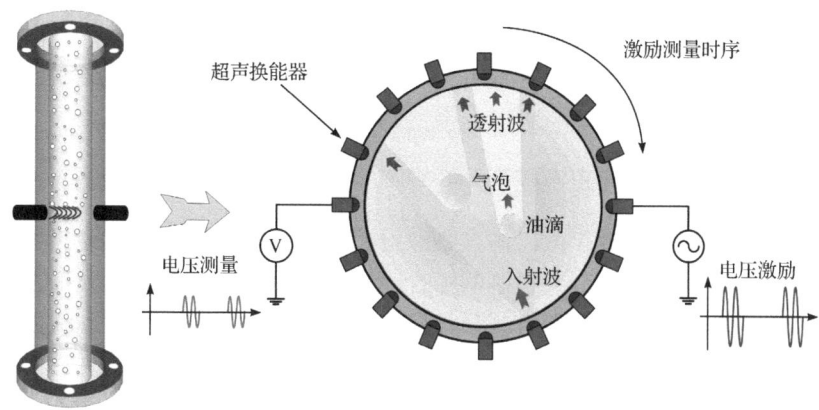

图 7-1　UTT 基本原理

UTT 遵循几何声学近似的基本假设，即当声波波长与障碍物尺寸相当时，超声衍射效应显著，当声波波长与障碍物尺寸满足式(7-1)时，在被测物体后方将形成声影区，衍射效应可以忽略。

$$\frac{2\pi a}{\lambda} = \frac{2\pi f a}{c} \gg 1 \tag{7-1}$$

式中，a 为内含物半径；λ 为超声波长；f 为超声频率；c 为声波在介质中的传播声速。

以气液两相流中常见的气泡结构为例，气泡曲面轮廓相较入射波长可近似等效为平面，入射声波在界面上产生反射，无法穿透并传播至气泡后方，并在其后侧形成几何声影区，气泡的几何声影近似如图 7-2 所示。该种近似称为超声传播的几何声学近似。超声探头发射的扇形声束可以覆盖一个或多个接收探头，入射超声被气相内含物阻挡形成几何声影区，接收探头接收不到或仅能接收到微弱的声波信号，其信号幅值与无内含物阻挡时(空场)的测量信号幅值相比差异明显。此外，对于油水两相流或其他介质声阻抗差较小的多相流，几何声影区的接收信号幅值或渡越时间与空场测得的数据也存在差异。通过测量空场和物场不同角

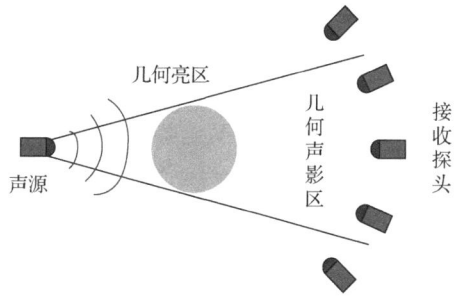

图 7-2　气泡的几何声影近似

度投影下的信号幅值或渡越时间，UTT 可以重构截面内多相流的分布图像。根据其利用的超声信号测量参数，UTT 可分为超声衰减层析成像和超声渡越时间层析成像。

7.1.2 超声衰减层析成像正演模型

声波衰减是因为声波扩散、内含物散射、介质吸收等不同衰减机制耦合产生的，衰减系数通常是各种衰减机制的综合表征。通过直接计算收发探头信号幅值的相对衰减，建立测量数据与衰减系数在被测场域内分布的理论关系模型，并进一步进行离散化和线性化处理，即可获得用于图像重建的层析成像模型。非均匀介质中分块定常分布体素示意图如图 7-3 所示，采用独立体素表征分块定常分布的内含物时，超声的透射衰减可以表示为

$$P_z = P_0 \mathrm{e}^{-\alpha z} = P_0 \mathrm{e}^{-\alpha_0 f_c z} \tag{7-2}$$

式中，P_0 表示距离 $z = 0$ 时的声压；P_z 表示与声源轴向距离为 z 时的声压；α_0 是均匀介质中的衰减系数分布。均匀背景介质(空场)接收声压 P_2 如式(7-3)所示，非均匀介质(物场)接收声压 P_2' 如式(7-4)所示，即

$$P_2 = P_0 \mathrm{e}^{-\alpha_d f_c (d+2\Delta x)} \cdot \mathrm{e}^{-\alpha_0 f_c (d+2\Delta x)} \tag{7-3}$$

$$P_2' = P_0 \mathrm{e}^{-\alpha_d f_c (d+2\Delta x)} \cdot \mathrm{e}^{-\alpha_0 f_c d} \cdot \mathrm{e}^{-(\alpha_1+\alpha_2) f_c \Delta x} \tag{7-4}$$

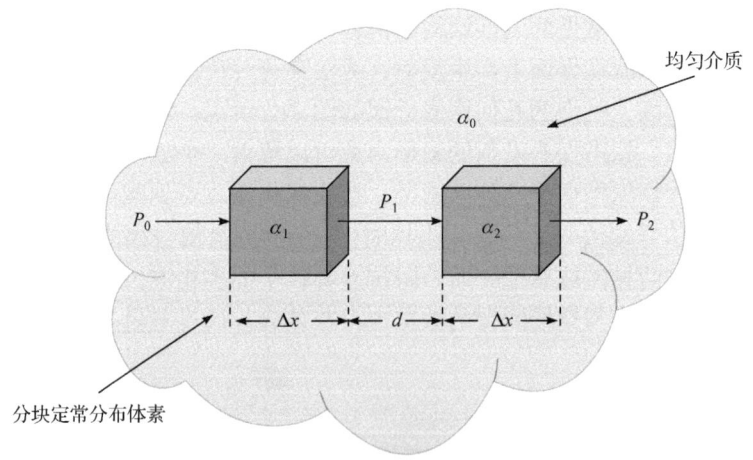

图 7-3　非均匀介质中分块定常分布体素示意图

结合式(7-3)与式(7-4)并扩展到一般形式，超声传播路径上的平均衰减系数可以表示为

$$\int_{\mathrm{ray}} (\alpha - \alpha_0) \mathrm{d}l = \frac{1}{f_c} \ln \frac{A_\mathrm{s}}{A_\mathrm{r}} \tag{7-5}$$

式中，A_s是空场接收的信号幅值；A_r是物场接收的信号幅值。通常情况下，介质的吸收衰减系数同频率的平方成正比，高频超声激励下A_s和A_r的差异更明显，在低对比度介质和低信噪比环境下测量所得的数据置信度更高。

根据上述推导，基于幅值衰减的 UTT 模型可以总结为将场域均匀分割为 N 个像素网格，收发超声探头之间共形成 M 条传播路径，则可对式(7-5)进行线性化和离散化处理，表示成矩阵相乘形式的 UTT 正演模型，即

$$A\Delta\alpha = b_\alpha \tag{7-6}$$

式中，$\Delta\alpha \in \mathbb{R}^{N\times 1}$表示物场和空场的吸收衰减系数的变化；$b_\alpha \in \mathbb{R}^{M\times 1}$表示处理后的边界投影数据；$A \in \mathbb{R}^{M\times N}$表示测量数据与像素间的几何关系，称为灵敏度矩阵，其矩阵中的各个元素表示第 i 行投影路径和第 j 个像素的几何关系。

综上所述，超声衰减层析成像正问题为计算灵敏度矩阵 A 并构建正演模型；其反演求解即在已知灵敏度矩阵 A 和空场/物场测量信号幅值的情况下，重建场域内的衰减系数分布。

7.1.3 超声渡越时间层析成像正演模型

与衰减测量类似，超声渡越时间层析成像测量空场和物场透射信号渡越时间的差异为 b_s，根据收发超声探头之间的距离，计算出对应投影路径上的平均声速差异。为简化公式，超声渡越时间层析成像一般使用声速 c 的倒数(慢度 $s=1/c$)，此时正演模型可表示为

$$b_s = \int_{\text{ray}} (s - s_0) \mathrm{d}l \tag{7-7}$$

式中，s 和 s_0 分别表示物场慢度与空场慢度的分布。

对式(7-7)进行线性化和离散化处理，基于渡越时间的基本成像测量模型可以表示为

$$A\Delta s = b_s \tag{7-8}$$

式中，Δs 为场域内各像素物场与空场慢度差的分布；b_s 为测量信号物场与空场渡越时间的差异；A 为表征测量数据与像素间几何关系的灵敏度矩阵。

7.2 超声透射层析成像反演算法

7.2.1 超声透射层析成像反演求解

在 UTT 中，无论是采用基于幅值衰减还是渡越时间的方法，其层析成像正演模型最终可以统一表示为线性化方程组形式，即

$$Ax = b \tag{7-9}$$

式中，$x \in \mathbb{R}^{N \times 1}$ 代表待求解的图像向量，如场域内衰减系数/慢度分布；$b \in \mathbb{R}^{M \times 1}$ 代表投影数据，来自测量得到的信号幅值/渡越时间；$A \in \mathbb{R}^{M \times N}$ 表示灵敏度矩阵。而超声过程层析成像的反演求解则是根据计算得到的灵敏度矩阵和超声探头测量得到的信号幅值/渡越时间，通过求解方程来重建场域内的衰减系数/慢度分布。

求解超声过程层析成像反演求解面临以下两个难题。

(1) 病态性，即反演求解过程对测量噪声非常敏感，测量数据发生微小变化就会导致成像结果的剧烈变化，产生大量伪影和噪点[3]。

(2) 欠定性，即有效投影数不足，少量投影数据无法反演高分辨率图像，导致成像分辨率较低。

研究人员设计了多种图像反演重建算法来克服反演求解中的欠定性与病态性问题。常用的超声过程层析成像反演算法包括投影类、正则类、统计类三种，下面分别介绍其中的代表性图像重建算法。

7.2.2 投影类算法

投影类算法最初应用在 X-射线层析成像中，是将边界测量值的总衰减/时延均匀反投影到路径上的每一个像素。针对反演求解的欠定性，即灵敏度矩阵的逆矩阵 A^{-1} 不存在的问题，线性反投影(linear back projection，LBP)算法利用灵敏度矩阵的转置矩阵 A^{T} 替代逆矩阵 A^{-1} 进行反演求解，可表示为

$$x = A^{\mathrm{T}} b \tag{7-10}$$

此外，针对反演问题的病态性、成像结果受噪声扰动影响大的问题，滤波反投影(filtered back projection，FBP)算法在 LBP 算法反演结果的基础上进行空间域或频率滤波，以提高图像质量，可表示为

$$x = F A^{\mathrm{T}} b \tag{7-11}$$

从式(7-10)和式(7-11)可以看出，测量值与物场分布图像的关系是线性的，因此投影类算法称为线性算法。投影类算法是层析成像技术中最基础的反演算法，具有计算简单、成像速度快等优势，随后其思想被广泛应用到层析成像的在线测量中。

7.2.3 正则类算法

正则类算法是最常用的层析成像算法之一，其基本原理是利用图像先验信息构建正则约束项来解决反演求解的欠定性与病态性问题。正则类算法通过最小化

目标函数来确定图像 x^*，即

$$x^* = \arg\min_x \frac{1}{2}\|Ax-b\|_2^2 + \eta R(x) \tag{7-12}$$

式中，$R(x)$为正则化项；η为正则化系数，可以由 L 曲线法和交叉验证法计算确定。

对于连续平滑变化的图像，通常采用 Tikhonov 正则化求解[4]：

$$x^* = \arg\min_x \frac{1}{2}\|Ax-b\|_2^2 + \eta\|x\|_2 \tag{7-13}$$

Tikhonov 正则化反演可以通过单步算法直接求解得到，即

$$x = \left(A^\mathrm{T}A + \eta I\right)^{-1} A^\mathrm{T} b \tag{7-14}$$

相比于单步算法，利用梯度下降法对式(7-13)进行迭代求解有助于提高求解精度，即

$$x^{(k+1)} = x^{(k)} + \lambda P\left(A^\mathrm{T}Wb - \left(A^\mathrm{T}WA - \eta I\right)x^{(k)}\right) \tag{7-15}$$

式(7-15)又称为 Tikhonov 正则约束的联合迭代重建技术(simultaneous iterative reconstruction technique，SIRT)反演求解。式中，λ为迭代步长；P为预处理矩阵，可以提高迭代求解的收敛性能；W为投影加权矩阵，可以提高反演求解的抗噪性能。P和W的计算可分别表示为

$$\begin{cases} P = \mathrm{diag}(1/LP_1, 1/LP_2, \cdots, 1/LP_N), & LP_i = \sum_{i=1}^{N} a_{i,j} \\ W = \mathrm{diag}(1/LR_1, 1/LR_2, \cdots, 1/LR_M), & LR_j = \sum_{j=1}^{M} a_{i,j} \end{cases} \tag{7-16}$$

在 Tikhonov 正则化之外，常用的正则项还有总变差(total variation，TV)正则化，可以在缓解欠定性与病态性问题的基础上，保留反演图像的边界信息，其求解目标函数可表示为

$$x = \arg\min_x \frac{1}{2}\|Ax-b\|_2^2 + \lambda\int_\Omega \sqrt{|\nabla x|^2 + \beta}\mathrm{d}\Omega \tag{7-17}$$

式中，β是为了避免优化过程中不可微的情况而添加的常数[5]。

正则化方法可以缓解层析成像的欠定性与病态性问题，相比于投影类算法，其所需的计算量增加，但成像所需的投影数量更少，反演图像质量更高[4]。此外，根据已有先验信息也能有针对性地构建出特定的正则项，从而进一步提高成像质量。

7.2.4 统计类算法

超声过程层析成像测量数据中往往包含随机测量噪声，单次测量数据噪声的幅值随机变化而难以确定，但多次测量值却具有统计规律性。例如，能利用随机测量噪声的统计规律构建先验知识，有望缓解反演求解中的欠定性与病态性问题，从而提高图像的反演质量。统计类反演算法利用贝叶斯方法构建逆问题求解模型，将图像和测量噪声的先验信息引入反演求解中。相比于投影类算法和代数类算法，基于贝叶斯架构的统计类反演算法能够充分利用先验信息，在超声过程层析成像领域受到越来越多的关注[6-10]。

下面以基于加性噪声模型为例介绍统计类反演算法，其正演模型可表示为

$$b = Ax + n \tag{7-18}$$

式中，$n \sim N(0, \sigma_n I)$ 为零均值高斯加性噪声，其中 σ_n 是噪声方差。

统计类反演算法基于最大后验概率(maximum a posteriori probability, MAP)估计方法求解式(7-18)，即

$$x^* = \arg\min_x \{-\log(P(x|b))\} \tag{7-19}$$

根据贝叶斯定理，最大后验概率方程为 $P(x|b) = \dfrac{P(b|x)p(x)}{P(b)}$，考虑到 b 为确定的测量，有 $P(b) = 1$，代入式(7-19)可得

$$x^* = \arg\min_x \{-\log(P(b|x))\} - \log(P(x)) \tag{7-20}$$

$P(b|x)$ 为似然方程，包含测量噪声的先验信息，即

$$P(b|x) = P(n) = P_{\text{noise}}(b - Ax) \tag{7-21}$$

考虑到 $n \sim N(0, \sigma_n I)$ 的噪声分布模型，即

$$P_{\text{noise}}(n) \propto \exp\left(-\frac{1}{2\sigma_n^2} \|n\|_2^2\right) \tag{7-22}$$

因此有

$$P(b|x) \propto \exp\left(-\frac{1}{2\sigma_n^2} \|y - Ax\|_2^2\right) \tag{7-23}$$

此外，式(7-20)中的 $P(x)$ 为先验概率方程，包含了目标图像的先验信息。

与正则类算法类似，统计类算法中也有对图像先验信息的通用模型，如高斯先验、稀疏先验、非连续先验与 TV 先验等，常用的图像先验模型如表 7-1 所示。

表 7-1 常用的图像先验模型

模型	$P(x)$
高斯先验	$P(x) \propto \left(\dfrac{1}{2\pi\|\Gamma\|}\right)^{N/2} \exp\left[-\dfrac{1}{2}(x)^{\mathrm{T}} \Gamma^{-1}(x)\right]$
稀疏先验	$P(x) \propto \left(\dfrac{\alpha}{2}\right)^{N} \exp(-\alpha\|x\|_1)$
非连续先验	$P(x) \propto \left(\dfrac{\alpha}{\pi}\right)^{N} \dfrac{1}{1+\alpha^2(x_j - x_{j-1})^2}$
TV 先验	$P(x) \propto \exp[-\alpha \mathrm{TV}(x)]$

以高斯先验模型为例，假设图像向量为高斯分布 $x \sim N(x_0, \Gamma_x)$，其中 x_0 为均值，$\Gamma_x \in \mathbb{R}^{N \times N}$ 为图像向量协方差矩阵，代入式(7-20)后可得

$$x^* = \left(\Gamma_x^{-1} + \frac{1}{\sigma_n^2} A^{\mathrm{T}} A\right)^{-1} \left(\frac{1}{\sigma_n^2} A^{\mathrm{T}} b + \Gamma_x^{-1} x_0\right) \tag{7-24}$$

进行进一步简化假设，即假设图像各像素互不相关，均为独立同分布高斯变量 $\Gamma_x = \gamma^2 I$，即

$$x^* = A^{\mathrm{T}} \left(A A^{\mathrm{T}} + \eta^2 I\right)^{-1} b \tag{7-25}$$

式中，$\eta = \sigma_n / \gamma$。

式(7-25)是经典的维纳滤波解(Wiener filter solution, WFS)，在 1994 年被 Wilson 等[11]应用于声学层析成像中，称为随机反演(stochastic inversion, SI)，随后又通过引入时域动态信息发展为时变随机反演(time-dependent stochastic inversion, TDSI)[6,7]。在此基础上，研究人员结合卡尔曼滤波算法，利用高斯噪声模型与图像时序连续先验模型，实现更高分辨率的超声过程层析成像[8]。

与投影类算法和正则类算法相比，统计类算法的优势在于贝叶斯架构能够更好地使用图像和测量噪声的先验信息，以提高成像质量。而在缺乏上述先验信息的情况下，统计类算法与正则类算法相比并无优势[9]。例如，在没有图像先验信息的情况下，$P(x)=1$，即等效于正则类算法中基础的最小二乘法目标函数。如果忽略图像各像素之间的相关性，即图像向量各元素均为独立同分布高斯变量 $\Gamma_x = \lambda^2 I$，则式(7-25)所示的维纳滤波反演求解也等效于如式(7-14)所示的单步 Tikhonov 正则化求解。证明过程如下。

$$\begin{aligned}
x_{\text{MAP}} &= A^{\text{T}}\left(AA^{\text{T}} + \lambda^2 I\right)^{-1} b \\
&= V\Sigma U^{\text{T}}\left(U\Sigma^2 U^{\text{T}} + \lambda^2 UU^{\text{T}}\right)^{-1} b \\
&= V\Sigma\left(\Sigma^2 + \lambda^2 I\right)^{-1} U^{\text{T}} b \\
&= V\left(\Sigma^2 + \lambda^2 I\right)^{-1} \Sigma U^{\text{T}} b \\
&= V\left(\Sigma^2 + \lambda^2 I\right)^{-1} V^{\text{T}} V\Sigma U^{\text{T}} b \\
&= \left(A^{\text{T}} A + \lambda^2 I\right)^{-1} A^{\text{T}} b \\
&= x_{\text{tik}}
\end{aligned} \qquad (7\text{-}26)$$

式中，x_{MAP} 和 x_{tik} 分别为维纳滤波解与单步 Tikhonov 正则化反演问题解；$A = U\Sigma V^{\text{T}}$ 为灵敏度矩阵的奇异值分解(singular value decomposition，SVD)。

7.2.5 层析成像反演求解的加速与降维

快速测量和实时成像是多相流超声过程层析成像的核心要求。在上述反演算法中，投影类算法不需要迭代计算，耗时最短，但成像质量较低；正则类算法中既有单步求解算法，也有迭代求解算法。但一方面，对于同一个逆问题目标函数，迭代求解算法精度更高，成像质量更好；另一方面，以 TV 先验为例的正则类算法难以通过单步算法求解，必须依赖迭代求解算法。而在统计类算法中，迭代求解算法既是高斯先验等较为简单的反演模型求解的更好选择，也是 TV 先验、稀疏先验、非连续先验等反演模型的必要选择。因此，为了实现高精度层析成像反演，迭代求解算法必不可少。然而相对于超声激励和信号采集，现有迭代类图像重建算法的速度较慢，不能满足在线成像的计算速度要求。针对这一问题，研究人员一方面提出了离线迭代算法，以实现线下迭代在线反演求解；另一方面提出了降维加速算法，极大地减少了在线反演求解的计算量。

1. 基于离线迭代的反演求解加速算法

迭代类逆问题算法可以以一种离线迭代-在线重建(offline iteration-online reconstruction，OIOR)的方式进行求解。离线迭代即在实际测量前完成大计算量的迭代求解，而在线重建的计算则简化为单步反演求解，极大地提高了在线反演的速度。OIOR 的思想首先在 2004 年提出，并用于电容层析成像实时图像重建领域[12]。本节以 UTT 重建效果较好的 SIRT 算法为例，对 OIOR 算法进行推导和梳理。首先 SIRT 算法求解可表示为

$$x^{(k+1)} = x^{(k)} + \lambda P\left(A^{\text{T}} Wb - \left(A^{\text{T}} WA - \eta I\right) x^{(k)}\right) \qquad (7\text{-}27)$$

以式(7-27)所示的 SIRT 迭代求解算法为例，OIOR 算法的总原则是将反演求解中每一步迭代 $x^{(k+1)}$ 分解为迭代反演求解部分 $B^{(k+1)}$ 与非迭代求解部分 γ，表示为

$$x^{(k+1)} = B^{(k+1)}\gamma \tag{7-28}$$

将式(7-28)代入式(7-27)可得

$$B^{(k+1)}\gamma = CB^{(k)}\gamma + Db \tag{7-29}$$

令 $\gamma = b$，则可以在式(7-29)等式两边消去 b，使得迭代部分 $B^{(k+1)}$ 求解与测量值 b 无关，即

$$B^{(k+1)} = CB^{(k)} + D \tag{7-30}$$

当给定迭代次数 k 时，矩阵 B 可以通过离线迭代获取。结合式(7-28)得到在线求解的形式，即

$$x = Bb \tag{7-31}$$

综合来说，SIRT 算法迭代求解的过程被分解为与测量无关的离线迭代，迭代过程如式(7-30)所示。通过离线迭代得到反演矩阵 B 后，在实际测量中可利用式(7-31)进行在线成像计算，此时计算量降低到与非迭代 LBP 算法相同的水平，且重建效果接近于迭代的 SIRT 算法，为将代数类图像重建算法应用于实时 UTT 提供了可能性。

2. 基于 RBF 网络的反演求解降维算法

需要注意的是，尽管 OIOR 算法可以将代数类重建算法的迭代过程与边界测量数据分离，但在大尺寸被测场域或高分辨率图像重建中，像素单元数量较多，矩阵 B 的离线迭代和式(7-31)的求解仍然耗时较长。需要对 SIRT 算法中的系数矩阵与未知图像向量的维度进行压缩。

径向基函数(radial basis function，RBF)是一种常见的信号拟合函数，其在超声过程层析成像领域广泛应用于灵敏度矩阵及其重建过程的降维处理[13]，能够将系数矩阵和其原解投影到低维子空间中，有效减小了反演求解计算量。RBF 定义可表示为

$$x(r) = \sum_{k=1}^{K} \theta_k \mathrm{e}^{-\omega\|r-r_\mathrm{c}\|^2} \tag{7-32}$$

式(7-32)也可以写作矩阵形式，即

$$x = \Phi\theta \tag{7-33}$$

式中，$\theta \in \mathbb{R}^{K\times 1}$ 为图像向量 x 降维后的参数向量；$\Phi \in \mathbb{R}^{N\times K}$ 为 RBF 降维投影矩阵；K 为降维后的图像参数数量，一般 K 远小于原图像的像素数量 N；r_c 为均匀

分布在成像范围内的各个 RBF 方程的中心位置。

反演目标函数可表示为

$$\begin{aligned}\theta^* &= \arg\min_{\theta} \frac{1}{2}\|A\Phi\theta - b\|_2^2 + \eta\|x\|_2 \\ &= \arg\min_{\theta} \frac{1}{2}\|Q\theta - b\|_2^2 + \eta\|x\|_2\end{aligned} \quad (7\text{-}34)$$

因此，式(7-27)可以写为

$$\theta^{(k+1)} = C\theta^{(k)} + Db \quad (7\text{-}35)$$

式中，$C = \lambda P(\eta I - \Phi^{T} A^{T} W A \Phi)$；$D = \lambda P \Phi^{T} A^{T} W$；预处理矩阵 P 与加权矩阵 W 也根据新反演求解的系统矩阵 Q 来计算。

在求解过程中，反演求解的系统矩阵由 $A \in \mathbb{R}^{M \times N}$ 降维到 $Q \in \mathbb{R}^{M \times K}$，图像参数向量由 $x \in \mathbb{R}^{N \times 1}$ 降维到 $\theta \in \mathbb{R}^{K \times 1}$，极大地减小了求解过程的计算量，提高了求解速度。在求得目标图像参数 θ 之后，可以通过式(7-33)恢复图像。

需要注意的是，在 SIRT 算法的迭代求解过程中，RBF 降维和 OIOR 离线迭代在线求解的方法是逻辑耦合的，即 RBF 降维首先将灵敏度矩阵、测量数据和原始吸收系数向量降维投影到一个子空间，然后在子空间中操作使用 OIOR 算法进行离线迭代与在线成像，最后将子空间内的降维数据恢复为原始维度的图像。

7.2.6 传统超声过程层析成像反演方法总结

超声过程层析成像反演问题具有欠定性与病态性的特点，导致图像反演重构难度较大。欠定性主要是因为超声测量的有效投影数少，不足以支持高精度图像反演，导致成像分辨率较低，无法有效反映出多相流的分布信息；病态性主要源自灵敏度矩阵的病态性，其导致反演求解过程对测量噪声非常敏感，测量数据的微小误差会导致成像结果的剧烈变化，从而产生大量伪影和噪点。

在目前常用的层析成像反演算法中，投影类算法通过利用灵敏度矩阵的转置矩阵 A^T 替代逆矩阵 A^{-1} 进行反演，并通过求解图像滤波来减少图像伪影和噪点。投影类算法求解速度快，但无法实现高分辨率、高精度反演。正则类算法通过引入图像的先验知识来构建正则项，并用于反演求解中。与投影类算法相比，正则类算法极大地提高了反演过程的稳定性与反演图像的质量。统计类算法同时引入了图像与测量噪声的先验知识，共同构建后验概率模型用于反演求解，成像质量更高。

综上所述，传统超声过程层析成像方法的核心在于充分利用图像与测量噪声的先验知识。然而在超声多相流层析成像中，这些方法还未能针对性地利用多相流分布的特点构建先验模型，也未能利用超声不同传播模态的特点增加有效测量。

因此，7.3 节与 7.4 节中将分别介绍基于压缩感知与透射/反射融合的超声过程层析成像算法。这两种算法利用多相流中气液分布的稀疏特性与超声透射/反射双模态丰富的投影信息，进一步提高成像的质量。

7.3 基于压缩感知的图像重建方法

7.3.1 压缩感知算法基本介绍

压缩感知(compressed sensing，CS)理论是由 21 世纪初期美国斯坦福大学的 Donoho[14]提出的一种数学方法。压缩感知理论通过利用原信号的稀疏特性，在远小于奈奎斯特采样率的条件下，用随机采样获取原信号的离散样本，然后通过非线性重建算法完美重建出原信号。作为压缩感知理论关键技术之一的信号重建技术受到了广泛的关注并在众多研究领域获得成功应用。随着压缩感知理论的发展以及不同领域的深入应用，压缩感知的理论框架随着不同的应用目标而不断更新。

由于超声过程层析成像的传感器数量有限，难以提供足够数量的投影数据来反演高分辨率图像。而压缩感知算法能够利用信号或图像的稀疏特性，通过更少的投影数据反演出更高精度、更高分辨率的图像。应用压缩感知算法的前提条件在于目标图像本身的稀疏特性，而在超声过程层析成像中，多相流分布图像存在多种稀疏特性，下面进行具体介绍。

首先，以透射式超声衰减层析成像为例，当被测场域内的介质分布具有稀疏性时，大量超声探头间并没有物体遮挡，此时超声测试信号的衰减完全是因为超声在均匀介质内传播一定距离而产生的衰减。当采用差分成像方法时，该部分物场测试信号与空场测试信号相减所得的值为 0，因此差分的边界投影数据具有明显的稀疏特性，合理利用该稀疏特性进行图像重建可以获得更好的成像效果。

其次，气液段塞状流或泡状流的相分布较简单，气泡数量少，边界明显。虽然目标图像向量并没有稀疏特性，但图像边界向量具有稀疏特性，也可以用于压缩感知的图像重建。

最后，在稳定工况条件下，多相流流型相对稳定，其分布图像虽然复杂，但具有明显的特征与变化规律。图像向量可以在特定子空间上展开为稀疏向量，或者在数据学习词典上有稀疏表达。例如，在溶液溶解过程中，其浓度分布往往有高斯或联合高斯分布的特征，可以利用 RBF 网络实现图像的稀疏化表达。

对于前两种情况，压缩感知算法类似于稀疏正则反演求解与 TV 先验反演求解，即利用图像向量的稀疏特性，减少层析成像反演求解过程中需要求解的未知参数数量，以提高成像精度。而对于第三种情况，即图像本身不稀疏，需要根据图像本身的特性，通过数据学习的方式寻找能实现原图像向量稀疏化的稀疏基，即

$$x = \Psi x_s \tag{7-36}$$

式中，$\Psi \in \mathbb{R}^{N \times N}$ 为将图像向量投影到稀疏基上的稀疏基矩阵；$x_s \in \mathbb{R}^{N \times 1}$ 为图像的稀疏系数矩阵，该矩阵中只有 K 个非零值并且 K 远小于 N。

压缩感知算法与前面所述的降维算法的关键都在于提取图像的先验信息，从而能够使用少量参数表征待测图像的主要特征，其区别在于以下两方面。

(1) 压缩感知的稀疏基矩阵 Ψ 既需要满足图像的稀疏化表示，又需要与测量矩阵 A 不相关，即满足有限等距性质(restricted isometry property，RIP)[15]，而降维算法的投影矩阵 Φ 仅针对图像进行设计，很多时候虽然实现了很好的降维效果，但也会进一步加剧反演问题的病态性[16,17]。

(2) 压缩感知在反演求解时利用 L_1 范数的特性，能在提高抗噪性能的同时保留图像细节信息，而如 RBF 降维方法求解往往会导致图像模糊，丢失关键细节与边界信息。

以上是对压缩感知算法的简单介绍，下面将具体介绍压缩感知的正演问题与反演算法。

7.3.2 压缩感知的正演问题与反演算法

以加性噪声正演模型式(7-18)为例，基于压缩感知的超声过程层析成像反演求解目标函数可表示为

$$\min_{\|b - Ax\|_2 \leqslant \varepsilon} \|x\|_0 \tag{7-37}$$

式中，ε 为求解过程中的反演参数；$\|x\|_0$ 为向量 x 的 L_0 范数，是向量 x 中非零元素的个数，$\|x\|_0$ 越小，向量 x 越稀疏。

式(7-37)表示在满足正演模型的条件下 $\|b - Ax\|_2 \leqslant \varepsilon$，即寻求目标图像向量 x 的最稀疏解。然而，目标函数中存在非凸项 $\|x\|_0$，使得求解过程变成 NP 难 (NP-hard)问题[18]，目前常用的求解方法可分为贪婪算法、凸松弛算法与贝叶斯压缩感知算法等。下面具体介绍贪婪算法与凸松弛算法。

1. 贪婪算法

求解式(7-37)的关键在于确定向量 x 中非零元素的数量与位置，以向量 $I = \text{supp}(x) = \{i \mid x(i) \neq 0\}$ 表示。x_I 为支撑集 I 对应的向量 x 中的非零部分，A_I 为灵敏度矩阵 A 中支撑集 I 对应列 a_i 所组成的部分灵敏度矩阵，a_i 也称为灵敏度矩阵 A 的原子(atom)。因此有

$$b = A_I x_I + n = \sum_{i \in I}(x_i a_i) + n \tag{7-38}$$

由式(7-38)可知，式(7-37)的求解思想是将测量向量 b 分解为灵敏度矩阵 A 中对应列 a_i 的线性组合，并且要求使用的原子数最少，且误差小于 ε。对于小规模反演问题，可以通过穷举法求解，穷举法 L_0 范数优化求解如表 7-2 所示，由少到多遍历所有可能的原子组合，最终实现求解。

表 7-2 穷举法 L_0 范数优化求解

输入	灵敏度矩阵 A，测量向量 b
迭代	遍历非零元素的数量 $k=1,2,\cdots,N$ 遍历所有长度为 k 的支撑集 I 如果 $\|b-A_I x_I\|_2 \leq \varepsilon$ 有解，则终止迭代，求解 x_I 对 x_I 补零
输出	图像向量 x

对于大规模层析成像反演问题，穷举所有可能性的是 NP 难问题，计算量太大无法实现。针对这一问题，出现了匹配追踪(matching pursuit，MP)算法、正交匹配追踪(orthogonal matching pursuit，OMP)算法等贪婪算法，在迭代过程中以贪婪准则寻找当前状况下最优的 a_i，以及对应的权重 x_i。

以 MP 算法为例，该算法以零向量的空白初始模型开始，在每次迭代中选择一个与残余信号相关性最强的向量作为最优原子加入到当前支撑集 I。在迭代过程中，MP 算法逐步分解原测量向量 b 并更新支撑集 I 直到残余项小于预设门限。MP 算法 L_0 范数优化求解如表 7-3 所示。

然而，MP 算法在选择最优原子时，仅根据残余项与各原子的内积大小来确定。迭代中仅能保证残余项 $r^{(j)}$ 与当前选择的原子 a_{I_j} 正交，无法保证与之前所选择的所有原子正交。因此，在迭代中往往会多次选择到同一个原子，降低了算法的收敛速度。针对这一问题，研究人员设计了 OMP 算法来实现快速求解。OMP 算法 L_0 范数优化求解如表 7-4 所示，OMP 算法与 MP 算法的区别在于迭代过程中第 2 步加权系数的计算。原来的系数计算是通过将上次迭代残余项向本次迭代选定的原子向量投影而得到 $w_{I_j}=\left|\left\langle r^{(j-1)},a_{I_j}\right\rangle\right|$。而在 OMP 算法中，则改为向已选取的所有原子张开形成子空间为 $V_j=\text{span}\left(a_{I_1},a_{I_2},\cdots,a_{I_j}\right)$ 的投影，确保残余项 r_j 与所有已选原子正交，并在迭代收敛获取最终支撑集后以最小二乘法求解。

表 7-3 MP 算法 L_0 范数优化求解

输入	灵敏度矩阵 A，测量向量 b
迭代	初始化 $x^{(0)}=0$，残余项 $r^{(0)}=b$ 第 j 次迭代 1：选择与残余项 $r^{(j-1)}$ 最相关的原子，其索引为 I_j 2：计算系数 $w_{I_j}=\left|\left\langle r^{(j-1)},a_{I_j}\right\rangle\right|$ 3：更新图像向量中对应元素 $x_{I_j}^{(j)}=x_{I_j}^{(j-1)}+w_{I_j}$ 4：更新残余项 $r^{(j)}=r^{(j-1)}-w_{I_j}a_{I_j}$ 迭代终止条件：$\left\|r^{(j)}\right\|_2\leqslant\varepsilon$ 或者迭代次数 j 小于预设值
输出	图像向量 x

表 7-4 OMP 算法 L_0 范数优化求解

输入	灵敏度矩阵 A，测量向量 b
迭代	初始化 $x^{(0)}=0$，残余项 $r^{(0)}=b$ 第 j 次迭代 1：选择与残余项 $r^{(j-1)}$ 最相关的原子，其索引为 I_j 2：更新子空间矩阵 $A_{I_j}=\left[a_{I_1},a_{I_2},\cdots,a_{I_j}\right]$ 3：更新投影矩阵 $P^{(j)}=A_{I_j}\left(A_{I_j}^{\mathrm{T}}A_{I_j}\right)^{-1}A_{I_j}^{\mathrm{T}}$ 4：更新残余项 $r^{(j)}=b-P^{(j)}b$ 迭代终止条件：$\left\|r^{(j)}\right\|_2\leqslant\varepsilon$ 或者迭代次数 j 小于预设值
输出	图像向量 $x=\left(A_{I_j}^{\mathrm{T}}A_{I_j}\right)^{-1}A_{I_j}^{\mathrm{T}}b$

上述 MP 算法与 OMP 算法以零向量作为初始模型进行迭代求解，实际层析成像求解过程还可以使用 7.2 节中所述的传统反演方法进行预成像，从而提高图像反演求解的速度，例如，将 LBP 预成像与 OMP 压缩感知反演结合成子空间追踪-正交匹配追踪(subspace pursuit-orthogonal matching pursuit，SP-OMP)算法[19]。

2. 凸松弛算法

求解式(7-37)的难点在于 L_0 范数优化问题是一个 NP 难问题，且 L_0 范数不连续也不可导。如果能对 L_0 范数进行凸松弛，使得反演问题模型为凸函数且连续可导，则可以利用传统的梯度下降等方式实现快速求解。研究表明，L_1 范数是 L_0 范数的最优凸近似[20]。一方面，L_1 范数能够作为约束条件实现稀疏约束，另一方面，应用 L_1 范数约束改造的反演模型如式(7-39)所示，其满足凸优化条件且有唯一解[21]，即

$$\min_{\|b-Ax\|_2 \leqslant \varepsilon} \|x\|_1 \tag{7-39}$$

利用拉格朗日乘子法，式(7-39)可转换为正则化反演问题，即

$$\min_x \|b-Ax\|_2^2 + \eta \|x\|_1 \tag{7-40}$$

式(7-40)所对应的 L_1 范数正则反演又称为最小绝对收缩和选择算子(least absolute shrinkage and selection operator，LASSO)算法，对于 LASSO 算法的目标函数优化求解方法较为成熟，常用的方法包括梯度投影(gradient projection)算法[22,23]、迭代阈值收缩(iterative shrinkage-thresholding，IST)算法[24,25]、近端梯度下降(the proximal gradient descent，PGO)算法[26,27]、增广拉格朗日乘子(augmented Lagrange multiplier，ALM)算法[28]和分裂布雷格曼(split Bregman，SB)算法[29]。下面以迭代阈值收缩算法为例进行介绍。迭代阈值收缩算法在每次迭代中首先通过梯度下降算法更新图像向量来逼近无稀疏的约束最小二乘解，再利用阈值投影算子对梯度下降的结果进行收缩以实现稀疏约束，其迭代计算[30]可表示为

$$\begin{cases} x^{(j+1/2)} = x^{(j)} - 2tA^{\mathrm{T}}\left(A^{\mathrm{T}}x^{(j-1)} - b\right) \\ x^{(j+1)} = P_{\eta t}\left(x^{(j+1/2)}\right) \end{cases} \tag{7-41}$$

式中，t 为梯度下降步长；$P_{\eta t}$ 为软阈值投影算子，即

$$P_{\eta t}(x) = (|x| - \eta t)_+ \mathrm{sgn}(x) \tag{7-42}$$

迭代阈值收缩算法 LASSO 优化求解如表 7-5 所示。

表 7-5 迭代阈值收缩算法 LASSO 优化求解

输入	灵敏度矩阵 A，测量向量 b，梯度下降步长 t，正则参数 η
迭代	初始化 $x^{(0)} = 0$，残余项 $r^{(0)} = b$ 第 j 次迭代 1：梯度下降 $x^{(j+1/2)} = x^{(j)} - 2tA^{\mathrm{T}}\left(A^{\mathrm{T}}x^{(j-1)} - b\right)$ 2：阈值收缩 $x^{(j+1)} = P_{\eta t}\left(x^{(j+1/2)}\right)$ 迭代终止条件：$\left\|x^{(j+1)}/x^{(j)}\right\|_2 \leqslant \varepsilon$ 或者迭代次数 j 小于预设值
输出	图像向量 x

本节主要介绍了压缩感知超声过程层析成像的反演模型与求解算法。反演求解算法可以分为贪婪算法与凸松弛算法两大类。贪婪算法的每一步迭代从灵敏度矩阵中选取最优原子并更新图像向量，具有计算量小、求解速度快的特点，适用于大规模反演求解计算。但贪婪算法的收敛性能受初始化条件的影响较大，因此可利用传统成像算法获取初步图像作为初始化模型，从而提高图像反演求解的速度。相比之下，凸松弛算法利用 L_0 范数最优凸近似的 L_1 范数，确保反演问题满足凸优化条件且有唯一解，可以通过梯度下降、二次规划以及内点法等方法求解。该方法对反演初始化模型要求低，求解鲁棒性强，且反演模型构建灵活，可配合其他正则项一起使用以进一步提高图像反演质量，如 L_1 范数与 L_2 范数混合先验的弹性网络(elastic net)[31]。

7.3.3 压缩感知层析成像仿真与实验

本节设置 6 种不同尺寸、数量和位置的内含物模型进行重建，成像结果将 7.3.2 节中介绍的 SP-OMP 算法和 LASSO 压缩感知算法与 LBP、ART、SIRT 和 Tikhonov 等传统层析成像反演算法进行对比，验证基于压缩感知超声过程层析成像反演算法的效果。为使对比算法各自获得理想的图像重建结果，上述算法中的参数为经验选取，其中 Tikhonov 算法的正则化参数为 $1×10^{-6}$，LASSO 算法的正则化参数为 $1×10^{-3}$。UTT 测试实验不同算法图像重建结果如图 7-4 所示。成像结果表明，LBP 算法和 SIRT 算法的重建图像精度较低；Tikhonov 算法的图像重建效果较好，可以准确给出物体的位置，但伪影较大，难以有效区分物体的边界；LASSO 算法的图像重建结果较真实分布小，明显呈现稀疏特性，但其过分稀疏，所成图像较真实分布存在较大的误差。

为定量评价不同成像方法的成像效果，考查相对误差(relative error, RE)、相关系数(correlation coefficient, CC)、均方误差(mean square error, MSE)和时间消耗(time consumption, TC)等指标，UTT 测试实验图像结果参数对比如图 7-5 所示。除模型 1 外的实验模型，其余五个模型中，SP-OMP 算法的均方误差最小。SP-OMP 算法的相对误差分别比 SIRT、LASSO(即 L1-正则化)、LBP、Tikhonov 和 ART 等算法小 3.5%、6.2%、7.8%、11.1%和 23.6%。SP-OMP 算法的最小均方误差与 LASSO、Tikhonov、LBP、SIRT 和 ART 等算法相比，分别小 4.8%、10.1%、14.3%、15.1%和 21.6%。SP-OMP 算法的相关系数分别比 Tikhonov、SIRT、LASSO、LBP 和 ART 等算法大 5.6%、20.3%、27.2%、36.8%和 52.1%。SP-OMP 算法不能在模型 1 中提供良好的性能，原因可能是模型 1 中的对象比其他模型更大、更平滑，且模型 1 的稀疏性难以估计。

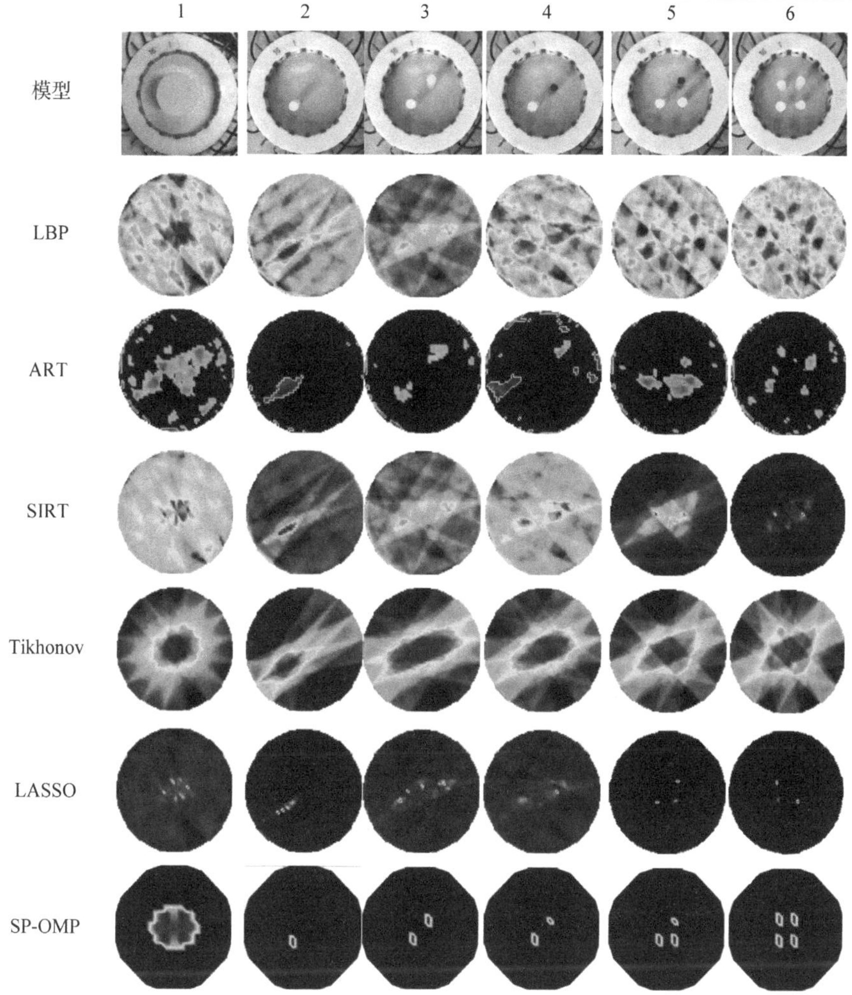

第 7 章 超声过程层析成像

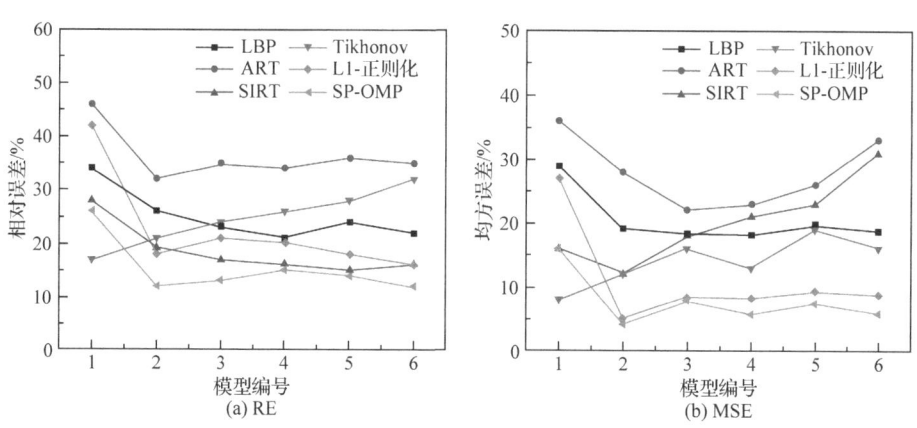

图 7-4 UTT 测试实验不同算法图像重建结果

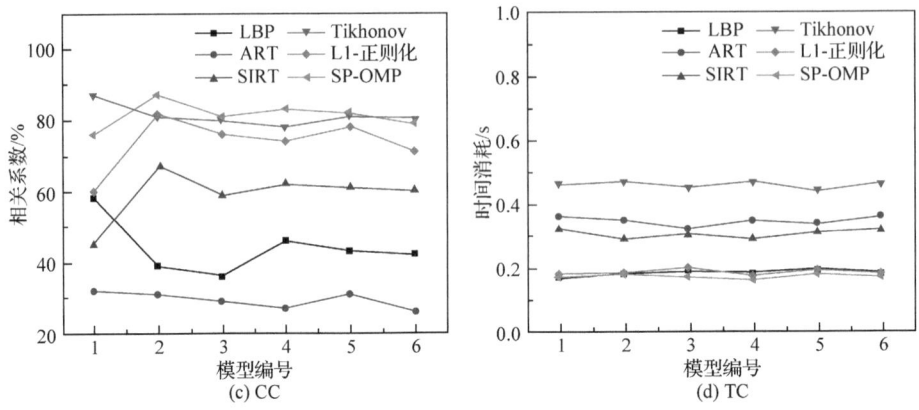

图 7-5　UTT 测试实验图像结果参数对比

为了评估重建物体的形状误差，分别定义尺寸误差 e_{shape} 和位置误差 e_{position}，量化不同算法在重建不同分布模型时的性能，即

$$e_{\text{shape}} = \|q_{\text{image}} - q_{\text{model}}\| \times 100\% \tag{7-43}$$

$$e_{\text{position}} = \frac{\|d_{\text{image}} - d_{\text{model}}\|}{l_{\text{model}}} \times 100\% \tag{7-44}$$

式中，q_{image} 和 q_{model} 分别为图像中的物体大小与模型中的物体大小，该参数为图像中的最左、最右、最上、最下的点构成的四边形的面积；d_{image} 和 d_{model} 分别为重构物体和真实分布模型中物体的中心点位置；l_{model} 为真实分布模型中物体的长度。

当存在多个目标时，位置误差是不同目标的平均值。形状误差和位置误差评估了重建物体尺寸与模型之间的差异，不同成像算法重建物体尺寸与模型之间的差异对比如图 7-6 所示，其中图 7-6(a) 为不同成像算法的形状误差，图 7-6(b) 为不

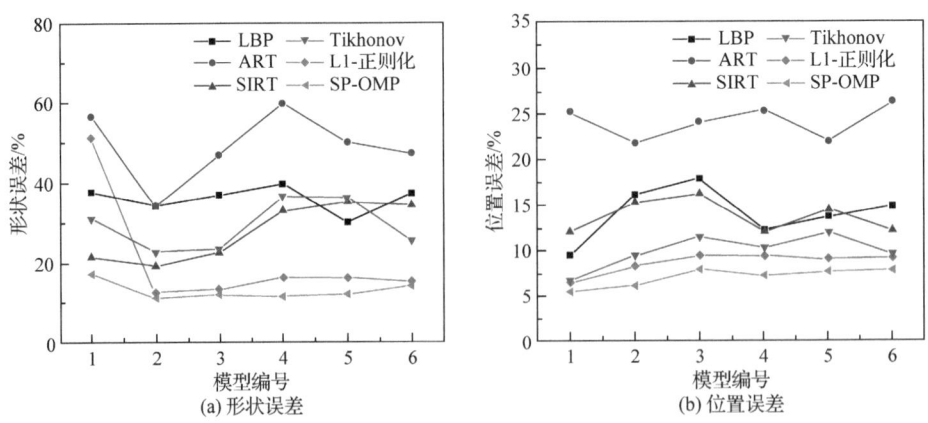

图 7-6　不同成像算法重建物体尺寸与模型之间的差异对比

同成像算法的位置误差。通过其对比结果可得，与其他算法相比，SP-OMP 算法具有较小的形状误差和位置误差。

通过重建图形从左下角到右上角画一条直线测量重建物体的径向分布，考查 LASSO 算法与 SP-OMP 算法这两种稀疏成像算法对物体边界刻画的优劣。不同成像算法重建物体径向分布如图 7-7 所示。图 7-7(a)为一个单物体模型重建图像的像素值径向分布，图 7-7(b)为双物体模型重建图像的像素值径向分布。与 LASSO 算法相比，SP-OMP 算法的重建结果更接近真实分布。在稀疏模型中，SP-OMP 算法表现出优异的性能。通过参数比较表明，SP-OMP 算法能够产生更高质量的图像。SP-OMP 算法的时间开销比传统的迭代算法要短，表明 SP-OMP 算法的计算复杂度较低。稀疏重建算法的位置精度比较表明，与 LASSO 算法相比，SP-OMP 算法具有更好的形状精度。

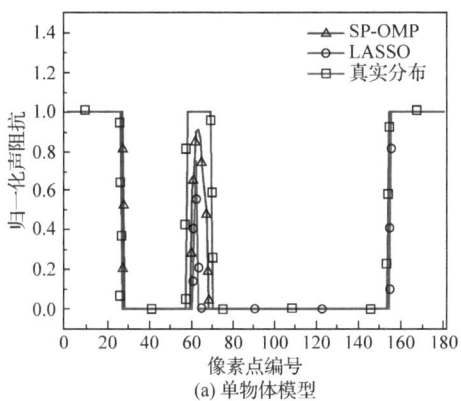
(a) 单物体模型

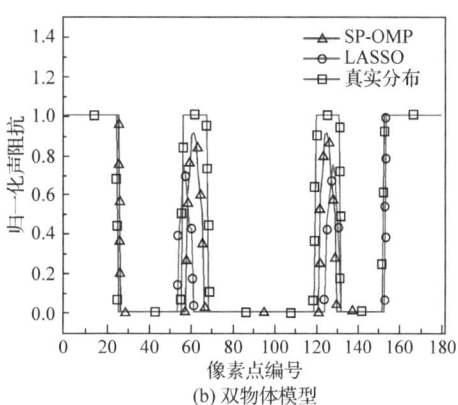
(b) 双物体模型

图 7-7　不同成像算法重建物体径向分布

综上所述，针对 UTT 问题的成像精度较低的问题，将 UTT 测量方法的稀疏特性作为约束项，对 UTT 测量信号进行压缩感知重构，采用稀疏正交匹配算法以获得 UTT 稀疏解。SP-OMP 算法首先构建稀疏灵敏度矩阵，通过稀疏灵敏度矩阵进行 LBP 预成像，利用稀疏约束与凸集约束的 OMP 方法，可以有效完成 UTT 稀疏成像。实验证明，该方法与常用正则化方法比较，成像精度与成像速度均具有明显优势，与其他 OMP 算法相比也具有明显优势。

7.4　超声透射/反射融合层析成像

多相流的流动过程非常复杂，流体的空间分布具有随机性，导致超声同时存在透射传播和反射传播。以气水两相流(泡状流)为例，描述多相流典型的超声透射和超声反射的层析成像模型。超声过程层析成像透射和反射的标准模型如图 7-8 所示。其中超声透射成像利用超声在流体中的声压衰减数据反演出声阻抗分布，而超声反射成像利用声波从发射探头到达接收探头的反射波渡越时间来定位内含物的边界。在 UTT 的基础上，如果能将超声反射模态采集的投影数据用于图像重建，则可提高反演求解的有效投影数量，从根本上缓解层析成像反演的欠定性问题。因此，本节重点介绍超声透射/反射双模态融合的层析成像算法，利用透射数据来改善反射区域边界内的声阻抗分布细节，利用反射投影数据改进透射模态层析成像的欠定性与病态性的反演问题，以提高图像质量。

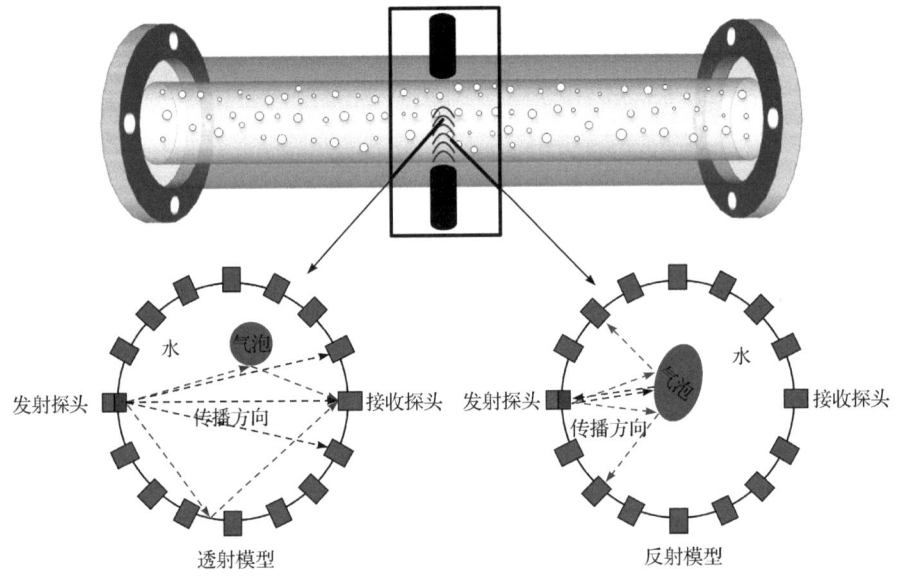

图 7-8 超声过程层析成像透射和反射的标准模型

透射和反射的模态融合方式可分为图像融合与数据(信息)融合两类。图像融合分别在透射模态和反射模态下进行图像重建，然后对两幅重建图像进行融合，其成像精度是两个模态重建精度的平均。数据(信息)融合分别从透射/反射超声信号中提取信息，将其综合为新的边界测试数据，再设计联合反演算法重建介质分布图像，其成像精度较高，但由于双模态数据的物理含义不同，反演算法设计难度较大。下面分别介绍基于图像融合方式与数据(信息)融合方式的超声透射/反射双模态融合层析成像算法。

7.4.1 基于图像融合的超声透射/反射融合层析成像

基于图像融合的超声透射/反射融合层析成像示意图如图 7-9 所示，在透射模态滤波反投影算法的基础上，应用超声反射模态测量信号渡越时间来确定边界反射点并构建约束方程，并作为先验信息对透射图像重建结果进行阈值处理，得到优化的图像重建结果。在内含物边界反射点的计算中，以激励超声探头和其相邻的两个探头作为接收，在一发三收的情况下可得到 48 个边界反射点，假设内含物反射点在收发超声换能器之间的中线上，则其渡越时间和反射点位置之间的关系可以表示为

$$d_{\text{t-r}} = \frac{1}{2} \cdot c_{\text{w}} \cdot \text{TOF}_{\text{t-r}} \tag{7-45}$$

式中，$d_{\text{t-r}}$ 表示内含物反射点和收发超声换能器之间的距离；$\text{TOF}_{\text{t-r}}$ 表示反射信号回波的渡越时间；c_{w} 表示场域中的背景介质声速。

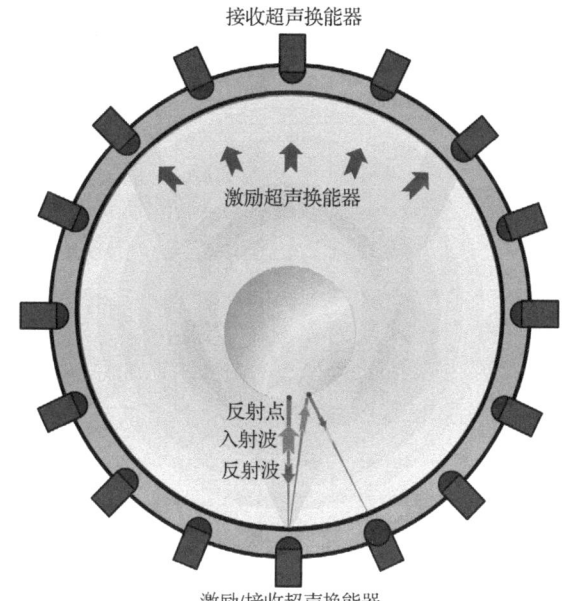

图 7-9　基于图像融合的超声透射/反射融合层析成像示意图

因为超声探头声束角有限，故反射模态测得内含物反射点的数量由内含物的几何位置决定。内含物越靠近场域中心，测得的反射点数目越多；内含物越靠近场域边界，测得的反射点数目越少。将测得的反射点依次连接形成内含物边界，并计算约束方程，若场域内像素在内含物边界内，则约束方程对应位置的元素为 1；若场域内像素在内含物边界外，则约束方程对应位置的元素为 0，约束方程可表示为

$$H(x) = \left[x_1 - r_1, x_2 - r_2, \cdots x_n - r_n\right]^{\text{T}} = 0 \tag{7-46}$$

式中，r_j 约束方程中对应每个位置的元素。图像融合过程可表示为

$$\hat{x} = H(x) \cdot x^* \tag{7-47}$$

式中，x^* 为 UTT 的图像重建结果(各像素衰减系数或声速分布)；$\hat{x}$ 表示超声透射/反射融合层析成像图像重建结果。

对透射模态的图像重建结果进行由反射边界点确定的阈值处理，超声透射/反射融合层析成像图像重建结果如图 7-10 所示，包括高声阻抗对比度的铜(Cu)棒和

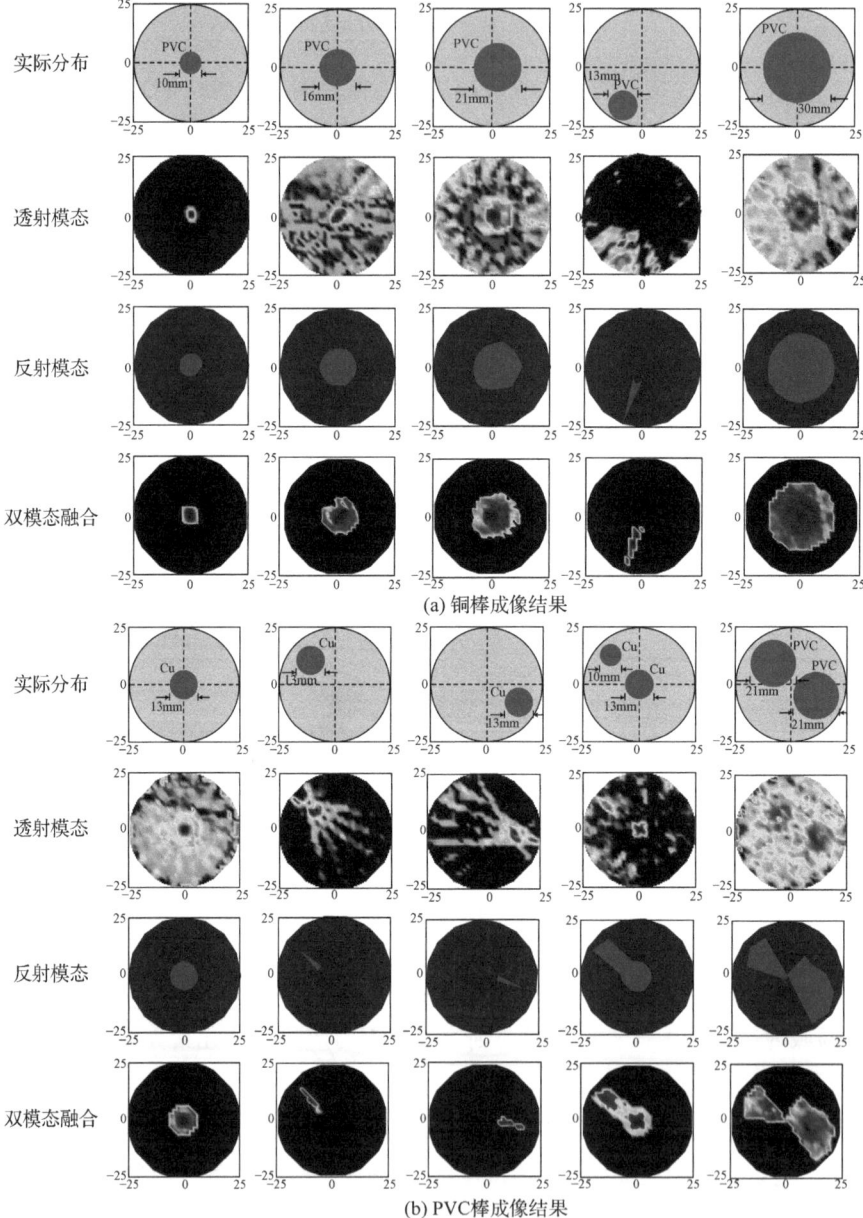

图 7-10 超声透射/反射融合层析成像图像重建结果

低声阻抗对比度的聚氯乙烯(polyvinyl chloride, PVC)棒的透射/反射图像融合成像结果。其中，将 10mm、13mm、16mm、21mm、30mm 的 PVC 棒和 10mm、13mm、21mm 的铜棒分别放置在被测场域内，用于模拟不同介质、不同位置、不同尺寸的内含物分布情况，测量透射超声信号的声压幅值衰减和反射超声信号的渡越时间。超声透射模态成像和超声反射模态成像根据不同的对象具有各自的优势，透射模态对靠近边界的内含物具有更高的图像重建精度，反射模态对处于被测场域中心的内含物具有更高的图像重建精度。超声透射/反射融合层析成像可以同时对场域中心和边界的内含物进行精确重建，相比透射模态图像重建结果和反射模态图像重建结果有明显提升。

7.4.2 基于数据融合的超声透射/反射融合层析成像

在超声透射/反射融合层析成像中，当单模态各自存在较大的图像重建误差时，图像融合方法会同时将两种模态的重建误差进行累积并放大，其图像重建结果不能同时优于透射/反射模态的单模态图像重建结果。需要构建有效的透射/反射信息融合框架，利用透射/反射模态的测试数据构建联合图像重建算法，实现高精度双模态的图像重建。

基于数据(信息)融合的超声透射/反射融合层析成像的基本思路：通过反射模态测量信号提取渡越时间信息以计算内含物边界反射点，根据反射点进行边界轮廓拟合得到边界整体轮廓并扩展为边界梯度约束方程；在加权最小二乘-拉格朗日乘子法的框架下进行图像重建，以透射模态衰减数据为重建目标，反射模态边界梯度约束方程为重建约束，得到高精度的内含物分布图像重建结果。基于数据(信息)融合的超声透射/反射融合层析成像框架如图 7-11 所示。

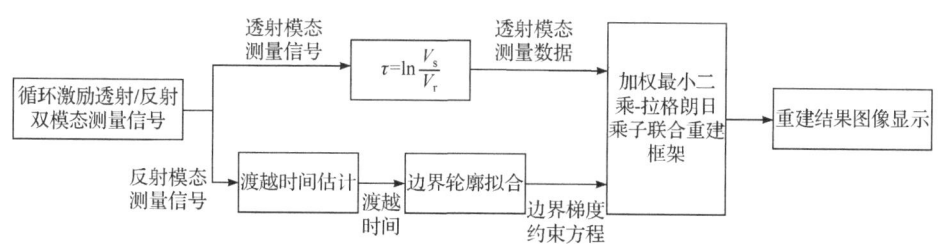

图 7-11 基于数据(信息)融合的超声透射/反射融合层析成像框架

1. 反射模态边界约束方程

在图 7-11 中，计算反射距离时需要分别考虑自发自收(self-transmit-self-receive, STSR)和自发邻收(self-trasmit-adjacent-receive, STAR)两种信号。STSR 信号使用前两个回波进行渡越时间的提取，第一个回波对应的渡越时间使用背景声音速度进行计算，第二个回波在剔除首个回波渡越时间后使用内含物声速进行计算，其解算的反射点位于换能器声轴线上。STAR 信号只使用第一个回波进行渡越时间的提取，其解算的反射点位于收发超声换能器中轴线上。如果 STSR 信号没有第二个回波，则仅用第一个回波进行渡越时间的提取处理。

反射信号处理预边界梯度约束方程构建流程图如图 7-12 所示。在获得内含物边界反射点后，分别通过硬约束和软约束对 STSR 反射点和 STAR 反射点进行加权边界轮廓拟合，即

$$\begin{aligned}&\left(p_{x_n},p_{y_n}\right)=\left(p_{x_0},p_{y_0}\right)+r_n\left(\cos\theta_n,\sin\theta_n\right)\\ \text{s.t.}\quad &\left(r_n^i,\theta_n^i\right)=\left(r_s^i,\theta_s^i\right)\\ &\left\|\left(r_n^j,\theta_n^j\right)-\left(r_a^j,\theta_a^j\right)\right\|_2 \leqslant 0.5\left(\max\left(r_a^j\right)-\min\left(r_a^j\right)\right)\end{aligned} \tag{7-48}$$

式中，n 代表拟合点序号；i 和 j 分别代表测量 STSR 和 STAR 的反射点序号；p_x 与 p_y 代表反射点坐标。

在边界轮廓拟合中，硬约束表示拟合轮廓 $\left(r_n^i,\theta_n^i\right)$ 完全落在 STSR 反射点 $\left(r_s^i,\theta_s^i\right)$ 上，软约束表示拟合轮廓 $\left(r_n^i,\theta_n^i\right)$ 与 STAR 反射点 $\left(r_a^i,\theta_a^i\right)$ 距离较近。根据轮廓拟合的结果构建反射模态下的内含物边界梯度约束方程，方程定义为内含物边界轮廓内法向像素与外法向像素的差异程度，可表示为

$$H(x)=\left[x(p_i)-\rho\cdot x(p_b),x(p_o)-\rho^{-1}\cdot x(p_b)\right]=0 \tag{7-49}$$

式中，p_b 表示边界轮廓上的像素；p_i 和 p_o 分别表示边界轮廓像素内法向方向和外法向方向的相邻像素；ρ 的取值按照经验选取为 10^5。

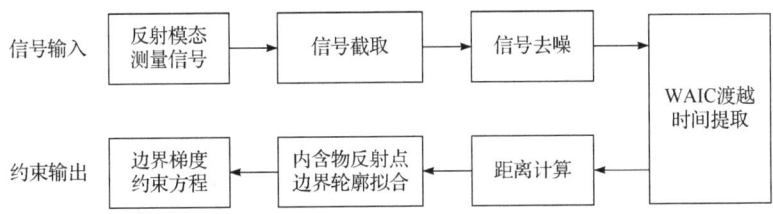

图 7-12　反射信号处理预边界梯度约束方程构建流程图

2. 拉格朗日乘子法联合重建框架

在透射/反射模态信息融合中，构建反射模态下边界约束的反演问题模型，即

$$\begin{aligned}x&=\arg\min_{x}\varPsi(x)\\ \text{s.t.}\quad &H(x)=0\end{aligned} \tag{7-50}$$

式中，透射模态目标函数 $\varPsi(x)$ 如式(7-12)所示；反射模态约束方程 $H(x)$ 如式(7-49)

所示。

拉格朗日乘子法框架可以将约束优化问题转化为拉格朗日函数的无约束优化问题，有效解决了式(7-50)中等式约束下的极小化问题，即

$$x = \arg\min_{x} L(x \quad \xi) = \arg\min_{x} \{\Psi(x) - \xi H(x)\} \quad (7\text{-}51)$$

式中，ξ 为拉格朗日乘子。

求解式(7-51)需满足以下条件，即

$$\begin{cases} \dfrac{\partial L\left(x^{(j+1)}\xi\right)}{\partial x^{(j+1)}} = \nabla \cdot \Psi\left(x^{(j)}\right) - J_H^{\mathrm{T}}\left(x^{(j)}\right)\xi = 0 \\ \dfrac{\partial L\left(x^{(j+1)}\xi\right)}{\partial \xi} = H\left(x^{(j)}\right) - J_H\left(x^{(j)}\right)x^{(j)} = 0 \end{cases} \quad (7\text{-}52)$$

式中，J_H 为反射约束方程的雅可比矩阵。

在拉格朗日乘子法透射/反射联合重建框架中，每一步迭代需要求解式(7-52)。分别代入透射模态方程与反射模态方程，可得线性方程组，即

$$\begin{bmatrix} \left(A^{\mathrm{T}}WA + \eta I\right) & J_H^{\mathrm{T}}\left(x^{(j)}\right) \\ J_H\left(x^{(j)}\right) & 0 \end{bmatrix} \cdot \begin{bmatrix} x^{(j+1)} \\ \xi \end{bmatrix} = \begin{bmatrix} A^{\mathrm{T}}W\left(b - Ax^{(j)}\right) - \eta I \\ H\left(x^{(j)}\right) \end{bmatrix} \quad (7\text{-}53)$$

式(7-53)可整理简化为增强 $b = Ax$ 形式并通过梯度下降等方法求解。

3. 图像重建结果

基于数据(信息)融合的超声透射/反射融合层析成像结果如图 7-13 所示，该图分别给出了高声阻抗对比度的铜棒和空气、低声阻抗对比度的 PVC 棒的透射/反射数据(信息)融合成像结果，其中将 12mm、10mm、8mm、6mm 的铜棒，5mm、8mm、10mm、15mm、20mm 的 PVC 棒和 8mm、10mm、20mm、30mm 的空气棒分别放置在被测场域内，用于模拟不同介质、不同位置、不同尺寸的内含物分布情况，通过测量透射超声信号的声压幅值衰减量和反射超声信号的渡越时间获取图像重建所需的数据。结果表明，透射模态重建结果的噪声较大，伪影严重，无法重建两个及以上内含物的介质分布；反射模态重建结果在较低换能器数量下的有效反射点数量较低，直接连接反射点的反射模态重建结果在面对多内含物图像重建时效果较差。图像融合重建结果介于透射模态和反射模态之间，不能同时优于透射模态和反射模态的重建结果。基于数据(信息)融合的超声透射/反射融合层析成像具有较高的成像精度，与图像融合相比，其形状重建能力有了显著提高。

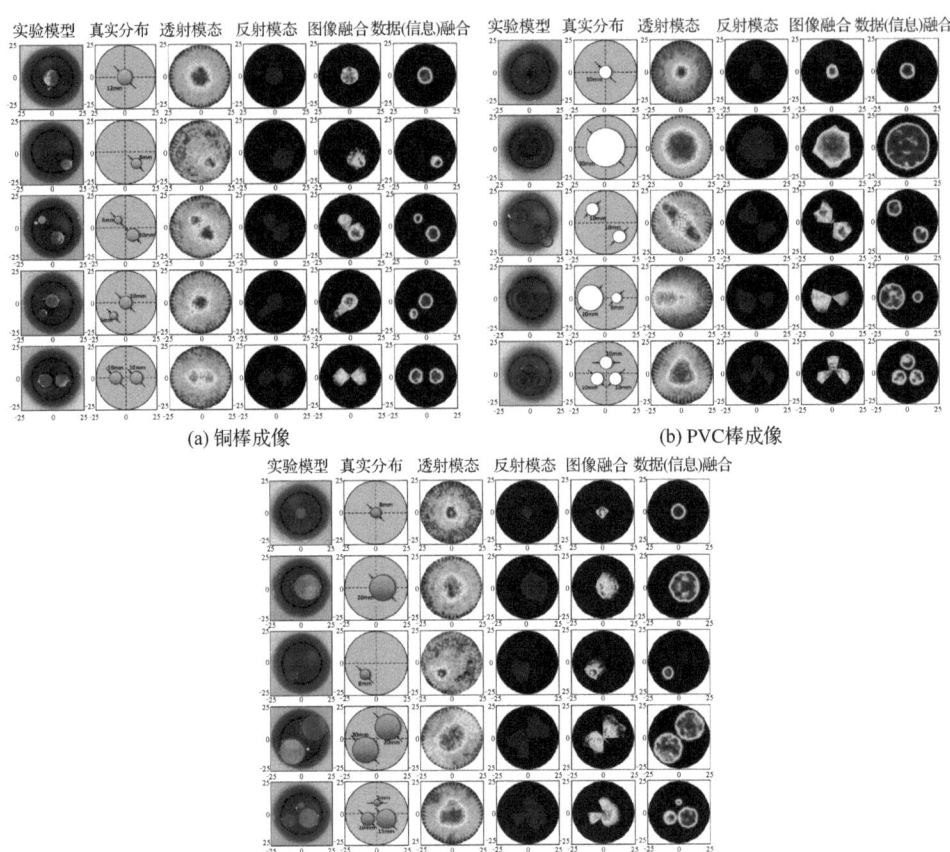

图 7-13 基于数据(信息)融合的超声透射/反射融合层析成像结果

7.5 本章小结

本章介绍了多相流中超声过程层析成像技术,包括超声过程层析成像的正演模型、反演算法。针对超声过程层析成像技术欠定性与病态性强的问题,重点介绍了基于压缩感知技术的图像重建算法与透射/反射融合层析成像算法。实验结果表明,基于压缩感知的超声过程层析成像算法能实现有限投影测量下的高分辨率图像重建,而透射/反射融合层析成像算法则充分利用了双模态超声丰富的投影信息,在提升图像边缘重建精度的同时显著降低了成像伪影。

参 考 文 献

[1] 陈学俊. 多相流热物理学的进展. 世界科技研究与发展, 1998, 20(5): 71-72.
[2] Xu L J, Han Y T, Xu L G, et al. Application of ultrasonic tomography to monitoring gas/liquid flow.

Chemical Engineering Science, 1997, 52(13): 2171-2183.
[3] Yang W Q, Peng L H. Image reconstruction algorithms for electrical capacitance tomography. Measurement Science and Technology, 2003, 14(1): 1-13.
[4] Hansen P C. Discrete Inverse Problems: Insight and Algorithms. Philadelphia: Society for Industrial and Applied Mathematics, 2010.
[5] Chen B, Abascal J F P J, Soleimani M. Electrical resistance tomography for visualization of moving objects using a spatiotemporal total variation regularization algorithm. Sensors, 2018, 18(6): 1704.
[6] Vecherin S N, Ostashev V E, Goedecke G H, et al. Time-dependent stochastic inversion in acoustic travel-time tomography of the atmosphere. The Journal of the Acoustical Society of America, 2006, 119(5): 2579-2588.
[7] Vecherin S N, Ostashev V E, Ziemann A, et al. Tomographic reconstruction of atmospheric turbulence with the use of time-dependent stochastic inversion. The Journal of the Acoustical Society of America, 2007, 122(3): 1416-1425.
[8] Kolouri S, Azimi-Sadjadi M R, Ziemann A. Acoustic tomography of the atmosphere using unscented Kalman filter. IEEE Transactions on Geoscience and Remote Sensing, 2014, 52(4): 2159-2171.
[9] Kolouri S, Azimi-Sadjadi M R, Ziemann A. A statistical-based approach for acoustic tomography of the atmosphere. The Journal of the Acoustical Society of America, 2014, 135(1): 104-114.
[10] Liu Y, Liu S, Lei J, et al. A method for simultaneous reconstruction of temperature and concentration distribution in gas mixtures based on acoustic tomography. Acoustical Physics, 2015, 61(5): 597-605.
[11] Wilson D, Thomson D. Acoustic tomographic monitoring of the atmospheric surface layer. Journal of Atmospheric and Oceanic Technology, 1994, 11(3): 751-769.
[12] Liu S, Yang W Q, Wang H G, et al. Prior-online iteration for image reconstruction with electrical capacitance tomography. Science, Measurement and Technology, 2004, 151(3): 195-200.
[13] Sielschott H. Measurement of horizontal flow in a large scale furnace using acoustic vector tomography. Flow Measurement and Instrumentation, 1997, 8(3-4): 191-197.
[14] Donoho D L. Compressed sensing. IEEE Transactions on Information Theory, 2006, 52(4): 1289-1306.
[15] Candes E J, Romberg J, Tao T. Robust uncertainty principles: Exact signal reconstruction from highly incomplete frequency information. IEEE Transactions on Information Theory, 2006, 52(2): 489-509.
[16] Wiens T, Behrens P. Turbulent flow sensing using acoustic tomography//Inter Noise 2009-Innovations in Practical Noise Control, Ottawa, 2009: 336-344.
[17] Li Y Q, Zhou H C. Experimental study on acoustic vector tomography of 2-D flow field in an experiment-scale furnace. Flow Measurement and Instrumentation, 2006, 17(2): 113-122.
[18] Yaghoobi M, Wu D, Davies M E. Fast non-negative orthogonal matching pursuit. IEEE Signal Processing Letters, 2015, 22(9): 1229-1233.
[19] Zhang W, Tan C, Dong F. Wide angle ultrasonic transmission tomography by sparse preimaged OMP algorithm. IEEE Transactions on Instrumentation and Measurement, 2020, 69(9): 6262-6270.

[20] Donoho D L. For most large underdetermined systems of equations the minimal ℓ1-norm solution is also the sparsest solution. Communications on Pure and Applied Mathematics, 2006, 59(6): 797-829.

[21] Vaighan M. Adaptive sparse coding and dictionary selection. Edinburgh: The University of Edinburgh, 2010.

[22] Figueiredo M A T, Nowak R D, Wright S J. Gradient projection for sparse reconstruction: Application to compressed sensing and other inverse problems. IEEE Journal of Selected Topics in Signal Processing, 2007, 1(4): 586-597.

[23] Kim S J, Koh K, Lustig M, et al. An interior-point method for large-scale ℓ1-regularized least squares. IEEE Journal of Selected Topics in Signal Processings, 2007, 1(4): 606-617.

[24] Combettes P L, Wajs V R. Signal recovery by proximal forward-backward splitting. Multiscale Modeling & Simulation, 2005, 4(4): 1168-1200.

[25] Daubechies I, Defrise M, de Mol C. An iterative thresholding algorithm for linear inverse problems with a sparsity constraint. Communications on Pure and Applied Mathematics, 2004, 57(11): 1413-1457.

[26] Beck A, Teboulle M. A fast iterative shrinkage-thresholding algorithm for linear inverse problems. SIAM Journal on Imaging Sciences, 2009, 2(1): 183-202.

[27] Becker S, Bobin J, Candès E J. NESTA: A fast and accurate first-order method for sparse recovery. SIAM Journal on Imaging Sciences, 2011, 4(1): 1-39.

[28] Yang J E, Zhang Y. Alternating direction algorithms for ℓ1-problems in compressive sensing. SIAM Journal on Scientific Computing, 2011, 33(1): 250-278.

[29] Goldstein T, Osher S. The split Bregman method for L1-regularized problems. SIAM Journal on Imaging Sciences, 2009, 2(2): 323-343.

[30] Yang A Y, Ganesh A, Zhou Z, et al. A review of fast L(1)-minimization algorithms for robust face recognition//IEEE International Conference on Image Processing, Hong Kong, 2010: 1-38.

[31] de Mol C, de Vito E, Rosasco L. Elastic-net regularization in learning theory. Journal of Complexity, 2009, 25(2): 201-230.

第8章 多相流超声测试系统设计

多相流中超声传播路径与规律极其复杂,导致测量的超声信号的信噪比较低,直接影响了测量结果的准确度。此外,快速变化的多相流过程需要测试系统有很高的时空分辨率,以保证对瞬态流动结构的捕捉。本章将针对书中介绍的超声检测方法,介绍两类超声测试系统的设计,即超声过程层析成像系统与超声多普勒流速测量系统,超声透射、超声反射的数据采集等功能已包含在系统设计中,因此不再单独介绍。

8.1 超声过程层析成像系统设计

基于 CPCI 总线的 16 通道透射/反射双模态超声过程层析成像(ultrasound process tomography,UPT)的硬件系统结构框图如图 8-1 所示,硬件部分主要包括

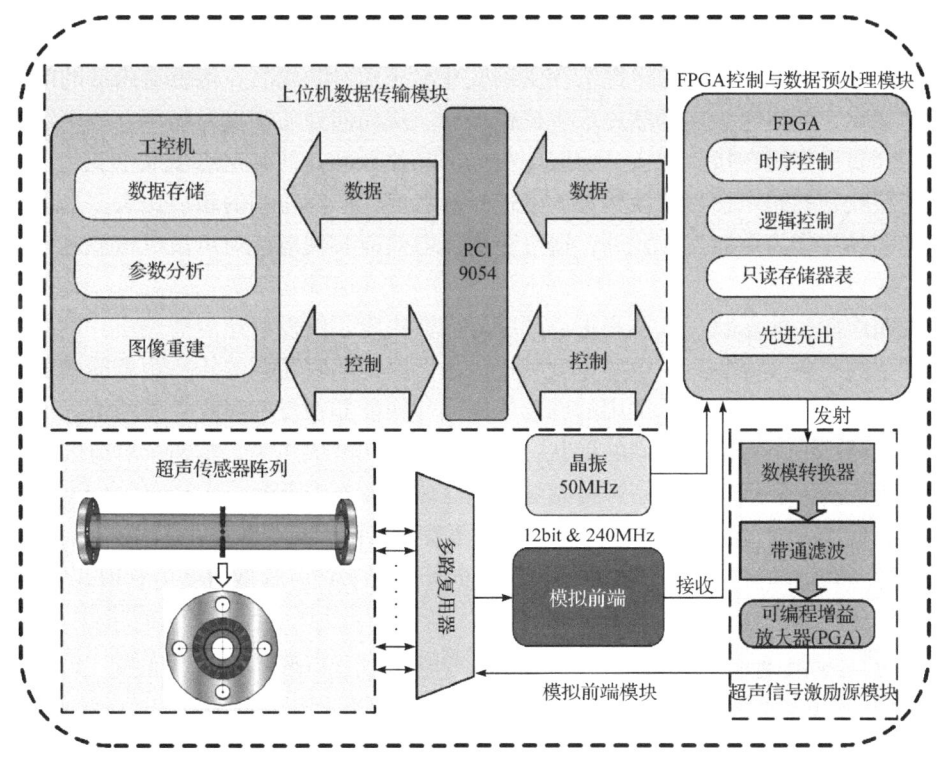

图 8-1 硬件系统结构框图

超声传感器阵列、超声信号激励源模块、超声发射与接收开关控制模块、模拟前端模块、现场可编程门阵列(field programmable gate array，FPGA)控制与数据预处理模块、上位机数据传输模块[1]。

超声透射/反射双模态 UPT 系统以 FPGA 为核心控制各模块电路，能同时实现连续正弦波和脉冲正弦波的高压信号产生、高速模数转换以及数字信号在线解调等功能。信号激励源模块采用直接数字合成(direct digital synthesis，DDS)技术，生成幅值和频率均可调的单频正弦波或方波作为激励信号，以激发超声。再经过滤波、放大、跟随等处理环节，对激励信号进行放大以激励超声探头发射声波。为获取超声的透射信息与反射信息，将超声发射与接收开关控制模块设置为一发全收模式，同时获取各个超声探头上的声压信号，并通过模拟前端模块对信号进行滤波、放大以及模数转换等处理，再送入 FPGA 进行数字解调，获取超声的幅值与渡越时间信息，进而通过工业标准总线 CPCI 送往图像重建与显示单元，进行场域内流体分布反演计算与实时显示。系统电路模块集成在一块标准 6U 板卡上，具有高速、高稳定性、高精度和良好兼容性的优点。

8.1.1 超声传感器阵列

超声传感器阵列由若干收发一体式超声探头环绕排列组成，用于实现电信号和声信号之间的转换。超声探头在受到交变电压信号激励后，传感器内部的电场发生变化，使得探头内部晶片产生机械振动，从而向介质中发射超声。超声经过被测介质后作用在接收探头，引起探头内部晶片振动并使其电磁场发生变化，输出与接收到的超声信号幅度相关的电信号。目前，广泛应用的超声探头多采用压电陶瓷晶片作为声波发生元件，通过正逆压电效应实现电能与声波机械能之间的相互转换。

超声探头的形状、大小和中心频率等参数决定了所发射超声的性质。单晶探头产生的超声波束具有一定的宽度和扩散角，因此随着超声的传播距离的增加，波束的宽度也随之增加。常用的圆形压电晶片换能器在没有吸收介质的情况下，产生的超声波束有两种不同的形状：圆柱形声束和发散声束，这两个对应区域分别称为近场区和远场区，超声传感器声场区域如图 8-2 所示。

在近场区中，超声波近似平行传播而不发生扩散，近场长度可利用式(5-14)进行计算。在远场区中，超声波以一定角度向外辐射扩散，扩散角度可利用式(5-15)进行计算。

根据式(5-14)和式(5-15)，当晶片的直径减小时，近场区长度将缩短，扩散角

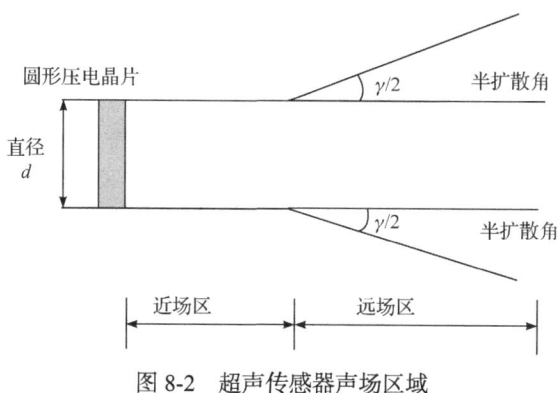

图 8-2 超声传感器声场区域

增大而形成扇形束。当超声频率增大时，近场区长度增大，扩散角变窄而形成窄波束。但随着超声频率的增加，超声穿透深度减小，衰减速度加快。常见的圆形压电晶片超声探头如图 8-3 所示，其同时具有超声的收发功能，其直径为 9mm、中心频率为 1MHz[2]。超声传感器采用封闭式结构，可以有效防止水、气的腐蚀破坏。其探头既可以节省安装空间，又能使超声阵列收集更多的投影数据。超声传感器的频率和功率选择满足液体中的传输要求，最大驱动电压可达上百伏。

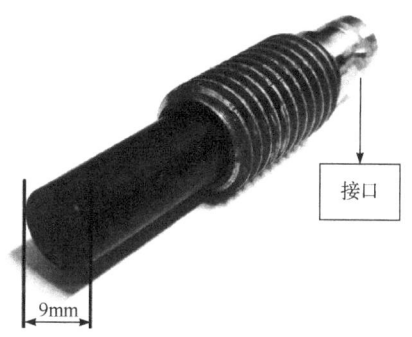

图 8-3 常见的圆形压电晶片超声探头

常见的工业超声过程层析成像传感器阵列包含 16 个或 32 个探头。超声探头数量越多，所能采集的透射数据和反射数据越多，越有利于确定内含物的位置和尺寸，越能提高图像重建的精度与分辨率。但是随着超声探头数量的增加，系统扫描完成一个截面的时间将会明显增加，在提高图像重建精度的同时牺牲了超声过程层析成像的速度，所以常见的超声过程层析成像多采用 16 个超声换能器组成的传感器阵列。通过采用具有扇形束特性的压电陶瓷超声换能器完成对敏感场域的覆盖，保证获得更多的图像重建信息。管道内径为 50mm、外径为 80mm 时 16 探头层析成像传感器的超声换能器阵列分布图如图 8-4 所示。探头均匀分布在被测管道周围，测试过程中 16 个超声探头依次循环激励，全部超声探头作为接收端。

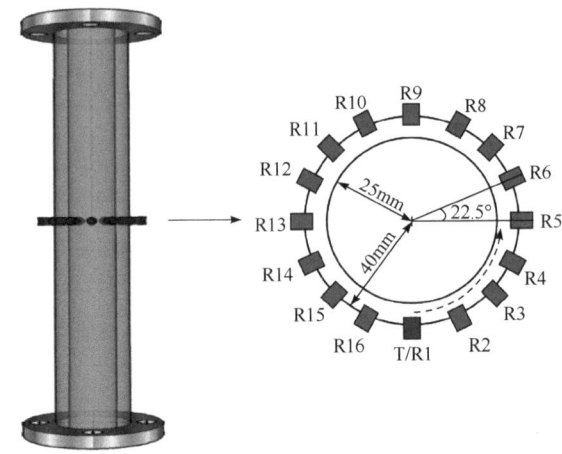

图 8-4　超声换能器阵列分布图

8.1.2　超声信号激励源模块

超声探头激励信号一般采用方波或正弦波形式,为保证超声过程层析成像系统能适用于不同种类的被测对象,要求超声激励源输出的幅值和频率均可灵活调整。在多相流测量中,为了获得较快的系统响应速度,同时满足超声探头的高频高压激励,激励源的电压信号通常采用 100kHz～4MHz 的单频信号。以正弦波激励为例(方波激励方式见 8.2.1 节),激励源采用 FPGA 直接提供控制字和时钟控制,并结合外部数模转换器(digital to analog converter,DAC)芯片的策略实现 DDS 技术,相比于 FPGA 控制外部 DDS 芯片合成正弦波,该策略具有电路结构简单、占用 FPGA 资源少、成本低等优势。由于采用的 DDS 芯片内嵌有只读存储器(read-only memory,ROM)模块,在 FPGA 内部进行任意编程控制波形表可以实现单频模式、混频模式和扫频模式等信号,同时具有抗杂散能力强的优点。

基于 FPGA 的超声信号激励源由以下两部分构成。

(1) 模拟电压激励信号产生模块。

(2) 滤波和放大外围电路模块。

超声信号激励源结构框图如图 8-5 所示。

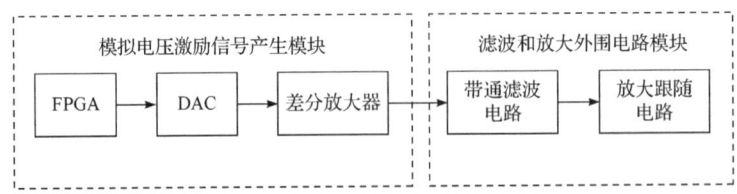

图 8-5　超声信号激励源结构框图

通过在 FPGA 内部搭建 DDS 模块,产生特定频率的离散数字信号,在经过数模转换器后产生幅值连续的模拟正弦信号,输出的两路相位不同的正弦交流电流经过差分放大器后转换为单端信号；再通过有源带通滤波电路对初始激励信号进行滤波，滤除混杂在信号中的直流分量和高频杂波；最后通过程控放大器实现信号的幅值和功率的放大，而电压跟随器则是为了提高电路的带载能力。

1. DDS 模块设计

基于 FPGA 的 DDS 模块结构框图如图 8-6 所示，主要由频率控制字 K、相位累加器、波形存储器、数模转换器和系统时钟组成。FPGA 在系统参考时钟的控制下，通过 ROM 高速寄存器存储完整的正弦波样本，相位累加器线性累加频率控制字，然后将相位码寻址到波形存储器，每一个波形输出后更新相位累加器的值，并准备输出下一个波形数据。所有输出的离散数字信号经过数模转换器后转换成连续的正弦模拟电压信号[3]。

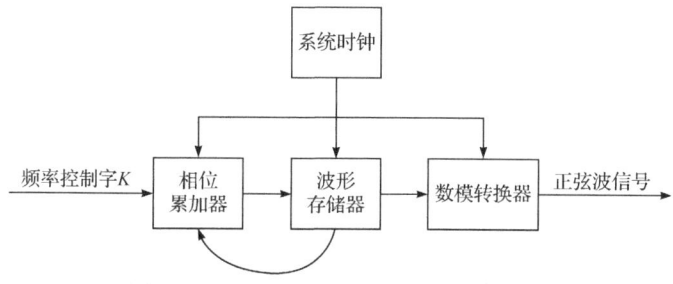

图 8-6　基于 FPGA 的 DDS 模块结构框图

正弦信号的起始相位由 ROM 表中的首地址决定，整周期的相位变化对应不同地址的幅值，即每一个地址空间存储正弦波每个点的幅值。根据该对应关系可以保证输出信号的连续性。若设基准时钟的频率固定值为 f_c，地址空间长度为 N，频率控制字为 K，则 DDS 输出信号频率 f_{out} 的计算公式为

$$f_{out} = K \frac{f_c}{N} \tag{8-1}$$

2. 激励源电路设计

系统激励源模块采用高性能、低功耗的互补金属氧化物半导体(complementary metal oxide semiconductor，CMOS)数模转换器 AD 9754 来设计完成，其具有 14bit 的高分辨率，同时支持最大 125MS/s 的更新频率。AD 9754 单电源采用 5V 电源供电，具有出色的无杂散动态范围性能，而该芯片的最高功率仅有 185mW，非常适合低功耗应用。AD 9754 作为电流输出，DAC 可将来自 FPGA 输出的离散数字信号转换为连续正弦波，且具有两种电流输出方式：差分电流输出与单端输出。

本系统采用差分电流输出方式，通过电流输出通道之间的匹配确保差分输出配置，增强了输出信号的抗干扰能力并有效抑制了电磁干扰。芯片的电流输出引脚可以直接与输出电阻连接，将电流信号转换成电压信号，输出电压的最大范围为 1.25V，再将差

分电压信号输出到差分放大器,得到初始正弦波电压激励信号,如图8-7所示。

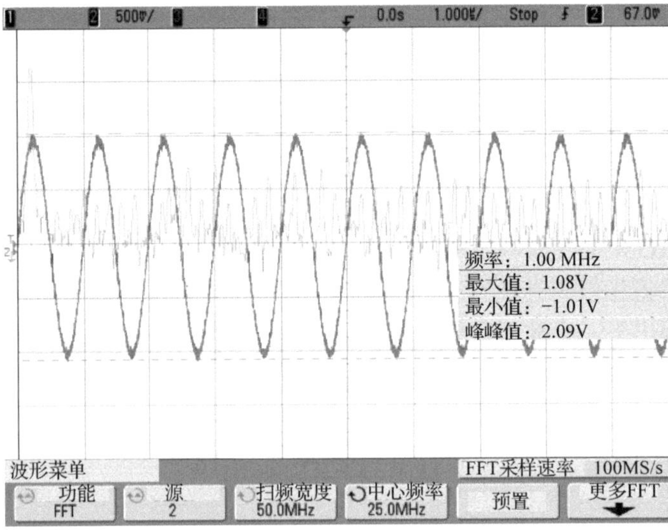

图 8-7 初始正弦波电压激励信号

3. 信号滤波及放大电路设计

为了获得质量较好的高压正弦波信号,在差分放大器后设计带通滤波电路与可编程放大电路。使用低通滤波和高通滤波的方式可以将模拟信号的杂散噪声和低频零点漂移进行滤除。因为AD 9754芯片采用单电源供电形式,输出信号含有直流偏置,所以需要先对信号进行高通滤波,将直流偏置消除;再进行低通滤波,消除高频噪声。

带通滤波电路结构框图如图 8-8 所示,其由两个二阶有源滤波器组成,共同组成中心频率为 1MHz 的四阶巴特沃思低高通滤波器(其中,Amp 表示放大器,英文为 amplifier; AGND 表示模拟地,英文为 analog ground)。由于选择的运算放大器具有优异的性能,该滤波器能够实现 1MHz 高频信号的可靠滤波。

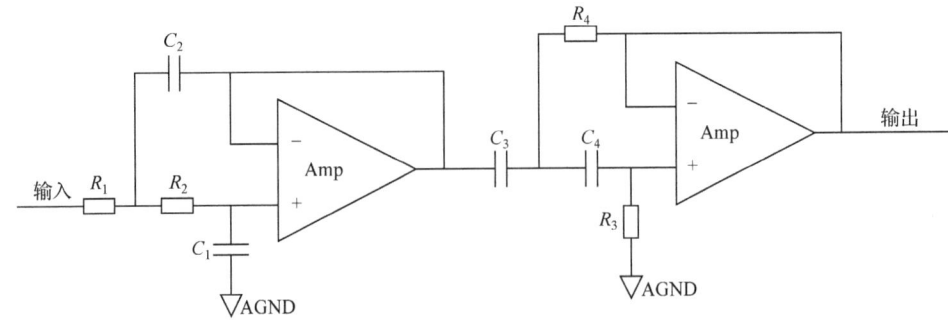

图 8-8 带通滤波电路结构框图

由于 DDS 模块输出的电压信号在滤波之后的幅值仍然较低,需要对信号进行放大处理。对于 UPT 系统中 1MHz 的超声激励信号,选用由低噪声输入前置放大器和可编程增益放大器(programmable gain amplifier,PGA)构成的高带宽高速仪表放大器芯片。前置放大器是一个电压反馈增益电路,增益范围内的带宽保持在 100MHz;PGA 增益倍数由 G2、G1、G0 三个控制位决定,由 FPGA 控制实现 8 个不同倍数的增益或衰减,PGA 增益设置为 20dB,PGA 增益设置如表 8-1 所示。DDS 的输出电压信号经过滤波放大电路后,滤除了信号中的噪声,同时提高了信号幅值和带载能力,并经超声发射与接收开关控制模块后,激励选定通道的超声换能器。

表 8-1 PGA 增益设置

G2	G1	G0	PGA 增益/dB	PGA 增益/(V/V)
0	0	0	−22	0.08
0	0	1	−16	0.16
0	1	0	−10	0.32
0	1	1	−4	0.63
1	0	0	2	1.26
1	0	1	8	2.52
1	1	0	14	5.01
1	1	1	20	10.0

8.1.3 超声发射与接收开关控制模块

层析成像需要复杂的收发切换控制来实现多角度扫描,因此发射与接收开关控制模块采用多路复用开关搭建组成,其中发射开关采用 CMOS 模拟多路复用器,包括 16 个通道,快速开关时间为 $t_{on} \leqslant 83ns$、$t_{off} \leqslant 98ns$。发射开关由 4bit 二进制地址线的状态完成收发逻辑控制,将 16 路输入中的一路切换到公共输出。接收开关具有超低电容和电荷注入特性、较快的开关速度及高信号带宽,以及低毛刺和快速建立时间等优点。$t_{on} \leqslant 160ns$、$t_{off} \leqslant 130ns$ 满足数据采集与采样保持系统的标准。每个接收开关芯片具有 4 条独立通道,通过单刀单掷开关控制通道的开通和关断。

超声过程层析成像系统采用 1 激励-16 测量策略,即选取某一超声传感器作为激励探头,所有传感器同时作为接收探头采集数据以完成单次测量,在一个测量周期内依次选择每个超声传感器作为激励探头,并完成上述的测量操作即系统的一次完整测量。超声发射与接收开关控制模块结构图如图 8-9 所示,通过 1 个发射开关和 4 个接收开关之间的配合,实现上述 1 激励-16 测量策略。经过接收开关控制模块后的脉冲激励信号图如图 8-10 所示,用来激励超声传感器阵列。

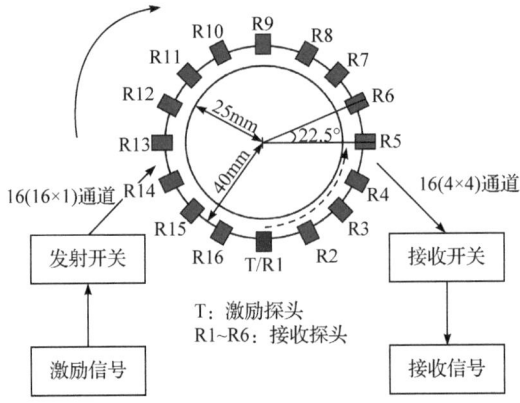

图 8-9 超声发射与接收开关控制模块结构图

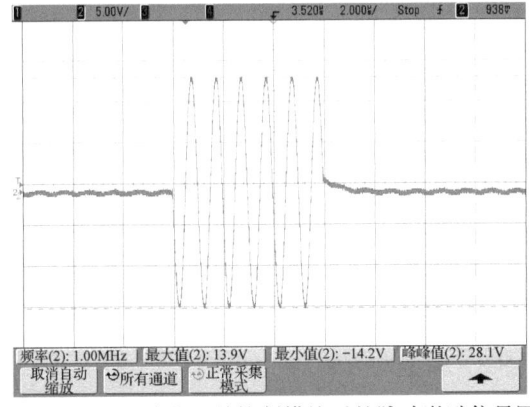

图 8-10 经过接收开关控制模块后的脉冲激励信号图

8.1.4 模拟前端模块

接收探头输出的电信号包含较大的噪声,因此在电信号进行模数转换之前需要进行滤波、放大等预处理。模拟前端(analog front-end,AFE)主要处理接收探头输出的模拟信号,主要包含以下功能:信号放大、频率变换、调制、解调、邻频处理,以及电平调节、控制与混合。现有的超声过程层析成像系统多采用独立的信号预处理电路,采用模数转换芯片完成数据的串行采集。对于多通道并行采集,则需要再设置多路结构相同的电路,这将导致成本的增加,同时因为电路结构和芯片的差异性,需要严格保证通道间的一致性。因此,所设计的超声过程层析成像系统采用多通道、高速、高精度、高集成度的专用模拟前端芯片 AFE5801 对接收到的模拟信号进行预处理,节约印制电路板(printed circuit board,PCB)的开发空间和成本,降低系统开发的复杂度。

AFE 5801 是超声专用的集成模拟前端芯片,提供 8 个信号处理通道。每个通道包含可变增益放大器(variable gain amplifier,VGA)、抗混叠滤波器(anti-aliasing filter，AAF)、12bit 采样精度的模数转换器(analog to digital converter，ADC)和低电压差分信号(low voltage differential signaling，LVDS)串行化器，AFE 5801 单通道结构如图 8-11 所示。8 个差分输入通道具有 2Vpp 的最大输入，可变增益放大器具有-5～31dB 的增益范围，其由数字信号控制。每个通道都集成了频率可选择的抗混叠滤波器(分别在 7.5MHz、10MHz 或 14MHz 频率处有 3dB 衰减)。可变增益放大器和抗混叠滤波器的输出信号为差分形式(限制为 2Vpp)，驱动 12bit 采样精度、65MS/s 的 ADC。ADC 输出经过 LVDS 串行化器后，以 LVDS 电平的形式传输，进一步降低了芯片功耗和电路板面积。

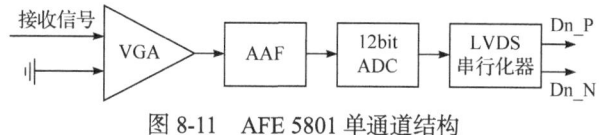

图 8-11 AFE 5801 单通道结构

1. 时钟电路

AFE 5801 的时钟电路包括输入采样时钟 CLK_IN、输出数据位时钟 DCLK、输出数据帧时钟 FCLK。ADC 采样时钟由外部时钟源提供，采样频率与输入采样时钟相同，AFE 5801 外部时钟输入电路如图 8-12 所示，图 8-12(a)为 LVDS 时钟输入，图 8-12(b)为 CMOS 时钟输入。利用 FPGA 内部锁相环(phase-locked loop，PLL)为模拟前端提供时钟，可以降低时钟抖动，且时钟传输的抗干扰性好，有利于 FPGA 对采样数据的读取。输出数据位时钟 DCLK 和输出数据帧时钟 FCLK 均由 AFE 5801 内部的 PLL 模块倍频后产生，其中 FCLK 与输入时钟频率相同，DCLK 是输入时钟频率的 6 倍，而串行数据位的传输频率为输入时钟的 12 倍，AFE 5801 的控制时序图如图 8-13 所示。

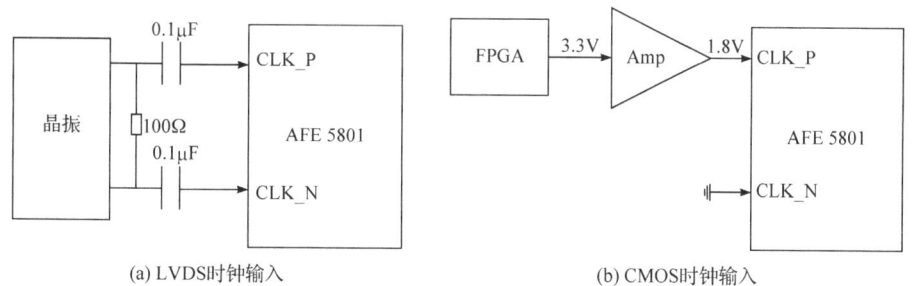

(a) LVDS时钟输入   (b) CMOS时钟输入

图 8-12 AFE 5801 外部时钟输入电路

2. 信号预处理模块

1) 可变增益放大器

通过改变可变增益放大器的增益随时间的变化关系，可实现不同的时间增益控制(time gain control，TGC)功能。AFE 5801 以数字方式通过开关网络实现增益

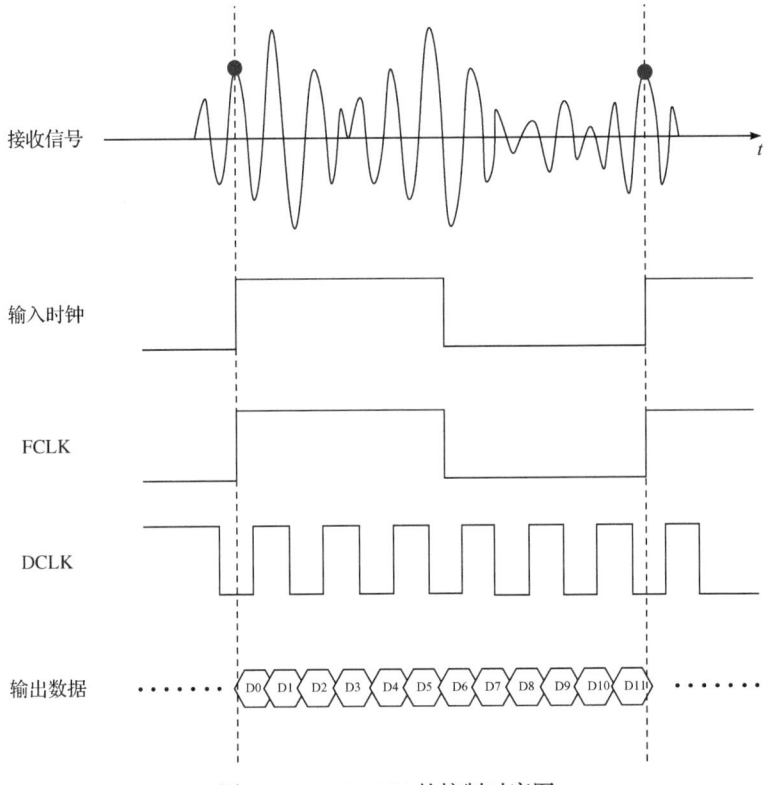

图 8-13　AFE 5801 的控制时序图

控制，使增益开关与 ADC 采样时刻同步。AFE 5801 可以实现三种 TGC 操作模式：非均匀增益、均匀增益和静态模式。由于超声信号的幅值衰减与传播距离具有一定规律，所以可采用均匀增益模式对采集的脉冲信号进行增益调节。FPGA 可通过服务供给接口(service provider interface，SPI)等控制 AFE 5801 的内部增益寄存器，改变寄存器的设置值来实现不同的增益功能，具体控制方式可参考芯片手册。

2) 抗混叠滤波器

AFE 5801 内部集成了衰减频率可选的三阶低通滤波器，通过 SPI 设置 FILTER_BW 寄存器的值，可同时为所有通道设置截止频率：7.5MHz、10MHz 和 14MHz。抗混叠滤波频率响应如图 8-14 所示，从图中可以得到每个截止频率对应的频率响应。滤波器特性由无源元件设定。

3. AD 转换模块

AFE 5801 内部集成 12bit 高性能、低功耗的 8 通道模数转换器，可将 12bit 数字信号以 LVDS 形式串行输送。模拟输入结构由基于开关电容的差分采样保持架构组成，使其在高采样频率情况下仍能保持非常好的交流性能。IN_N 和 IN_P 引脚为

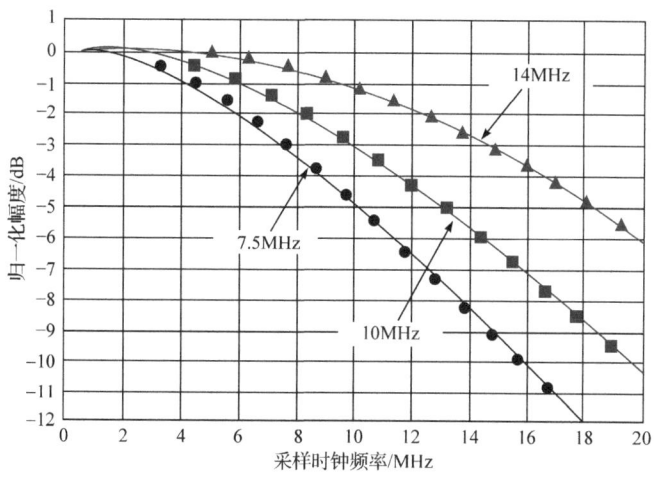

图 8-14 抗混叠滤波频率响应

1.6V 共模电压外部偏置，可通过 VCM 引脚设置。对于满量程差分输入，每个输入引脚(IN_N 和 IN_P)必须在 VCM+0.5V 和 VCM−0.5V 之间对称摆动，从而产生 2Vpp 的差分输入摆幅。模拟输入驱动电路模型如图 8-15 所示。

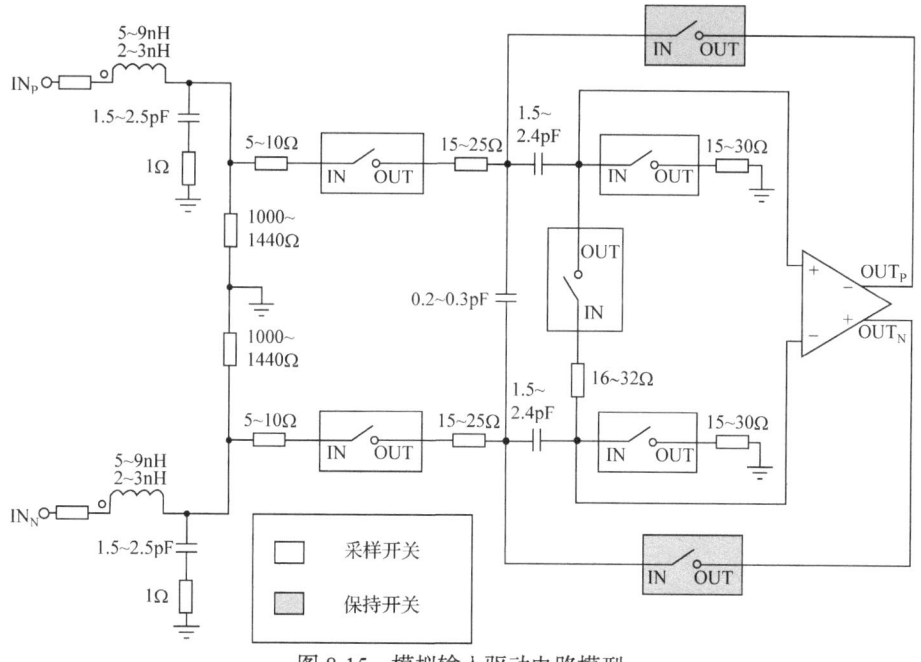

图 8-15 模拟输入驱动电路模型

4. LVDS 接收模块

LVDS 传输是一种满足高性能数据传输的新型技术，使得信号能在差分 PCB

线对或平衡电缆上以几百兆比特每秒的速率传输，其低压幅和低电流驱动输出实现了低噪声和低功耗。LVDS 传输具有传输速度快、功耗低、抗干扰能力强和传输距离远等优点，使得 LVDS 传输在计算机、通信设备、消费电子等方面得到了广泛应用。

系统信号经模数转换后以 LVDS 的形式被送入 FPGA。LVDS 传输电路一般由三部分组成：差分信号驱动器、差分信号传输线路、差分信号接收器。LVDS 传输电路如图 8-16 所示。LVDS 物理接口使用 1.2V 偏置电压作为共模直流电压，并以电流驱动的差分信号方式工作。驱动端的恒流源产生 3.5mA 电流，通过单对差分线中的一根连至接收端。为确保信号在传输线中传播时不受反射信号的影响，接收端应配置 100Ω 匹配电阻，此时电流通过接收端的匹配电阻产生约 350mA 的电压摆幅(差模电压)，电流经过另一条差分线流回驱动端。当驱动端进行状态变化时，通过改变流经匹配电阻的电流的方向产生有效的 0、1 逻辑。AFE5801 内部集成差分信号驱动器，将晶体管-晶体管逻辑(transistor-transistor logic，TTL)电平转换成 LVDS 标准电平。而在 FPGA 内部集成差分信号接收器，可再次将采集到的 LVDS 电平转换成 TTL 电平。

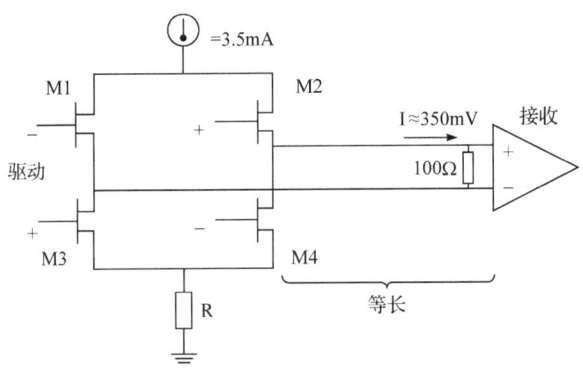

图 8-16 LVDS 传输电路

本系统采用高速模数采样芯片和高精度电路，系统内部最高工作频率达 240MHz，同时系统又是模拟和数字混合，以及高压和低压混合电路，因此电路设计采取如下电路的屏蔽设计措施。

(1) 系统将模拟信号、数字信号，以及高压信号分区域布设，各自有独立的回路，最后单点接地以降低公共阻抗耦合干扰。

(2) 各模块设计了独立的供电电源，防止各模块间尤其是数字器件和模拟器件间的信号耦合。

(3) 16 通道 LVDS 差分线将线长误差控制在 15mil(1mil = 25.4μm)内，有助于降低路径延迟造成的延时误差。

8.1.5 CPCI 通信模块

超声透射/反射双模态层析成像系统的采集数据通过 CPCI 总线传输给上位机进行后续处理。基于 CPCI 协议的数据传输结构框图如图 8-17 所示，系统采用 PCI 9054 作为桥接芯片，通过搭建 FPGA 与 PCI 9054 之间的本地通信和 PCI 9054 与工控机之间的 CPCI 通信，实现 CPCI 板卡与工控机之间的间接通信[4]。在 FPGA 的内部异步先进先出(first input first output, FIFO)存储器与 PCI 9054 的通信模块建立本地总线与 PCI 9054 的通信，上位机通过 CPCI 总线与 PCI 9054 通信，后者完成本地总线与 CPCI 总线之间的桥接功能。桥接芯片 PCI 9054 的本地总线工作在 C 模式下，PCI 总线与本地总线数据传输选择直接内存访问(direct memory access, DMA)传输模式。本地总线数据宽度为 32bit，工作频率可达 50MHz。

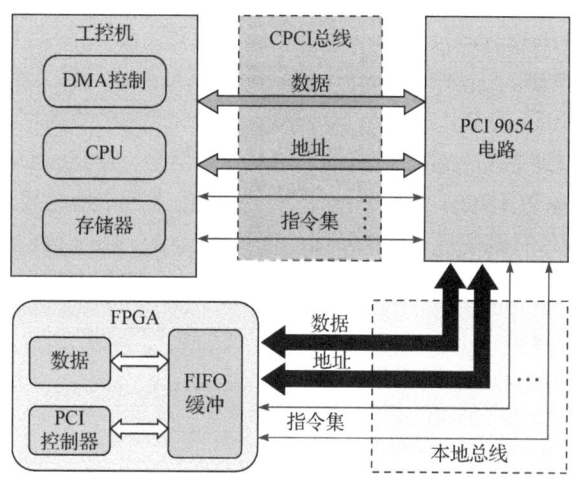

图 8-17 基于 CPCI 协议的数据传输结构框图

1. PCI 9054 与 EEPROM 电路设计

PCI 9054 初始化工作由外部电擦除可编程只读存储器(electrically-erasable programmable read-only memory, EEPROM)芯片来完成，EEPROM 芯片在烧录好程序后，通过串行 EEPROM 总线接口与 PCI 9054 连接，PCI 9054 与 EEPROM 连接电路原理图如图 8-18 所示。EEPROM 芯片主要负责 PCI 9054 存储器的设置，PCI 9054 上电后加载 EEPROM 的内容以完成配置。PCI 9054 寄存器主要分为 5 部分：PCI 配置寄存器、PCI 本地配置寄存器、运行时间寄存器、DMA 配置寄存器、消息队列寄存器。其中，PCI 配置寄存器主要用来配置与 PCI 总线相关的寄存器，如设备 ID 号、供应商 ID 号、类别代码、版本号、中断控制信号。

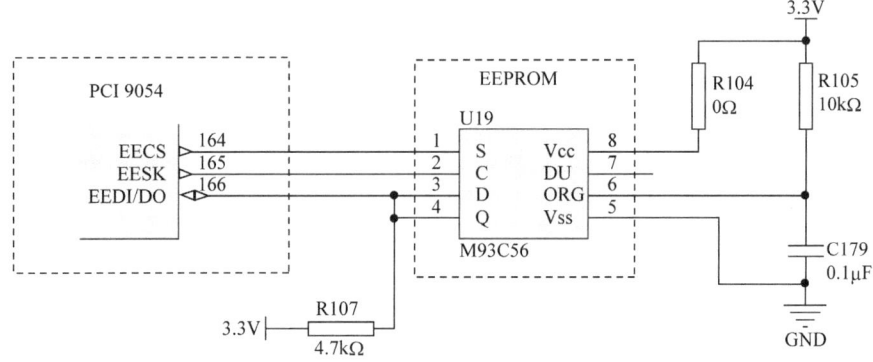

图 8-18　PCI 9054 与 EEPROM 连接电路原理图

2. 基于 FPGA 的 CPCI 总线接口实现

基于 PCI 9054 的物理接口包括本地总线接口和 PCI 总线接口，PCI 总线接口电路示意图如图 8-19 所示，主要实现 CPCI 总线的 DMA 操作与输入输出(input/output, I/O)操作。当 PCI 9054 的 PCI 总线与本地总线数据传输模式设置为 DMA 模式时，主设备 PCI 9054 接收到 FPGA 或工控机的 DMA 开始信号，并完成 DMA 读写。当进行 I/O 操作时，主设备 PCI 9054 将 FPGA 作为目标设备进行本地总线通信，将 CPCI 总线接口作为目标设备时则实现 CPCI 总线的通信。其中，进行 I/O 接口配置的目的是完成 PCI 9054 与 CPCI 总线地址线、数据线、接口控制线和中断信号线等连接。

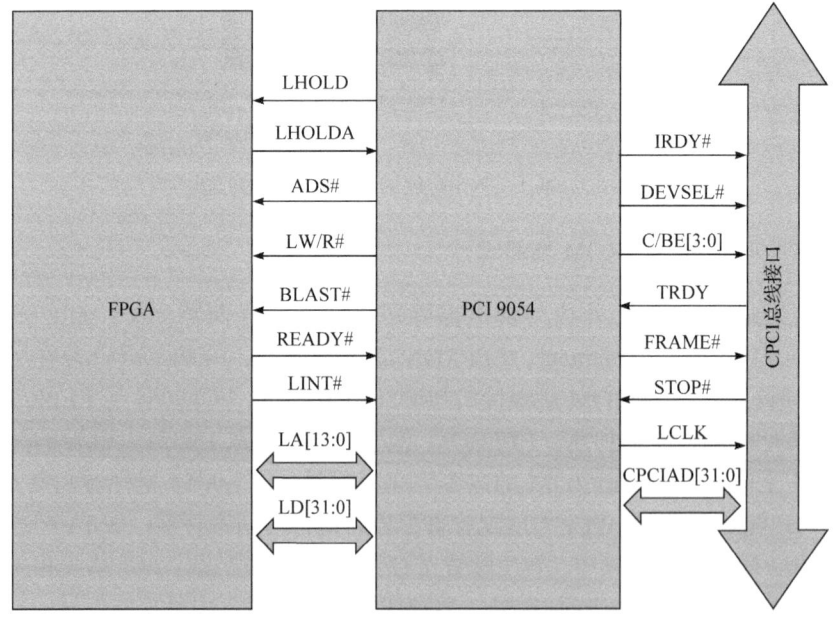

图 8-19　PCI 总线接口电路示意图

3. PCI 9054 设备识别与数据采集

使用 CPCI 板卡实现与上位机通信需要提前在工控机中安装 CPCI 板卡驱动。UPT 系统板卡如图 8-20 所示，将 UPT 系统板卡插入工控机系统卡槽，上位机识别 UPT 系统设备如图 8-21 所示。CPCI 接口数据通信系统的上位机基于微软基础类(Microsoft Foundation Classes，MFC)库实现 CPCI 接口数据的接收与存储，PCI 数据采集界面如图 8-22 所示。

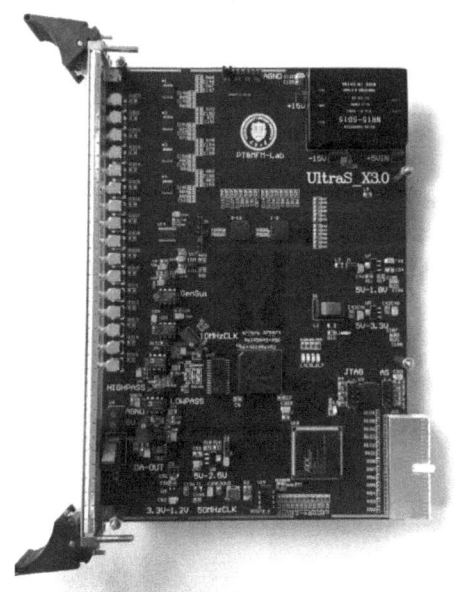

图 8-20　UPT 系统板卡

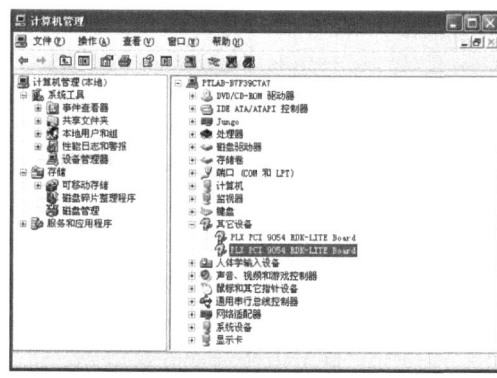

图 8-21　上位机识别 UPT 系统设备

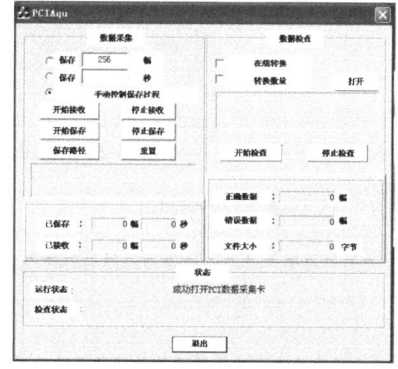

图 8-22　PCI 数据采集界面

8.2 超声多普勒流速测量系统设计

为实现基于超声多普勒技术的多相流流速测量,以 CPCI 工业高速总线为基础设计超声多普勒测试系统,该系统以 FPGA 为主控制器,主要包括信号激励源模块、接收信号调理模块、数字解调模块、数据传输模块四部分。硬件板卡采用标准的 6U 板卡进行设计,利用总线的 J1 接口可实现 32bit/33MHz 的数据传输(理论最高数据传输速率为 132MB/s),利用总线的 J3 接口可实现与其他测试模态之间的通信与同步,具有数据采集速度快、稳定性强、测量精度高、兼容性良好、系统配置灵活等特点。超声多普勒流速测量系统结构图如图 8-23 所示。

系统工作时,首先由 FPGA 产生逻辑控制信号,并用金属-氧化物-半导体场效应晶体管(metal-oxide-semiconductor field effect transistor,MOSFET),以及外部高压电源组成开关电路,将脉冲或连续方波信号送至超声激励探头以产生超声波。超声波经流场调制后被超声接收探头接收,并送入接收信号调理模块,信号通过限幅、滤波、放大等预处理后,由高速模数转换器送入 FPGA 内部进行数字解调,以获得反映流速信息的多普勒频移。系统的数据传输模块以 CPCI 总线协议为基础,包含 FPGA 内部的数据逻辑控制与缓存单元,负责与机箱连接的 CPCI 总线通信。解调后的频移数据通过数据传输模块被上位机系统采集、存储并进行计算。

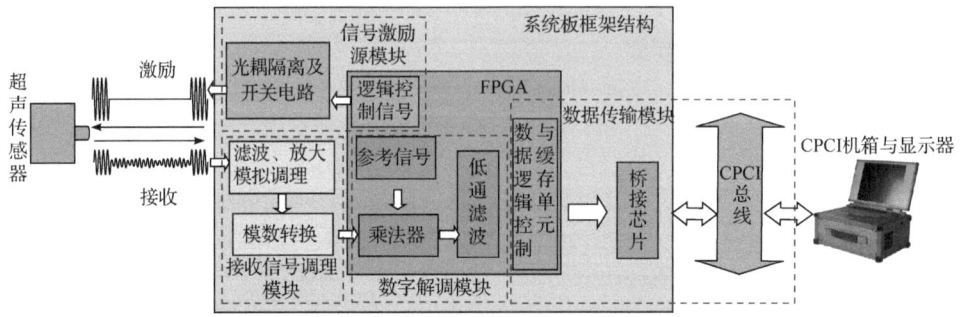

图 8-23 超声多普勒流速测量系统结构图

8.2.1 信号激励源模块

由于超声在多相流中传播时会发生较强的衰减,为保证接收到有效的回波信号,需要提高激励信号的幅值和发射功率。一般放大器的增益带宽积和最高输出电压有限,因此本系统中双极性 MOSFET 与±100V 供电电源组成开关电路,通过 FPGA 控制轮流导通的方式产生脉冲式或连续式的高电压双极性矩形波作为超声探头的激励信号。信号激励源模块结构图如图 8-24 所示,包括 FPGA 提供的原始逻辑控制信号、作为保护模块的光耦隔离电路、MOSFET 与直流电压源构成的开关电路，以及开关电路驱动等部分。

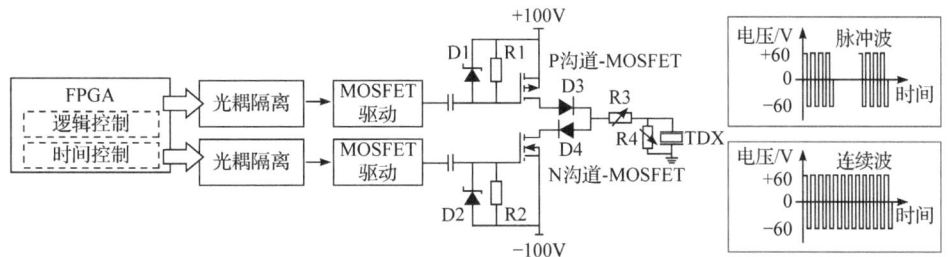

图 8-24　信号激励源模块结构图

当超声激励信号产生时，首先由 FPGA 发出频率可调的脉冲式或连续式的逻辑控制信号，经光电耦合器实现前级电路的隔离和保护。之后，经过两路驱动器分别产生 N 沟道 MOSFET 管和 P 沟道 MOSFET 管的驱动电压，通过两管的轮流导通和关断以实现双极性矩形激励电压的发生。其中 N 沟道 MOSFET 管和 P 沟道 MOSFET 管的源极电压分别为-100V 和+100V，分别由 CPCI 协议中的+12V 电压经 DC-DC 电源转换而来。在初始状态下，P 沟道的栅极和源极均为+100V($V_{GS}=0$)，N 沟道的栅极和源极均为-100V($V_{GS}=0$)，两个晶体管均无输出，为了得到所需的超声发射信号，由 FPGA 施加逻辑控制信号，得到开关电路的驱动电压控制信号如图 8-25 所示。

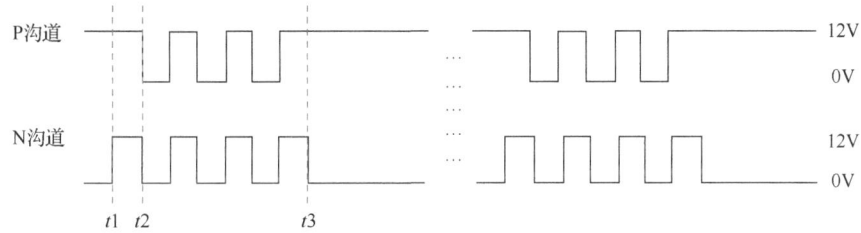

图 8-25　开关电路的驱动电压控制信号

在 $t1$ 时刻，N 沟道控制信号上升至 12V，P 沟道控制信号保持不变，此时 P 沟道的 $V_{GS}=0$，P 沟道不导通；而 N 沟道的 $V_{GS}=(-100+12)-(-100)=12V>0$，此时 N 沟道导通，开关电路对外输出-100V 电压。由于两个稳压管作用，$t1$ 和 $t2$ 时刻间两晶体管保持各自的通断状态。在 $t2$ 时刻，两个控制信号同时下降 12V，此时 N 沟道的栅源电压 $V_{GS}=(-100-12)-(-100)=-12V<0$，N 沟道不导通；P 沟道的栅源电压 $V_{GS}=(100-12)-(100)=-12V<0$，P 沟道导通，开关电路对外输出+100V 电压。时刻 $t1\sim t3$ 为一个脉冲重复周期对应的控制段，该段时间内两晶体管控制信号保持同步，利用 N 沟道与 P 沟道 V_{GS} 导通情况相反，使得各时刻只有一个晶体管导通，电路整体对外交替输出±100V 的电压。在 $t3$ 时刻，控制信号变为使两个晶体管均不导通的状

态,电路对外无输出。当进入下一次脉冲重复周期时,控制信号重复上述过程。

基于上述分析,N 沟道 MOSFET 管与 P 沟道 MOSFET 管的轮流导通与关断可实现双极性矩形激励电压的产生。进一步,通过改变滑动变阻器 R3 和 R4 的值可实现激励电压幅值的调节。为实现不同的超声测量,通过改变 FPGA 的逻辑控制方式,利用该信号激励源模块分别产生频率为 1MHz、峰峰值为 120V 的连续方波电压和频率为 1MHz、峰峰值为 120V、脉冲重复频率为 10kHz 的脉冲方波电压,分别用于连续波超声多普勒传感器的激励和脉冲波超声传感器的激励,实际激励信号波形图如图 8-26 所示。在实际应用中,激励信号频率、脉冲重复频率和激励电压可根据被测对象和测量要求的不同而进行调整。

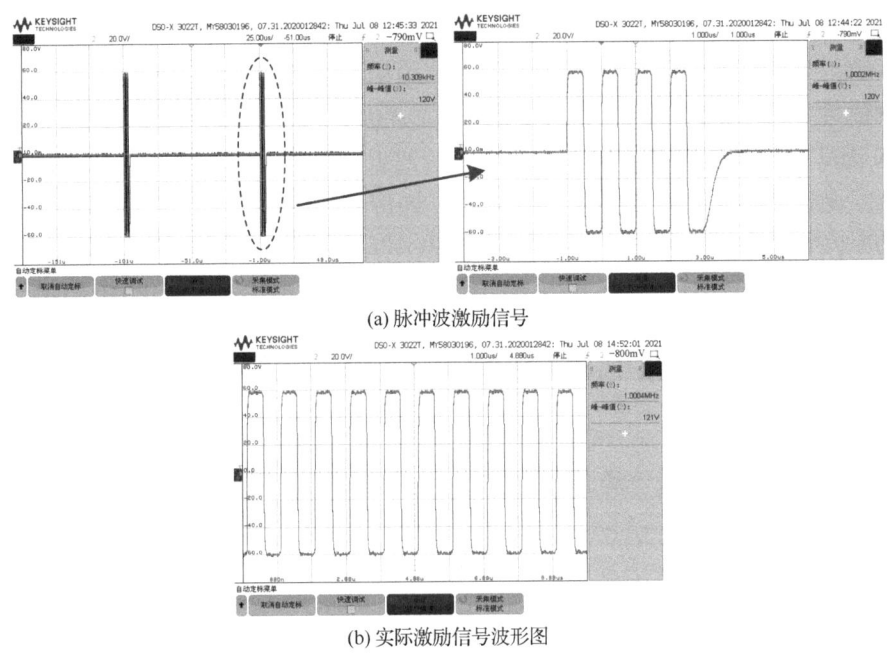

(a) 脉冲波激励信号

(b) 实际激励信号波形图

图 8-26　实际激励信号波形图

8.2.2　接收信号调理模块

激励超声波被注入流场,经流场调制后的回波被超声波接收探头接收,并送入接收信号调理模块进行处理,其结构如图 8-27 所示,主要包含限幅、电压跟随、带通滤波、可编程增益,以及模数转换电路,最终将接收到的回波信号转换为数字形式送入 FPGA 中进行处理。

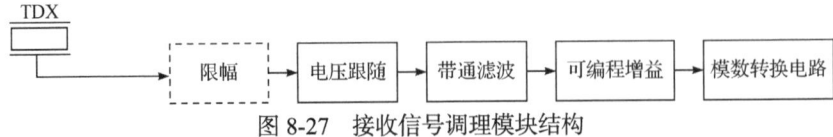

图 8-27　接收信号调理模块结构

1. 接收信号调理

对于脉冲波超声传感器，由于其工作在自发自收模式，即超声激励信号的产生与回波信号的接收均由同一压电晶片完成，激励信号与回波信号会被同时采集。所以为避免高压激励信号对接收信号调理电路的冲击，需要对脉冲波超声传感器的接收信号进行限幅处理。限幅电路使用一对反并联二极管接入接收电路中，利用二极管的 0.7V 导通特性，可将绝对值大于 0.7V 的激励信号进行部分滤除。限幅后，采集信号经过电压跟随实现前后级电路的缓冲和隔离，并进行带通滤波以去除信号中的工频干扰及高频噪声，然后通过级联式 PGA 进行增益控制。PGA 信号输入为–12V～+12V，可通过逻辑输入引脚 A1 和 A0 进行控制，四种组合分别对应 1、2、5、10 倍的增益。需要指出的是，考虑到后续模数转换芯片的输入电压限制，通过改变 FPGA 的控制程序，只将采集信号的回波部分进行放大，而激励部分不放大。调理后的模拟信号将最终由高速模数转换器转换为数字信号并上传到 FPGA 进行后续处理。

对于连续波超声多普勒传感器，超声激励信号的产生与回波信号的接收采用两片独立的压电晶片完成。由于采集到的回波信号一般幅值较小，可不经过限幅处理，直接进入电压跟随器、带通滤波器、级联式可编程增益放大器来完成信号的调理功能。

2. 模数转换

系统采用了 AD 9224 作为模数转换的主芯片，将调理后的信号转换为数字信号并送入 FPGA 进行后续的数字解调。AD 9224 具有 12bit 的分辨率，以及最高 40MHz 的采样速率，同时具有一个数据溢出标志位，可以实现 4Vpp 的信号输入。该芯片有多种输入模式，可通过不同的外部连接方式进行选择。由于脉冲波多普勒系统接收部分仅有一路信号，同时考虑到电路中可能存在的直流偏置噪声，采用交流耦合单端输入模式，其模数转换电路结构图如图 8-28 所示。待测信号首先经过跟随电路以增大信号的驱动能力，之后通过两个并联电容 c1 和 c2 进行交流耦合，此外，这两个电容和偏置电阻 R 一起组成高通滤波器以去除低频噪声。四个偏置电阻可以使用两个滑动变阻器代替，通过不同分压状况给输入引脚 VINA 与 VINB 不同直流偏置电压，以此调节模数转换模块的输入量程范围。

8.2.3 数字解调模块

为了获取反映速度信息的多普勒频移，需要对超声接收信号进行解调。相比于模拟解调，数字解调避免了复杂模拟电路引入的噪声，不仅简化了硬件电路设计且具有更高的信噪比和更高的精度；此外，数字解调还避免了模拟电路中元器

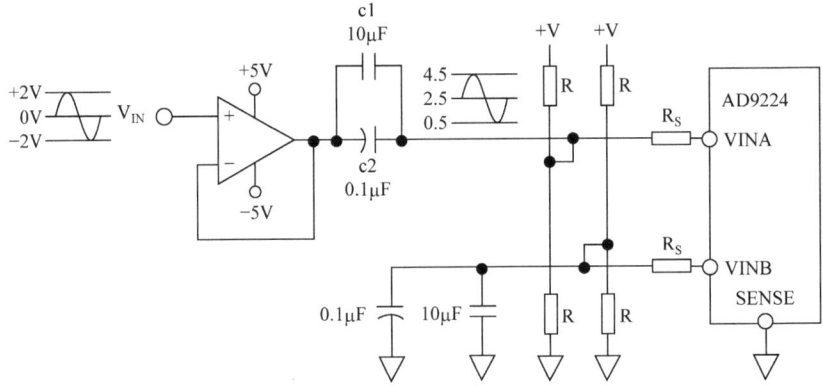

图 8-28 模数转换电路结构图

件的电路特性易受时间、温度、电压的变化影响的问题,具有更可靠的稳定性。因此,测试系统在 FPGA 内部设计了数字解调模块,包含参考信号发生器、乘法解调器,以及低通滤波器等部分,目的是提取接收信号中的多普勒频移信息并滤除噪声后送入数据传输模块。

1. 乘法解调器

接收信号经模拟电路调理并进行模数转换后,可以表示为

$$u_{\text{rec}}(t) = A\sin\left((\omega_0 + \omega_d)t + \phi\right) \tag{8-2}$$

式中,A 是信号幅值;ω_0 是发射脉冲信号的中心角频率;ω_d 是流体中散射子与探头相对运动导致的多普勒角频率;ϕ 是接收信号对应的相位。

与发射脉冲信号中心频率相同的正弦参考信号 u_r 可以表示为

$$u_r(t) = B\sin(\omega_0 t) \tag{8-3}$$

式中,B 是参考信号幅值。将接收信号 u_{rec} 和参考信号 u_r 相乘,可以表示为

$$u_{\text{out}}(t) = \frac{AB}{2}\cos(\omega_d t + \phi) - \frac{AB}{2}\cos\left((2\omega_0 + \omega_d)t + \phi\right) \tag{8-4}$$

式(8-4)分为两项,第一项频率只与多普勒频移相关,而第二项中含有中心发射频率的二倍频信息。使用一个截止频率合适的低通滤波器即可滤除第二项,只保留与多普勒频移相关的信息。

参考信号利用 FPGA 内部时钟配合 ROM 内的正弦查询表,即利用查表法实现,查表法生成正弦信号流程图如图 8-29 所示。

利用查表法生成正弦信号时,首先生成一个包含 K 个数据的正弦 ROM 表,表中数据构成一个完整的正弦周期,然后根据锁相环分配给正弦信号发生器的时钟频率 f_{clk},每到时钟上升沿,相位累加器数值加一,相位累加器的结果作为地址

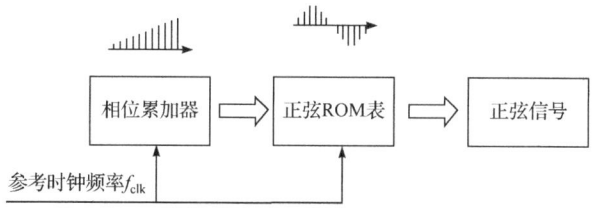

图 8-29 查表法生成正弦信号流程图

信号配合时钟频率 f_{clk} 读取存储在正弦 ROM 表中的数据,经过 K 个时钟周期后输出一个完整正弦信号,所以生成参考正弦信号的频率 f_{ref} 为

$$f_{ref} = f_{clk} / K \tag{8-5}$$

在本模块中,正弦 ROM 表中含有 100 个数据,数据为 12bit 的有符号数,f_{clk} 为 100MHz,所以生成的参考信号频率为 1MHz,与发射信号的中心频率一致。乘法运算部分则通过调用 FPGA 内部的乘法器 IP 核实现两个有符号数的相乘,该模块结束后输出数据为 25bit 的有符号数。

2. 低通滤波器

本系统采用的数字滤波器为有限脉冲响应(finite impulse response,FIR)滤波器,其原理是采用输入序列 $x(n)$ 和单位取样响应序列 $h(n)$ 进行线性卷积,使输出结果中待滤去频段部分的累加和为 0。其中,单位取样响应序列 $h(n)$ 是一个 N 点长的有限长序列,其中,$0 \leqslant n \leqslant N-1$,其输出可以表示为

$$y(n) = \sum_{k=0}^{N-1} x(k)h(n-k) = x(n)*h(n) \tag{8-6}$$

系统函数为

$$H(z) = \sum_{k=0}^{N-1} h(z)z^{-n} = h(0) + h(1)z^{-1} + \cdots + h(N-1)z^{-(N-1)} \tag{8-7}$$

式(8-7)表明,FIR 滤波器仅在原点上有极点,因此 FIR 系统具有全局稳定性。本系统的 FIR 数字滤波器系数由窗函数法得到,其基本思路是先给出要求的理想滤波器的频率响应 $H_{id}(e^{j\omega})$,然后设计一个频率响应为 $H(e^{j\omega})$ 的实际 FIR 滤波器来逼近理想滤波器的频率响应 $H_{id}(e^{j\omega})$。由于窗函数法是在时域上进行的,所以首先需要将频域中的理想频率响应转换至时域,从而推导出对应的单位取样响应 $h_{id}(n)$,再以此设计实际 FIR 数字滤波器的单位取样响应 $h(n)$ 来逼近 $h_{id}(n)$。其中,$h_{id}(n)$ 是无限长的,而 $h(n)$ 是有限长的。这个逼近过程就是直接截短 $h_{id}(n)$,该过程可以认为是无限长的取样响应 $h_{id}(n)$ 与有限长的窗函数 $\omega(n)$ 的乘积,即

$$h(n) = h_{id}(n)\omega(n) \tag{8-8}$$

常用窗函数包括矩形窗、汉宁窗、海明窗、布莱克曼窗以及凯赛窗等，不同的窗函数有不同的特性，如过渡带宽、阻带最小衰减、通带边沿衰减。选择不同的窗函数将会产生不同的滤波系数序列 $h(n)$。根据系统数据速率确定滤波器采样频率 f_s，根据流速范围确定需要的低通滤波器截止频率 f_c 后，根据通阻带衰减等性质调整滤波器阶数并选择窗函数类型，以生成 FIR 滤波器的常数序列。根据仿真结果，在相同阶数下，使用布莱克曼窗时阻带最小，衰减值达到最大，虽然过渡带宽较宽，但是由于截止频率与目标滤除的激励频率二倍频的极大差距，所以这一影响可以忽略。

系统用到的 FIR 滤波器参数如表 8-2 所示，经测试其阻带衰减可达 75dB 以上。

表 8-2 系统用到 FIR 滤波器参数

项目	设定值/设定函数
采样频率	10MHz
截止频率	120kHz
阶数	250
窗函数	布莱克曼窗

8.2.4 数据传输模块

CPCI 是国际工业计算机制造者联合会在 20 世纪 90 年代提出来的一种总线接口标准，其以 PCI 电气规范为标准，具有数据传输速率高、可热插拔、高开放性、强抗震性与通风性、高可靠性等优点。为减小开发难度、缩短开发周期，超声多普勒流速测量系统采用 PCI 9054 作为桥接芯片，通过搭建 FPGA 与 PCI 9054 之间的本地通信和 PCI 9054 与工控机之间的 CPCI 通信，实现测试板卡与工控机之间多普勒频移数据的高速传输，具体实现方式可参照 8.1.5 节进行设置。因此，PCI 9054 作为专用的 PCI 总线接口芯片，在本地总线和 CPCI 总线之间传递信息，可达 32bit/33MHz 的数据传输速率，满足流速测量需求。

8.2.5 PCB 设计

超声多普勒流速测量系统的硬件板卡采用标准的 6U 板卡进行设计，超声多普勒流速测量系统实物图如图 8-30 所示。经测试，系统的信噪比在 60dB 以上，系统关键参数(典型值)如表 8-3 所示。利用该测量系统可产生频率、幅值可调的脉冲波超声或连续波超声，能够满足不同被测对象的不同测量需求。

图 8-30　超声多普勒流速测量系统实物图

表 8-3　系统关键参数(典型值)

项目	对应值
激励频率	1MHz
脉冲重复频率	10kHz
激励电压峰峰值	$120V_{pp}$
一个周期内脉冲个数	4
一次测量所用周期	500
最大可测速度	9.53m/s
速度分辨率	0.038m/s
距离分辨率	2.96mm
采样频率	10MHz
采样精度	12bit

8.3　本章小结

本章介绍了两类超声测试系统的设计方案，包括超声过程层析成像系统与超声多普勒流速测量系统。这两类测试系统均基于 CPCI 工业高速总线进行设计，采用 FPGA 作为控制核心，通过编程可控制外围模块化电路，实现激励信号产生、接收信号调理、高速模数转换、数据传输等功能，为多相流的状态监测与流速测量提供了有效的测试工具。

参 考 文 献

[1] Tan C, Li X, Liu H, et al. An ultrasonic transmission/reflection tomography system for industrial

multiphase flow imaging. IEEE Transactions on Industrial Electronics, 2019, 66(12): 9539-9548.

[2] Pryor R W. Multiphysics Modeling Using COMSOL: A First Principles Approach. Sudbury: Jones and Bartlett Publishers, 2009.

[3] Omran H, Sharaf K, Ibrahim M. An all-digital direct digital synthesizer fully implemented on FPGA//4th International Design and Test Workshop, Riyadh, 2009: 1-6.

[4] 徐康, 谭超, 吴昊, 等. 工业总线标准电容层析成像系统设计. 北京航空航天大学学报, 2017, 43(11): 2338-2344.